数 据 分 析 与 决 策 技 术 丛 书

DATA METRICS SYSTEM

CONSTRUCTION METHOD AND PRACTICAL APPLICATION

数据指标体系

构建方法与应用实践

李渝方◎著

U0394874

机械工业出版社
CHINA MACHINE PRESS

图书在版编目（CIP）数据

数据指标体系：构建方法与应用实践 / 李渝方著 .
北京：机械工业出版社，2024.10. --（数据分析与决
策技术丛书）. -- ISBN 978-7-111-76465-6

I. TP311.13

中国国家版本馆 CIP 数据核字第 2024FQ2497 号

机械工业出版社（北京市百万庄大街 22 号　邮政编码 100037）
策划编辑：孙海亮　　　　　　　　责任编辑：孙海亮
责任校对：杜丹丹　马荣华　景　飞　责任印制：郜　敏
三河市国英印务有限公司印刷
2024 年 11 月第 1 版第 1 次印刷
186mm × 240mm · 17.5 印张 · 378 千字
标准书号：ISBN 978-7-111-76465-6
定价：89.00 元

电话服务　　　　　　　　　　网络服务
客服电话：010-88361066　　机 工 官 网：www.cmpbook.com
　　　　　010-88379833　　机 工 官 博：weibo.com/cmp1952
　　　　　010-68326294　　金 书 网：www.golden-book.com
封底无防伪标均为盗版　机工教育服务网：www.cmpedu.com

为什么会写这本书

　　数据指标体系是数据分析师基于对业务的理解，从 BI 工具入手将多个相关的数据指标通过一定规则组织起来的、反映业务发展现状的评价体系。构建数据指标体系是数据分析师日常工作的重要组成部分。厘清各类数据指标之间的联系以及整合多个数据指标使其变成有联系的整体，以形成一套可以监控业务的体系，是数据指标体系构建的主要过程。在数据指标体系的构建过程中，掌握 BI 工具是基础，依靠对业务的理解提炼数据指标，形成监控体系并分析数据异动原因是数据指标体系为业务赋能的重要体现。因此，构建数据指标体系不仅需要掌握 BI 工具，更需要理解业务，对数据有较高的敏感度。

　　市面上大部分与数据指标体系相关的书籍都仅介绍 BI 工具的使用方法，能够将数据指标体系构建全流程融为一体的书籍少之又少，于是我萌生了写一本以数据指标体系构建为主线的数据分析相关书籍的想法。前期我在自媒体上对数据分析文章的分享以及 2022 年《数据分析之道——用数据思维指导业务实战》的出版为本书的写作奠定了坚实的基础，最终在孙海亮老师的邀请下我开启了本书的写作历程。

本书的读者定位

　　本书适合以下几类人群阅读：

- 工作 1～3 年的初级数据分析师。
- 数据分析初学者以及其他行业想要了解数据分析及指标体系构建的数据分析爱好者。
- 数据科学行业的人力专家和猎头（用于评估候选人的数据分析能力）。

本书的特色

本书以数据指标体系构建为主线，将数据指标规划、数据指标体系的框架设计、数据采集加工以及数据指标体系的应用等数据指标体系构建全流程融为一体。全书共5篇12章，由浅入深地介绍了一套通用的数据指标体系构建方法论，分享了已在多个行业实践的数据指标体系构建方法，同时从数据源获取出发，基于BI工具——Superset手把手教学数据指标体系构建，并结合统计学知识以及Excel、Python等工具分析数据指标异动原因及其对大盘的贡献度，实现数据指标体系赋能业务。

第一篇是着重介绍数据指标体系的基础知识，包括数据指标的定义、数据指标的分类、好的数据指标的评价标准以及多个零散的数据指标如何整合成一套完整的数据指标体系。

第二篇着重介绍数据分析师在数据指标规划阶段的工作内容，即根据业务目标进行拆解，抽象出能够衡量业务现状的关键指标，同时确定指标的统计口径以构建数据指标字典，包括用户规模数据指标、用户行为数据指标、业务数据指标以及数据指标的分析维度。

第三篇着重介绍数据指标体系的框架设计，其中包括一套以"目标化、模块化、流程化、层级化、维度化"为基础的数据指标体系构建方法论，以及职场在线教育、电子阅读工具、图文内容社区、网约车、社交电商行业数据指标体系实践方案。

第四篇主要介绍数据采集和加工，包括如何通过数据埋点获取数据指标体系构建所需的原始数据，以及获取原始数据后如何通过数据加工清洗完成数据指标开发及数仓模型构建。其中数据指标开发及数据仓库模型构建阶段的大部分工作都由数据仓库开发工程师完成，数据分析师对这部分内容仅了解即可，因此本篇也只会对相关内容进行概括性的介绍。

第五篇介绍数据指标体系的应用，包括使用BI工具实现数据指标体系的构建，以及数据指标体系如何在实际场景下指导数据异动分析。本篇内容会从BI工具的安装出发，详细教学BI工具各个子模块的使用方法，并通过实际案例完成数据指标体系的构建，同时介绍数据指标体系如何监控业务异动，定位异动原因，以及计算指标异动对大盘的贡献度。

数据指标体系的构建并不是一蹴而就的，本书会总结数据指标体系构建方法论，同时分享实践案例以引导读者完成BI工具的使用和简单的数据指标体系构建。当然这是远远不够的，掌握构建数据指标体系以及分析数据异动原因最好的方式是在实战中积累和总结。本书只是抛砖引玉为读者建立一个系统框架，最终还是需要读者在自己的工作中进行实践和积累。

勘误与支持

由于我的水平有限，书中难免会出现一些错误或者不准确的地方，恳请读者批评指正。读者可以将发现的错误、不准确的描述、代码 bug、文字问题及有疑惑的地方通过邮箱 574233829@qq.com 或者公众号"数据万花筒"反馈给我，我会及时解答。可在微信搜索页面搜索"数据万花筒"，或在公众号搜索页面搜索"DataArtScope"关注我的公众号。

致谢

本书是我在长期的工作中总结出来的经验和方法，所以我首先要感谢从实习到正式工作这几年陪我一路走来的同事们，没有他们的指导和付出也就没有我的成长！

其次，感谢父母，他们给了我生命，给了我受教育的机会，在困难和挫折面前鼓励我，帮助我，因此才有了今天的我。

当然，也要感谢公众号的读者，他们的支持让我有了持续更新技术文章的动力，也才有了这本书的出版！

目　录 *Contents*

第四篇　数据采集和加工

数据指标体系基础知识

本篇着重介绍数据指标体系的基础知识，包括数据指标的定义、分类，好的数据指标的评价标准，以及多个零散的数据指标如何整合成一套完整的数据指标体系。

第 1 章

数据指标体系简介

数据指标体系构建是数据分析师的日常工作之一，而在正式构建数据指标体系之前，了解数据指标体系的相关基础知识是十分必要的，包括了解什么是数据指标，数据指标的分类，多个零散的数据指标如何整合成一套完整的数据指标体系，以及什么样的数据指标体系才是好的数据指标体系。

1.1　数据指标概述

了解数据指标的相关知识是建立数据指标体系的基础，本节会从什么是数据指标出发，介绍数据指标的类型、好的数据指标的评价标准以及选择数据指标时需要注意的问题。

1.1.1　什么是数据指标

数据指标是从业务中抽象出来的可以描述业务现状的度量值。单看这个概念确实不好理解，如果把场景拉回现实生活中，"指标"这个概念是极好理解的。例如，学生时代衡量学习效果的指标是各科成绩或学分绩点；体脂率、BMI（身体质量指数）、BMR（基础代谢率）等是健身人群较为关心的指标；要衡量一个国家的发展水平，GDP（国内生产总值）、进出口总额等指标就会浮现在脑海中。以上都是日常生活中较为常见的指标，互联网的业务场景也是一样的，例如，要衡量某款产品的用户总量可以用"累计注册用户数"这个指标；要衡量商品销量情况可以用"商品成交单量"及"成交额"等指标；要衡量用户付费水平可以用"用户付费率"和"人均付费"等指标。

1.1.2　数据指标的分类

数据指标按照不同的分类逻辑有不同的分类方法，此处分别介绍按照业务逻辑和按照指标构成分类。

1. 按照业务逻辑分类

如图 1-1 所示，按照业务逻辑可以将数据指标分为北极星指标、结果指标、过程指标、运营指标以及监控指标。

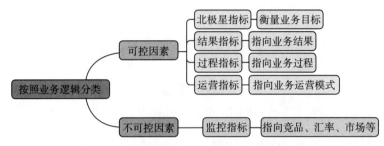

图 1-1　数据指标按照业务逻辑分类

北极星指标、结果指标、过程指标、运营指标是业务内部可控性较好的因素。其中，北极星指标是在不同发展阶段指引业务发展的重要指标，是业务目标的指向灯。对北极星指标进行业务目标的拆分，可以得到各个指向业务结果的子目标，称为结果指标。达成业务结果的过程中涉及的数据指标称为过程指标。不同业务运营模式下的业务指标也有所差异，有些指标并不能划归到结果指标或者过程指标中，例如，商品库存是电商行业的重要指标，它并不属于结果指标或过程指标，但依然不可或缺，可以将其归入运营指标。而监控指标是业务外部不可控的因素，涉及但不限于竞品、汇率、市场等方面。

2. 按照指标构成分类

如图 1-2 所示，按照指标构成可以将数据指标分为原子指标和派生指标，派生指标又可分为事务型指标、存量指标和复合型指标。该分类方式在数据指标开发与数据仓库建模中较为常用，第 10 章会对此进行详细介绍。

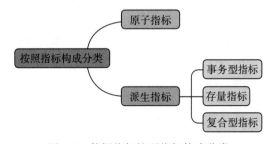

图 1-2　数据指标按照指标构成分类

在业务场景中，有一部分数据指标是不可再拆分的，业内称这一类指标为原子指标。

原子指标由统计维度、度量和汇总方式组成。还有一部分指标是由原子指标、修饰词以及汇总方式等共同构成的，业内称其为派生指标。原子指标是派生指标的最小单位，而派生指标是原子指标业务范围的圈定。

（1）原子指标

原子指标是数据指标的最小单位，包括统计维度、度量以及汇总方式三个部分，如图1-3所示。其中，统计维度是计算原子指标的最小统计单位；度量在一定程度上等同于统计维度，可以认为是统计维度的单位；汇总方式是数据指标的统计方式，包括求和、求均值、求中位数等。

图1-3　原子指标的构成

以日活跃用户数量（Daily Active User，DAU）为例，通常数据分析师在计算日活跃用户数量时会以用户全局唯一编号——account_id或者UID作为统计维度；度量就是全局唯一编号account_id的单位，即个数；而日活跃用户数量统计的是日活跃用户的总和，因此汇总方式为求和。

（2）派生指标

派生指标由原子指标、修饰词以及汇总方式共同组成，如图1-4所示。此处以用户七日留存率为例，原子指标为留存率，修饰词为七日，汇总方式为求和。

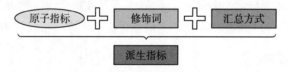

图1-4　派生指标的构成

从一定层面上来看，可以将派生指标类比英文单词的构词法进行学习，原子指标相当于英文单词的词根，修饰词和汇总方式相当于英文单词的前缀、后缀。

派生指标又可以细分为事务型指标、存量指标和复合型指标。事务型指标是对业务活动进行衡量的指标，例如新用户数量、活跃用户数量等；存量指标是对实体状态的统计，例如用户总数、商品总数等；而复合型指标是建立在事务型指标和存量指标的基础上，结合一定的运算规则形成的计算指标，例如用户从浏览商品到下单之间的转化率。

1.1.3　好的数据指标的4个评价标准

数据指标的选择与业务场景具有强相关性，最适合当前业务场景的指标就是好的指标。为了方便数据分析师选择正确的数据指标，我们在本小节总结了4个判断数据指标好坏的标准[⊖]。

1. 好的数据指标是简单易懂的

好的数据指标必须是简单易懂的，这里的简单易懂不仅指统计逻辑简单易懂，还指指标含义不具有歧义，即数据分析师、数据产品方以及业务方等多方对指标的认知是统一的。如果一个指标很难让人记住或者讨论，那么想要通过这个指标来指导业务的发展是极为困难的。例如，电商行业常用来衡量交易规模的指标商品交易总额（Gross Merchandise Volume，GMV）和常用来衡量用户增长情况的数据指标用户增长率都是好的指标。而像弹出率这样的指标，虽然在一定场景下仍然在使用，但它的定义略显复杂，在统一不同工种对它的认知上就会耗费较多的时间和精力，所以非必要不建议使用弹出率这样的指标。

2. 好的数据指标是具有可比性的

好的数据指标必然是能够洞察业务实际走向的，如果能够比较某数据指标在不同时间段、用户群体、竞争产品之间的表现，那么该指标就是一个可以洞察业务方向、指导业务决策的好指标。举个例子：如果让你衡量某电商企业的市场规模，你会用什么数据指标呢？是用户规模还是 GMV？事实上，虽然用户规模和 GMV 都能从一定程度上衡量电商企业的市场规模，但渗透率排名和同比变化这两个指标更能衡量电商企业的市场规模及竞争格局。

如图 1-5 所示，渗透率排名及同比变化这两个指标从时间维度、行业竞争以及用户选择 3 个不同的层面诠释了该电商企业的市场规模，不论是同比还是排名都体现了指标的可比性。

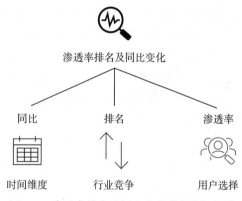

图 1-5　渗透率排名及同比变化数据指标解读

3. 好的数据指标是一个比率

好的数据指标是一个比率，原因有三：其一，比率本身就是一个具有可比性的指标；其二，比率可以直观表现各种因素之间的正负相关性；其三，比率的可操作性强，具有行动导向。

例如，在特定的场景下，数据分析师可以用渗透率代替用户量来衡量市场规模，用付费转化率代替付费人数来衡量用户付费规模，用复购率代替消费次数来衡量用户对商品的满意度。

4. 好的数据指标会改变行为

好的数据指标一定能让业务方随着数据指标的变化采取相应的措施。换句话说，先

⊖　参见阿利斯泰尔·克罗尔和本杰明·尤科维奇撰写的《精益数据分析》。

见性指标和后见性指标都很重要，但是先见性指标能够对业务起到预警作用。

其中，先见性指标是指能够在问题发生之前给到一定预警作用的指标，这类指标一般用来预测未来；而后见性指标是指能够提示数据分析师和业务方问题的指标，一般在问题发生之后起作用。

以电商行业为例，可以通过复购率、推荐率衡量用户满意度，而不是用投诉率、退货率去衡量。当用户复购率、推荐率降低时，用户的满意度必然会降低，这时业务方可以通过一系列的运营动作提升用户满意度。而当用户已经开始退货甚至投诉时，可能已经开始流失用户了，再想要通过运营动作挽留用户，难度就比较大了。

1.1.4 选择数据指标时需要注意的 4 个问题

了解了好的数据指标的判断标准之后，在数据指标的选择方面你肯定已经游刃有余了。但是除了上述 4 条评判标准之外，在数据指标的选择方面还有以下 4 个需要注意的问题[⊖]。

1. 定性指标和定量指标都很重要

定性指标通常是非结构化的、经验性的、揭示性的、难以归类的，吸纳了部分主观因素，主要回答"为什么"的问题；而定量指标涉及很多数值和统计数据，能够提供可靠的量化结果，主要回答"什么"以及"多少"的问题。

定性指标通过计数、排名等操作进行数据分箱之后也能转化为定量指标。以某电商平台上某本书籍的销售为例：该书籍的销售数量和销售额就是一个定量指标，可用于评估该书籍的受欢迎程度；而用户评价就是一个定性指标，因为其中加入了用户的主观评价，但它给出了销售量以及销售额变化的原因，将用户评价的分数进行汇总排名也可以将这个定性指标转化为定量指标。

2. 警惕虚荣指标，选择可执行的指标

虚荣指标是指那些使业务看似发展良好，但却不能为业务带来丝毫改变的数据指标。要判断一个数据指标是不是虚荣指标，只要思考一个问题即可：依据这个指标，能够辅助业务做出什么样的决策和改变？如果回答不了这个问题，那么这个数据指标大概率就是一个虚荣指标。

举例来说，总注册用户数量就是一个虚荣指标。该指标是一个单调递增函数，随着时间推移该指标会不断变大，但这个指标却不能衡量新用户的价值，对业务目标的实现也没有太大帮助。如图 1-6 所示，活跃用户占比和新用户增速这两个数据指标可以代替总用户注册量衡量新用户的价值。前者是活跃用户数量占总用户数量的百分比，衡量的是用户的参与度，当产品做出调整时，该指标会迅速变化：产品调整思路正确，那么该指标会上升；反之下降。而后者是单位时间内的新增用户数量，描述的是用户增长的情况：如果用户增

⊖ 参见阿利斯泰尔·克罗尔 和 本杰明·尤科维奇撰写的《精益数据分析》。

长运营策略正确，那么该指标会增长；反之下降。

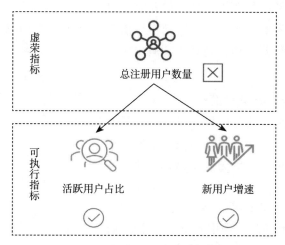

图 1-6　虚荣指标与可执行指标的示例

点击量、页面浏览量、阅读量、访问量、独立访客数（UV）、粉丝量、好友量、点赞量、页面停留时间、网站浏览页量以及下载量是比较常见的虚荣指标，如图 1-7 所示。

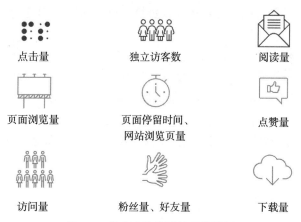

图 1-7　几个比较常见的虚荣指标

指标是否为虚荣指标跟商业模式以及业务场景是具有强相关性的，但并不是绝对的，例如，与广告相关的业务的商业模式与页面浏览量、点击量这两个指标强相关，在此业务场景下这两个指标就不是虚荣指标。

3. 先见性指标与后见性指标都很重要

毫无疑问，无论对于数据分析师还是对于业务方来说，都更喜欢先见性指标，这类指标能够辅助业务方提前部署运营活动，未雨绸缪。

如图 1-8 所示，流失率、退货率以及满意度这三个指标都是后见性指标，与之对应的先见性指标分别是活跃率、投诉率以及复购率或推荐率。例如，用户流失率提示数据分析师和业务方用户流失情况的严重程度，但此时用户流失已经发生了。事实上，如果在观察到用户活跃率下降的时候就采取运营活动，则有机会避免用户流失。

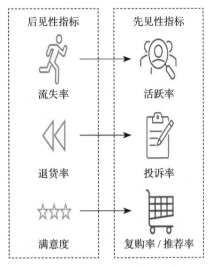

图 1-8　先见性指标与后见性指标

4.区分相关性指标和因果性指标

区分指标之间的相关性和因果性也是较为重要的。如果两个指标总是一同变化，则说明它们是相关的；如果一个指标可以导致另一个指标变化，则说明它们之间具有因果关系。但需要注意的是，具有相关关系的两个指标之间不一定具有因果关系。例如，据美国疾病控制预防管理中心数据统计显示，美国的自杀人数与财政在自然科学领域的投入资金呈正相关关系。但两者并不存在因果关系——显然美国政府不可能通过减少在自然科学领域的投入资金来降低民众自杀率。由此可见，相关关系不等于因果关系，但因果关系首先是相关的。

因此，想要证明因果性，首先要找到相关性，可以通过控制变量的方法进行实验，尽管在实际工作中很难实现，但有一个较为简单的方法，就是多问一个"为什么"。例如，作为数据分析师，我们发现最近活跃用户的次日留存率提升了，业务部门想要知道留存率提升的原因。经过数据分析发现，新活跃用户的留存数量比前一段时间增多了。此时就可以继续提问，"为什么新活跃用户的留存数量增加，而老用户的没有呢？"最后问题回归到业务本身，数据分析师发现最近产品新上了次日登录送优惠券的活动，从而增加了新用户的留存率。所以数据分析师可以通过不断地发问找到最终影响指标变动的原因。

1.2　数据指标体系概述

数据指标体系是由多个相关的指标通过一定规则组织起来反映业务发展现状的评价标准。厘清各类指标之间的联系以及整合多个指标使其变成有联系的整体，从而形成一套可以监控业务的数据指标体系，是数据指标体系主要的构建过程。这一节将介绍数据指标体系的三大要素、数据指标与数据指标体系之间的关系、数据指标体系的重要性，以及数据指标体系的构建规范。

1.2.1　数据指标体系的 3 个要素

多个有关联的数据指标按照一定的逻辑以及相应的层级关系系统地组织起来，就形成了数据指标体系。通过对指标的上卷与下钻操作，数据分析师能够快速定位业务问题。数据指标体系拥有 3 个要素——北极星指标、核心指标和分析维度，如图 1-9 所示。北极星指标也称为唯一关键指标（One Metric That Matters，OMTM），是评价某一块业务现状最重要的数据指标。例如，交易类产品的北极星指标是 GMV，社交类产品的北极星指标是活跃用户数量。通常情况下，北极星指标是一个结果指标，这个结果受到一系列过程的影响，然而如果只考虑结果指标，业务过程是无法得到监督和改进的。因此，将北极星指标拆解到不同的业务过程，从而得到核心指标也是极为重要的，核心指标也称为过程指标，是达成北极星指标必经的过程。无论是北极星指标还是核心指标，都容易陷入平均数陷阱。一般情况下，增加分析维度可以将数据指标切分成若干块，从而在一定程度上减少平均数陷阱的问题，让数据分析师和业务方能够将业务的整体和局部分析得更加清晰。

北极星指标　　　核心指标　　　分析维度
（结果指标）　　（过程指标）

图 1-9　数据指标体系的 3 个要素

1.2.2　基于数据指标形成数据指标体系

由上一小节可以了解到，北极星指标、核心指标和分析维度共同构成数据指标体系。那这些指标是如何形成数据指标体系的呢？

如图 1-10 所示，一般情况下，数据指标会分为不同的层级结构，北极星指标是整个业务模块的核心指标，一级指标是北极星指标的下钻和拆解，而三级指标又是二级指标的下钻和拆解，依此类推。

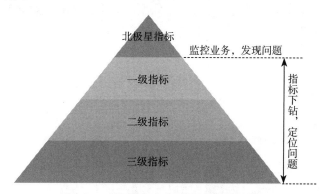

图 1-10　数据指标如何形成数据指标体系

举例来说，如图 1-11 所示，GMV 是电商平台的北极星指标；而 GMV 可以拆解为成交用户数与平均客单价的乘积，因此成交用户数和平均客单价是一级指标；而成交用户数也可以继续拆解为点击 UV（独立访客）与访购率，因此二级指标也有了。点击 UV 又可拆解为商品曝光 UV 和转化率，这是三级指标。这样一来，如果 GMV 出现数据波动，数据分析师就可以根据数据指标体系找到影响 GMV 波动的因素，从而快速定位业务问题。

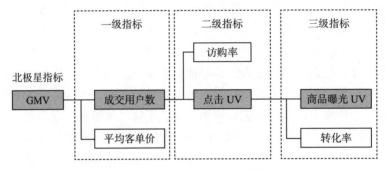

图 1-11　数据指标的层级结构

当然，为了实现数据指标的口径统一以及管理方便，在建立数据指标体系时需要遵循一定的规则，如 OneData 规范、构建数据指标字典等。以如何统计成交用户数为例，是以点击支付的用户数为统计维度，还是以成功付款的用户数为统计维度呢？统计口径不统一，会给数据分析师带来各种麻烦，因此数据指标字典的建立是数据指标体系构建的重要环节。此处不做过多介绍，具体内容会在第二篇介绍。

1.2.3　为什么需要数据指标体系

为什么一定需要数据指标体系呢？数据指标体系的作用可以归纳为以下 3 点。

1. 形成标准化的衡量指标，监控业务发展状况

数据指标体系可以量化业务发展水平，监控业务发展状况。图 1-12 展示了某商家在某电商平台 4 ～ 8 月份的 GMV 变化。随着年中大促的到来，GMV 达到峰值，但大促结束后商家 GMV 持续走低且低于大促前的水平，从 GMV 层面来看，该商家的经营状况可能出了一些问题。

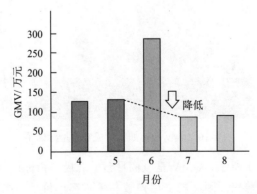

图 1-12　某商家在某电商平台 4 ～ 8 月份的 GMV 变化

通过对 GMV 相关指标的监控很容易发现商家在业务经营中出现了问题，但具体是什么问题通过单一的数据指标很难正确判断，这时需要对数据指标进行拆解、下钻，找到影响 GMV 变化的具体因素。

2. 通过指标分级治理，快速定位业务问题，优化业务方向

数据指标的分级治理可以快速定位业务问题。同样以商家的 GMV 变化为例，要找到 GMV 变化的原因，就需要对该指标进行拆解和下钻，拆解过程如图 1-11 所示。通过对指标的拆解明确 GMV 的下降是由成交用户数下降引起的还是由平均客单价下降引起的。如果是由成交用户数下降引起的，则可以继续下钻，直到找到最深层次的原因为止。

3. 形成标准化体系，减少重复工作，提高分析效率

数据指标体系的另一个作用是减少数据分析师的工作量，对于业务方重复的取数需求，数据分析师完全可以建立相应的数据报表，作为数据指标体系的一部分监控业务。如果建立报表之后，数据分析师相关的临时取数需求仍然没有减少，则说明这套数据指标体系是有问题的，需要重新与业务方沟通需求，使数据指标体系更能够贴切业务，不必追求大而全。

1.3　数据指标体系的构建及落地流程概括

数据指标体系的构建流程可以概括为 4 个步骤，分别是指标规划、数据采集和加工、报表呈现以及数据指标体系的应用。这一节将会详细介绍数据指标的构建及落地流程。

1.3.1　数据指标体系的构建流程

数据指标体系的构建流程如图 1-13 所示。指标规划是构建数据指标体系的第一步，相当于构建整个数据指标体系构建流程的大纲，该阶段的重要内容是构建业务目标和数据字典；有了规划好的指标后，要获取相关的数据就需要通过数据埋点进行采集，在数据埋点过程中要明确字段类型、上报时间、上报方式。通过埋点采集到数据之后，就可以选取多个合适的指标以及相应的维度在 BI 工具上对数据进行呈现，以形成可以监控业务的数据指标体系。有了基础的报表体系之后，就能通过数据报表来反映业务趋势了，当业务数据出现波动时，数据分析师可以通过指标的上卷和下钻等功能快速排查业务问题。

图 1-13　数据指标体系的构建流程

1. 指标规划

在指标规划阶段，数据分析师需要根据业务目标拆解并抽象出能够衡量业务现状的关键指标，同时需要确定这些指标的统计口径以构建数据指标字典。如何从业务目标抽象出关键指标，可以参考北极星指标、OSM/GSM 模型，同时也可以结合 AARRR 模型或 UJM 模型对业务目标进行抽象。这些模型会在后续章节进行详细介绍。

2. 数据采集和加工

构建数据指标需要的数据基本来源为数据埋点，可以获取到最小统计维度的明细数据是较为合理的埋点方式。同时，数据分析师还需要确定数据类型及其上报规范，这些因素决定了指标口径是否统一。在埋点正式上线前，数据分析师需要保证埋点采集的数据与规划阶段的数据相一致，以保证该版本的指标建模工作能够顺利进行。

通过数据埋点采集到用户数据之后，对数据进行清洗加工，以获得数据应用层面的数据，这是指标建模的重要步骤之一。只不过这部分工作大多数由数仓工程师负责，这部分数仓工程师也叫 ETL 工程师。

3. 报表呈现

完成数据采集和加工后，就到了数据分析师大显身手的时刻了。数据分析师将根据指标规划阶段提出的方案，利用数仓工程师加工处理好的数据表，选取合适的维度，在 BI 工具上对相关指标进行计算，把有关联的指标按照一定的逻辑和规则进行组织和展示，最终形成可以监控业务的数据指标体系。

4. 数据指标体系的应用

对于某一块业务来说，建立数据指标体系后，整体的业务就得到了监控。当数据发生异动时，数据分析师可以通过数据指标体系快速定位问题。

1.3.2 数据指标体系如何落地

数据指标体系落地涉及多个部门的协同合作，主要流程如图 1-14 所示。所有与数据指标体系相关的需求都来源于业务，脱离业务的数据指标体系意义不大，所以数据指标体系落地首先是和业务方沟通需求，明确业务方关注的重点；其次，数据分析师需要将业务方关注的点转化为数据需求，同时抽象出具体的指标；接下来就是确定各个指标的统计维度、统计口径，从而建立数据字典，以保证同一指标在公司内部代表的含义是一致的。以上几个步骤是指标规划阶段的主要工作。要实现数据指标体系的构建就必须有数据。而互联网的用户数据基本都是通过埋点获得的，数据仓库工程师通过对原始数据的加工处理，可以给数据分析师提供应用层面的数据以助其对指标进行建模。最后数据分析师基于前期的指标规划以及应用层面的数据完成指标体系的构建，同时在业务方的反馈下不断地迭代数据指标体系。

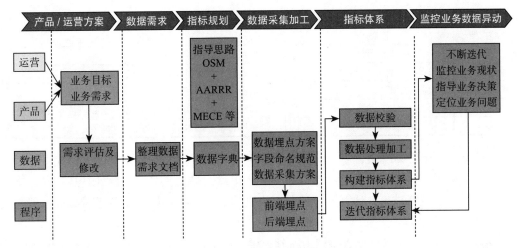

图 1-14　数据指标体系的落地流程

1.4　构建数据指标体系的方法论汇总

前面介绍了数据指标体系的构建流程，相信读者对于数据指标体系构建有了更为宏观的认识。而要建立可以反映业务现状的数据指标体系也有一些固化下来的方法论，当然这些方法论的应用需要建立在熟悉业务的前提下。在构建数据指标体系的过程中，北极星指标、OSM 模型、GSM 模型、AARRR 模型、UJM 模型、HEART 模型、PULSE 模型以及 MECE 模型是常见的几种参考模型。下面围绕这几个模型介绍构建数据指标体系的方法论。

1.4.1　北极星指标

不同业务模块或同一业务不同发展阶段的北极星指标都是不同的。在选取和设定北极星指标时，也需要遵守一定的原则。一般根据业务发展进程选取贴合战略且易于拆解的指标作为北极星指标。

互联网产品按照用户需求进行分类，可以分为工具类、内容类、社交类、交易类以及游戏类。事实上，每一个互联网产品并不一定属于单一的某一类别，其类别可能是交叉的。例如，抖音 App 可以被归为内容类产品，也可以归为社交类产品，而随着直播带货等电商业务的崛起，它也是一个交易类产品。通常情况下，互联网产品的类型会随着公司战略的变化而不断变化。例如，美柚 App 最初只是一款工具类产品，后来转变成女性交流社区，后来又进军电商。所以，在选取北极星指标时，紧跟公司战略是较为关键的点。

那各种不同类型的互联网产品都有什么特点？它们对应的北极星指标又分别是什么呢？各类型互联网产品的特点以及北极星指标总结如表 1-1 所示。

表 1-1 各类型互联网产品的特点以及北极星指标

产品类型	代表产品	北极星指标
工具类	全能扫描王、计算器、相机	使用次数、使用频率
内容类	知乎、微信公众号、抖音	浏览量、浏览时长、点赞量、转发量
社交类	微信、微博	活跃用户数、好友数、互动次数
交易类	天猫、淘宝、拼多多	商品交易总额、商家入驻数量、活跃消费者数量
游戏类	和平精英、王者荣耀	充值金额、ARPU、ARPPU、活跃用户数、留存率

工具类产品很容易理解，它们为解决单点问题而生，用户需要时即用，用完即走。从广义的范围来看，任何互联网产品都是一种解决单点问题的工具，但此处是从狭义范围考虑的。例如，全能扫描王、计算器、词典、相机等是工具类产品，其北极星指标一般是使用次数、使用频率等。

内容类产品主要是指创作者持续为粉丝提供有价值的文章、音频、视频等内容的平台，例如，知乎、微信公众号、抖音等，其北极星指标是浏览量、浏览时长、点赞量、转发量等。

社交类产品主要是为用户提供建立社交关系的平台，例如微信、微博等，其北极星指标是活跃用户数、好友数、互动次数等。

交易类产品主要是将线下的交易搬到线上，为买方和卖方提供交易商品的平台，例如淘宝、天猫、拼多多、京东等，其北极星指标主要是商品交易总额（GMV）、商家入驻数量、活跃消费者数量等。

游戏类产品主要提供用户休闲娱乐服务，例如和平精英、王者荣耀等，其北极星指标主要有充值金额、活跃用户数、留存率等。

1.4.2 OSM/GSM 模型

OSM 模型和 GSM 模型也是数据指标体系构建的常用方法论，其构成如图 1-15 所示。因为二者的基本思路是一致的，所以此处一起介绍。

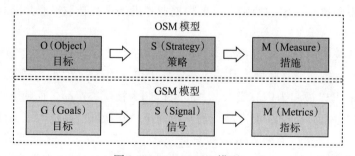

图 1-15 OSM/GSM 模型

OSM/GSM 模型为数据指标建模提供了一套分析框架和思考逻辑。顾名思义，OSM 模型和 GSM 模型都是由上而下拆解用户行为从而制定评估指标的方法。至于应该如何选取监控指标，就需要从业务目标入手了：首先通过对业务目标的拆解，提出行动策略，进而提炼出评估行动策略是否成功的指标。这样做的好处是可以避免大而全，即避免罗列所有能够想到的指标，从而有重点地选择关键指标。

1.4.3　AARRR 模型

AARRR 模型又称海盗模型，如图 1-16 所示，该模型将用户所处的生命周期分为获取、激活、留存、付费以及推广 5 个不同的阶段。每个阶段的业务目标是不同的，数据分析师同样可以套用 OSM/GSM 模型对每一个阶段进行拆解，提炼出核心监控指标。例如，在用户获取阶段，业务目标是以合理的成本投放广告获

图 1-16　AARRR 模型

得优质新用户，基于业务目标监控指标可以是广告成本、用户转化率、新用户数量等。对于具体指标如何定义会在 3.1 节详细讲解。

1.4.4　UJM 模型

UJM 模型和 AARRR 模型有异曲同工之处，AARRR 模型基于用户生命周期展开，而 UJM 模型则基于用户的行为路径展开。UJM 模型的核心思想是将用户路径拆解为多个环节，根据业务目标提炼每一个环节的核心指标，可以是每一个环节的转化率，也可以是整个路径的转化率。例如，在电商场景下，商品成交流程就可以用 UJM 模型进行拆解从而找出核心监控指标。如图 1-17 所示，商品成交流程的用户路径拆解为：注册→登录→商品曝光→点击商品→加入购物车→成交→达成 GMV。该模型可以监控此路径下每一环节转化率或整体转化率，从而辅助业务优化产品提升 GMV。

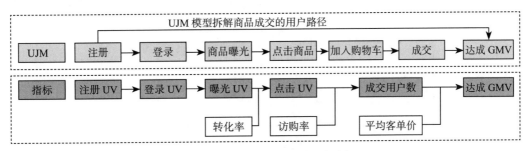

图 1-17　商品成交流程的用户路径

1.4.5　HEART 模型

HEART 模型是衡量用户体验质量的模型。如图 1-18 所示，该模型通过用户的愉悦度、参与度、接受度、留存率以及任务完成率 5 个维度来衡量用户体验。其中一部分指标用于

评价用户的主观感受，可以通过用户调研获取，例如愉悦度需要用户填写反馈问卷或者体验评价；还有一部分指标可以通过埋点获取原始数据，进而通过统计分析获取，例如在电商场景下参与度用于衡量用户的页面访问深度，数据分析师可以通过埋点采集用户在各个页面层级的访问次数、停留时间等指标进而计算出用户参与度。

图 1-18　HEART 模型

1.4.6　PULSE 模型

PULSE 模型最初是用于衡量传统网站运营情况的指标模型，后来该模型也用于评估各类互联网产品的整体表现。如图 1-19 所示，该模型包括了页面浏览量、正常运行时间、延迟、七日活跃用户数以及收益 5 个不同的维度。

1.4.7　MECE 模型

前面 6 个模型从不同层面阐释了不同场景下数据指标应该如何选择。对于指标建模来说，并不是数据指标越全越好，而是要做到选择最能衡量业务现状的数据指标并且做到各个指标之间相互独立、完全穷尽，如图 1-20 所示，即管理咨询领域比较常用的 MECE（Mutually Exclusive，Collectively Exhaustive，相互独立，完全穷尽）模型。

图 1-19　PULSE 模型

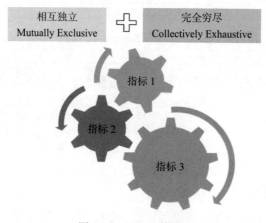

图 1-20　MECE 模型

数据指标规划

　　数据指标和分析维度是构建数据指标体系的基础，数据指标规划和构建业务数据字典是构建数据指标体系的第一步。本篇会详细介绍用户规模指标、用户行为指标、5种不同业务形态下需要关注的数据指标以及分析维度。

第 2 章

数据指标梳理

数据指标体系的构建要从数据指标出发，这一章我们会概括性地介绍数据指标体系构建中需要关注的数据指标；从用户视角和业务视角出发梳理数据指标，包括从用户生命周期梳理用户的规模指标和用户行为指标；基于不同的商业模式对业务进行分类，以及在梳理工具类、内容类、社交类、交易类以及游戏类五大业务形态下需要关注的数据指标。

2.1 梳理数据指标的不同视角

既然要构建数据指标体系，那么没有数据指标，何成体系？那么数据分析师需要关注哪些数据指标呢？这一节将从不同的视角，对数据分析师应该关注的数据指标进行梳理。

如图 2-1 所示，对于任意一款产品来说，与用户的交互都是生存之本。用户认可产品就会留存下来，并持续与产品进行交互。在不同的业务场景下，用户的交互行为不尽相同。从这个逻辑出发，数据分析师可以从用户视角对数据指标进行梳理，包括用户的数量规模以及用户行为。但所有的数据指标都不能脱离业务逻辑本身，因此从业务视角对数据指标进行梳理也是较为重要的。

1. 用户视角

在互联网时代，有用户才有流量，所以从用户视角梳理数据指标是较为重要的。无论是数据分析师还是业务方，都关心用户从哪里来，规模有多大，在 App 上有哪些行为，这些行为带来了什么收益。

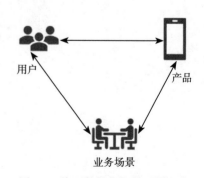

图 2-1 梳理数据指标的不同视角

在 1.4 节中提到的 AARRR 模型恰到好处地为用户数据指标的梳理提供了依据，如图 2-2 所示，从用户视角出发，会在用户来源、用户规模、用户行为三个不同的方面进行数据指标的梳理。每一个环节具体有哪些指标，我们会在 2.2 节中详细介绍。

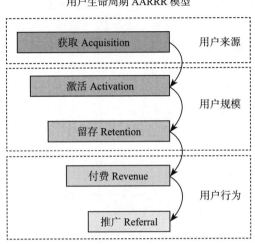

图 2-2　从用户视角梳理数据指标（基于 AARRR 模型）

2. 业务视角

从用户视角，数据分析师需要了解用户全生命周期的各个细节，这是不同业务形态的产品都需要关注的数据指标。在不同业务形态下，除了用户相关的数据指标外，业务相关的数据指标也是极为重要的。业务指标经常和业务的商业模式挂钩，相同商业模式的业务关注的数据指标基本是一致的。例如，从大类上来说，电商、打车、外卖类产品对应着双边市场或者三边市场，其关注的重点是总成交额；而像微信、微博则同属社交产品，其关注的重点是用户活跃度。

图 2-3　5 种产品类型

如图 2-3 所示，从业务视角出发，我们会根据不同商业模式，将业务形态大致分为 5 种不同产品类型，即工具类、内容类、社交类、交易类、游戏类。这五种产品类型需要关注的数据指标将在 2.3 节介绍。

2.2　用户数据指标概述

前面我们介绍了梳理数据指标的不同视角，这一节我们从用户视角出发梳理用户规模指标和用户行为指标。

2.2.1 用户规模指标

如图 2-4 所示，对于用户相关的数据指标，首先关注的是用户来源，包括用户成本（Customer Acquisition Cost，CAC）、买量用户成本、点击率、转化率、安装率、注册转化率以及投入产出比等。接下来要关注用户规模，用户新增量和用户活跃度是用户规模指标的重要构成部分，具体包括新增用户数量、活跃用户数量、在线时长、峰值在线人数、同时在线人数等指标。当然仅关注用户新增和活跃是不够的，还需要提升用户忠诚度，使其在一段时间内持续活跃并最终成为留存用户，从而为后续的用户运营提供有力保障。在此阶段用户规模指标主要关注的是用户留存率，包括次日留存率、3 日留存率、7 日留存率、R3/R2 等。同时，留存率根据不同的计算方式，又可以分为平均留存率和加权留存率，二者的具体区别和运用场景会在 3.4 节详细介绍。除此之外，登录比和二阶登录比也是衡量用户留存率的指标。

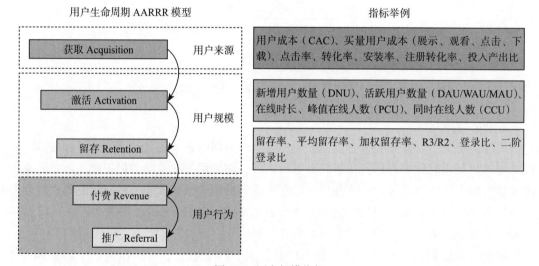

图 2-4　用户规模指标

2.2.2 用户行为指标

从用户生命周期 AARRR 模型来看，用户登录产品之后，通过交互感受产品的功能与价值，当用户认可产品之后就会留存下来，从而发生付费和推广等相关行为。如图 2-5 所示，对于用户行为指标来说，在用户与产品的交互过程中会产生两类指标，分别是使用类指标和访问类指标。其中，使用类指标主要包括使用次数、使用时长以及使用时间间隔；而访问类指标主要包括访问人数、访问次数、弹出率、转化率以及页面访问深度。

对于用户的付费行为，数据分析师需关注用户付费的规模和质量、人均付费情况以及用户生命周期价值（Life Time Value，LTV）。付费规模和质量的相关指标主要包括付费用户数、用户付费转化率、复购率、用户月付费转化率、活跃付费用户数、用户总成交额；

人均付费情况的相关指标包括平均每用户收入（Average Revenue Per User，ARPU）、平均每付费用户收入（Average Revenue Per Paying User，ARPPU）和 LTV。

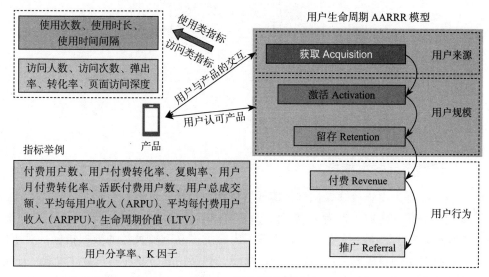

图 2-5　用户行为指标

2.3　业务数据指标概述

用户规模指标和用户行为指标是大部分产品都会关注的通用指标，除此之外，从业务视角出发，基于不同的业务形态需要关注的数据指标也各有侧重。本节将会概括性地介绍工具类产品、内容类产品、社交类产品、交易类产品以及游戏类产品会关注的业务数据指标。

2.3.1　工具类产品数据指标

工具类产品的价值来源于工具本身，工具为用户提供各个场景下的特定解决方案从而获得用户认可，而工具类产品用户具有"来了即用，用完就走"的特点，因而用户留存率低、黏性差。基于工具类产品的以上特点，我们总结了工具类产品需要关注的四大指标，如图 2-6 所示。

❑ 用户指标：包括使用该产品的用户数量或使用该产品的活跃用户数量，以及会员用户数量。

❑ 行为指标：包括用户使用产品的频次和间隔。

❑ 营收指标：主要指会员付费金额，又称增值服务金额。

❑ 产品指标：重点关注功能达成率。

关于工具类产品数据指标的详细内容可参见 5.1 节。

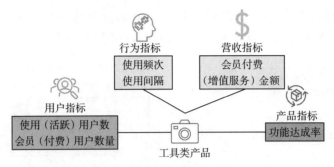

图 2-6 工具类产品四大指标

2.3.2 内容类产品数据指标

内容类产品是为用户持续提供有价值或娱乐性的信息，其内在逻辑是内容的产生与消费，主要包括作者（内容生产者）、平台、读者（内容消费者）以及内容 4 个不同的维度，如图 2-7 所示，基于这 4 个维度，我们整理了内容类产品需要关注的数据指标。对于内容生产者，数据分析师首先要关注内容生产的质量，包括内容分享率、阅读（观看）完成率；其次要关注内容生产者的创造力，包括内容发布数量、发布频率、发文留存率；此外，内容生产者的行为健康度也是需要关注的指标，包括热门、暴涨、作弊、违规等行为的占比。对于内容消费者，数据分析师需要关注的指标包括内容浏览数、内容浏览时长以及用户参与度。具体介绍参见 5.2 节。

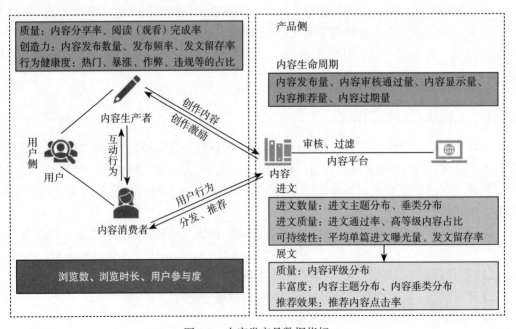

图 2-7 内容类产品数据指标

　　而对于产品侧即内容侧，需要重点关注内容漏斗即内容生命周期、进文、展文。其中，内容生命周期需要关注内容发布量、内容审核通过量、内容显示量、内容推荐量以及内容过期量；在进文方面，进文数量、进文质量以及可持续性都是需要着重关注的；在展文方面，内容的质量、丰富度以及推荐效果都是较为重要的指标。具体的指标详见图 2-7，指标的详细介绍参见 5.2 节。

2.3.3　社交类产品数据指标

　　社交类产品是指满足用户社交需求的产品。社交类产品指标往往需要经历发现、破冰、互动、关系沉淀四个不同的步骤而产生，基于以上步骤的特点，内容、互动、关系链就成了社交类产品的三大核心要素。根据社交类产品的三大核心要素，我们整理了社交类产品需要关注的核心数据指标，如图 2-8 所示，我们通过内容发布量、互动量以及关系密度三大核心指标来评价社交类产品的健康程度。详细指标介绍请参照 5.3 节。

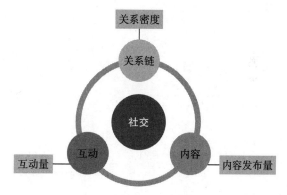

图 2-8　社交类产品数据指标

2.3.4　交易类产品数据指标

　　交易类产品将线下买卖双方"一手交钱一手交货"完成价值交换的过程搬到线上，从而产生信息流、资金流以及物流。交易类产品覆盖了双边市场、三边市场，包括 C2C、B2C、B2B 三种不同的商业模式。回归到交易本身，如图 2-9 所示，该类产品主要关注 9 类基础指标，包括营销活动类指标、支付类指标、运营类指标、市场竞争类指标、流量指标、用户规模指标、用户价值指标、商品指标以及风控指标。其中一共涉及 4 个核心数据指标，即交易总金额、页面详情转化率、客单价以及复购率。详细指标介绍请参照 5.4 节。

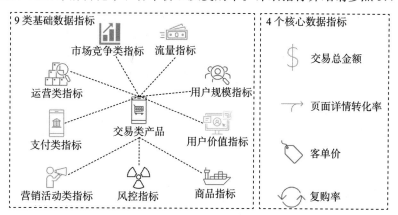

图 2-9　交易类产品数据指标

2.3.5 游戏类产品数据指标

游戏类产品是一类特殊的互联网产品，通过各类游戏玩法为用户提供休闲娱乐服务。如图 2-10 所示，基于游戏运营的核心要素，我们将游戏产品需要关注的指标梳理为五大类。在用户获取阶段，广告指标是极为重要的，包括用户买量成本、漏斗转化率等。导入用户之后，用户体验游戏核心玩法、美术风格以及游戏性能，用户认可游戏就会留存下来，直至破冰成为付费用户。在上述过程中，数据分析师需要关注广告指标、用户留存指标、核心玩法、付费以及用户生命周期价值五大类数据指标。具体指标内容详见 5.5 节。

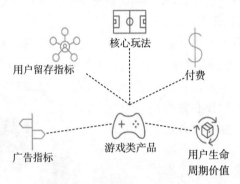

图 2-10 游戏类产品数据指标

第 3 章 *Chapter 3*

用户规模数据指标

用户是产品的基石，用户数量的多少及其活跃程度对于一款互联网产品来说是至关重要的。对于用户规模，业务方以及数据分析师关心的无非是用户从哪里来，新增用户有多少，用户活跃情况如何，用户留存或用户黏性情况如何。本章会立足用户规模，详细介绍用户规模相关的数据指标的定义及其使用场景。

3.1 获取用户

没有用户就没有流量，获取用户（也称获客）是各大互联网产品发展的第一步。本节会围绕用户获取展开，阐述用户获取环节中常用的数据指标及其定义，以构建数据指标字典。

3.1.1 获取用户的渠道

用户来源于不同的渠道，如图 3-1 所示，根据用户获取方式可以将获取用户的渠道分为线上渠道和线下渠道两大类。对于线上渠道，投放广告、竞价排名等是精准获取用户的有效方式。根据用户是否通过买量或渠道付费进入产品，可以将用户分为买量用户和自然流量，自然流量的占比能够反映一款产品对用户的吸引力；而线下渠道主要通过地推等方法获取用户。

此处对自然流量和买量用户的获取方式进行汇总。自然流量在 iOS 和安卓系统中的定义略有差别，具体细节此处不作讨论。自然流量是全部新进用户减去买量用户之后的剩余流量。自然流量主要来源于口碑效应、榜单效应、免费的媒介推广等方式。而买量用户是通过各个渠道的信息流广告、搜索引擎营销（Search Engine Marketing，SEM）等形式获取的用户，这类用户获取方式的特点是通过不同的方式曝光产品吸引用户进入。

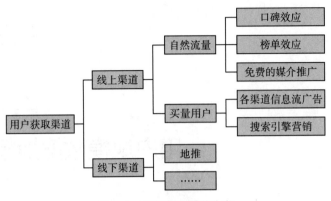

图 3-1　用户来源渠道分类

3.1.2　获客阶段的关键指标

无论是线上渠道还是线下渠道，在用户获取阶段，用户成本（CAC）都是较为关键的数据指标，用户成本即获取一个新用户所需的成本，其计算公式如下：

$$CAC = 新增用户的总投入 / 新增用户总数 \qquad (3-1)$$

在式（3-1）中，如何定义新增用户也是需要考虑的问题，在数据层面，以下载用户、安装用户还是注册用户作为新用户，分别有着不同的统计意义，此处不作详细介绍，3.2 节会详细阐述 3 种统计维度之间的差异。

在线上渠道和线下渠道用户成本的统计方式也会有一定差异。下载并注册 App 免费领取小礼品、新办信用卡领取行李箱等活动都是线下渠道获客的实例，在这些场景下用户需要注册并登录 App 才能领取到奖励。所以新增用户数一般以注册用户作为统计口径。而线上渠道的广告场景较为复杂，用户看到广告之后可以选择忽略、点击、下载、安装等多种不同操作，每一种操作对应着不同的指标，每一步转化都涉及不同的用户成本。

3.1.3　买量用户成本相关指标

要讲清楚买量用户成本相关的指标，就需要从广告的付费方式谈起。不同广告商的付费方式不一样，对应的价格也是不一样的。广告投放的付费方式总结如图 3-2 所示：按照用户的实际行动付费，即根据用户下载、安装、注册、充值等不同行为进行计费；按照广告素材展示或播放（观看）次数付费；按照点击次数、下载次数、安装次数进行计费；按照时长付费和按照销售付费。多种付费方式对于广告主说意味着多种形式的用户成本，这些用户成本最终如何定义呢？

以用户旅程地图（User Journey Map，UJM）模型作为理论依据，可以拆解出买量用户在广告转化过程中涉及的多个相关指标。从用户看到广告到成功转化为产品新用户的过程如图 3-3 所示，每一个节点都涉及相应的指标。

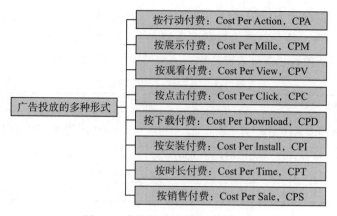

图 3-2　广告投放的多种付费方式

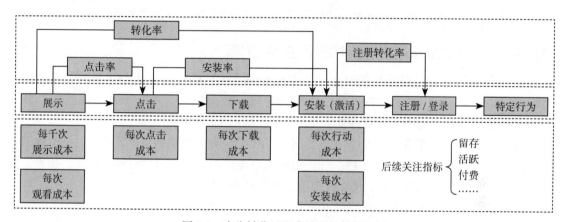

图 3-3　广告转化过程中涉及的数据指标

在广告曝光阶段，CPM 以及 CPV 是重要监控指标。CPM 指广告素材每展现 1000 次需要付给流量主的费用，CPV 指广告素材每被播放一次需要付给流量主的费用。

当用户看到曝光的广告后，部分用户点击了广告素材，而广告费用与广告点击次数的比值就是买量用户的 CPC。用户从看到广告到点击广告这一过程，涉及点击率（Click Through Rate，CTR）这个关键指标，其定义为广告点击量与广告展现量（曝光量）的比值。用户点击广告了解产品之后，部分用户选择下载产品，此处广告费用与下载量的比值就是买量用户的 CPD。用户下载产品后，安装激活产品也是较为重要的环节，此处广告费用与安装量的比值就是用户的 CPI。用户从看到广告到安装 App 这一过程，转化率（Conversion Rate，CVR）就是衡量渠道以及用户质量的重要指标，其定义是安装激活量与广告曝光量的比值。另外，安装率（Install Rate，IR）也是重要指标之一，其定义是安装激活量与点击量的比值。用户安装 App 后，开始注册并登录 App，在这一阶段注册转化率（Registration Rate，RR）是重点关注的指标，其定义如下：

$$注册转化率 = 安装激活量 / 注册登录量 \qquad (3\text{-}2)$$

那么上述提到的各个指标到底如何计算呢？下面通过一个例子进行说明。某广告主在不同渠道投放了广告，各个渠道的数据表现如表 3-1 所示。根据前面介绍的公式，可以计算出用户成本以及各级转化率等关键指标，从而可以评价渠道质量。

表 3-1　不同渠道的广告效果

渠道	用户路径 / 次					CAC/ 元					各级转化率			
	曝光量	点击量	下载量	安装量	注册量	广告费用	CPC	CPD	CPI	CPA	CTR	CVR	IR	RR
1	874 234	295 632	14 283	12 869	10 637	68 000	0.23	4.76	5.28	6.39	33.82%	1.47%	4.35%	82.66%
2	868 231	302 521	15 786	10 846	9 986	68 000	0.22	4.31	6.27	6.81	34.84%	1.25%	3.59%	92.07%
3	831 725	319 456	16 129	11 894	10 462	68 000	0.21	4.22	5.72	6.50	38.41%	1.43%	3.72%	87.96%

当然，并不是用户注册登录后就不再关注了，用户的活跃、留存、付费、推荐等也是后续需要关注的指标，这些指标也是评价渠道质量的关键指标，后续章节将会详细介绍。

3.1.4　构建渠道成本用户字典时需要注意的问题

在规划渠道成本相关指标的时候，需要确定最小统计维度是什么——是独立访客数（Unique Visitor，UV，又称访问人数）、页面浏览量（Page View，PV，又称访问次数）、IP（Internet Protocol）还是其他统计维度？

对于不同的广告商来说，计费方式也是不一样的。有的按照站点 PV 计算，有的按照 IP 计算。当然大多数广告媒介支持广告主自定义单条广告对同一用户的曝光频次，如果某个订单只对同一用户曝光一次，那么该订单的曝光量 PV=UV。

为了方便读者理解 PV、UV 以及 IP 这三个不同的概念，笔者进行如下详细说明。

- ❏ PV：页面被浏览的总次数，同一用户对页面每访问一次均会被计为一次浏览。如果用户对同一页面多次访问，则访问量累计。
- ❏ UV：独立访客数，指通过互联网访问、浏览这个页面的自然人个数。同一用户在一个自然日内多次访问相同的页面，访问量依然计为一次。
- ❏ IP：独立 IP 数，一个自然日内相同 IP 地址只被计算一次。

例如，小王用自己的电脑访问了 3 次知乎首页，然后又将电脑借给小张，小张在小王电脑上登录了自己的知乎账号访问了 1 次知乎首页。对于上述案例，由于小王和小张分别拥有自己的账号，对于知乎来说是两个不同的用户，因此知乎首页的 UV 为 2；而根据 PV 的定义，只要页面曝光一次 PV 数就会加 1，因此 PV 为 4；而小王和小张使用的是同一台电脑、同一个网络，所以 IP 数为 1。

进一步来讲，UV、PV 的最小统计维度也是需要思考的问题，是以 open_id 作为统计维度还是以设备 ID（device_id）作为统计维度呢？用不同的 ID 作为最小统计维度对于数据结果有什么影响呢？例如，某购物 App 在知乎和 B 站投放了同样的广告素材 A，小王用手机刷知乎和 B 站的时候都访问了广告素材 A，那么在统计广告素材 A 的 UV 时，小王是算 1

个 UV 还是 2 个 UV 呢？如果以 open_id 为最小统计维度，小王会被记为 2 个 UV；如果以设备 ID（device_id）为最小统计维度，小王会被记为 1 个 UV。

那么问题来了，什么是 open_id？什么是设备 ID？

如图 3-4 所示，小王在知乎和 B 站上分别有一个自己的唯一身份标识，业内称 UID。但是知乎和 B 站并不会将平台内部 UID 共享给第三方，而是给小王重新生成一个可以共享到第三方平台的 ID，业内称为 open_id。因此，知乎和 B 站会分别给小王分配一个 open_id 并共享到第三方，此刻第三方广告主如果以广告素材的维度对 UV 进行统计，小王会被算作 2 个 UV。而 device_id 是小王手机的唯一标识，无论是知乎、B 站还是第三方平台都能通过 SDK 读取 device_id。只要小王手机没换、没有刷机等操作，知乎和 B 站拿到的 device_id 都是一致的。因此，如果从设备维度统计 UV，小王会被算作 1 个 UV。

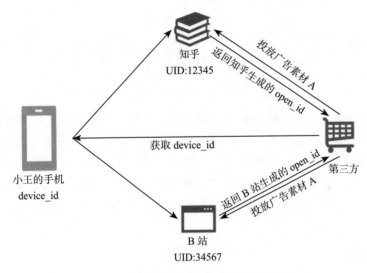

图 3-4　device_id 与 open_id 之间的区别

3.1.5　用户成本指标在数据分析中的作用

在用户获取阶段，数据指标体系的重要作用是评价渠道优劣和估算投资回报率。

1. 评价渠道优劣，调整投放策略

对比各个渠道的用户成本、转化率留存率、付费率等指标，可以帮助市场部门确定哪些渠道是优质渠道，哪些渠道表现逊色，从而合理调整投放策略，获得最大的投入产出比。

2. 估算投资回报率，优化投资回报

渠道成本相关指标配合用户 LTV 的相关数据可以估算获客的投资回报率。LTV 指用户在流失前能为产品带来的价值，这个指标会在用户付费阶段进行详细介绍。

那么如何去估算投资回报率呢？

获取用户需要花费一定的成本，称为用户成本（CAC）。用户从进入产品到流失会经历一段时间，那么用户能否在流失之前为产品付足够多的费用以"抹平"获取用户付出的成本？这是衡量一款产品能否存活下来的关键。

图 3-5 展示了用户成本、回本周期以及 LTV 等指标之间的关系。

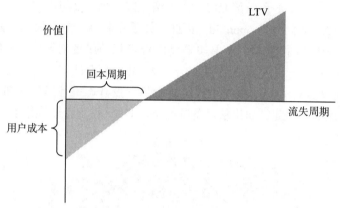

图 3-5　用户成本、回本周期以及 LTV 之间的关系

如何理解这些指标之间的关系呢？此处通过一个例子进行说明。广告主在渠道 A 上投放广告以 7 元的价格获取用户 C，此时用户注册成本为 7 元；之后用户 C 每月为产品付费 1 元，那么回本周期为 7 个月；如果用户 C 在第 12 个月的时候流失，则其 LTV 为 12 元。

什么样的投入产出比是较为健康的呢？通常情况下，如果 LTV/CAC ≥ 3，则会被认为是一个良好的投入产出比，上述案例中，投入产出比为 12/7=1.7，还有一定提升空间。

3.2　新增用户

拉新活动是用户增长的关键环节，新用户数量是评价拉新成果的关键指标。那么如何定义新增用户数才更合适呢？这一节会围绕新用户的定义进行展开，讨论定义新用户过程中可能存在的问题以及解决方案。

3.2.1　如何定义用户

通过线上或线下渠道进行拉新推广获取新用户，那么新用户的数量是按照下载、安装计算，还是按照注册、激活计算呢？在计算新用户数量时，最小统计维度是 open_id、device_id 亦还是 App 的创建账号系统在用户注册时为其分配的唯一用户标识 UID？

不同的计算口径、不同的统计维度对于新增用户数量这个指标都会有一定的影响。

对于不同的业务场景，定义用户时选择的统计维度也不尽相同。对于强制注册的 App 来说，以用户注册后获得唯一用户标识 UID 作为统计维度能够计算得到较为真实的用户数量；对于非强制注册的 App 来说，则需要考虑未注册用户对于业务是否有价值，如果有价值，则可以使用 device_id 作为统计维度进行统计；对于那些不需要注册的 App 来说，只能按照 device_id 的维度进行统计。

3.2.2　如何定义"增"

什么是"增"？以不同的统计节点计算出来的新增用户数量会有一定的差异。

不同统计节点可能存在的问题如图 3-6 所示。如果以下载作为节点统计新用户数量，那么下载却没有安装的用户也会被统计为新用户，用户数量的统计结果会偏高；如果以安装作为统计节点，安装却没有激活的用户也会被统计为新用户，用户数量的统计结果也会偏高；只有用户下载、安装并且注册之后，才能为产品贡献价值。因此以注册 / 登录作为统计节点计算新用户数量是较为合适的。当然不同的公司统计维度也会有所差别，只要统计结果多方认可即可。

图 3-6　以不同统计节点计算新增用户数量时可能存在的问题

如果最终确定以注册为统计节点，不同的统计维度也会对新用户数量有一定影响。例如以 open_id 为新用户的统计维度，如果用户更换绑定的第三方平台，open_id 也会发生改变，这个时候用户也会被识别为新用户，从而造成新用户数量虚高。

3.1.4 节已经介绍过相关内容，open_id 是外部第三方平台分配给用户的 ID，不同平台分配给同一用户的 open_id 不同，因此用户更换绑定的第三方平台后会获得一个新的 open_id，这就是以 open_id 作为统计维度会造成新用户数虚高的原因。

同样，如果是以 device_id 作为统计维度，那么用户用相同的设备注册多个账号时，这些新的账号将不会被统计为新用户，从而造成新用户数量偏少。

如果用户在注册之后，系统能够为用户分配一个 UID，就可以避免因用户更换第三方绑定平台而造成的新用户数量偏高的问题，也可以解决以 device_id 为统计维度时新用户数量偏低的问题。

3.2.3　如何定义"新"

"增"并不代表"新"，如何判断用户是不是"新"？如果一名用户在几天前下载安装了 App，后又卸载了该 App，但在今天又安装了 App。此时该用户是作为新增用户还是老用户呢？如果 App 已经为该用户分配了用户唯一标识 UID，那么可以将用户注册账号的 UID 与后台数据库中的 UID 进行比对，从而判断用户是否为新用户。如果不是以注册为统计节点计算用户新增数量，则需要通过渠道归因进行判断，iOS、Android、Web 各有其归因的规则。

但是定义了"新"就可以了吗？当然不是，因为新增用户当中可能存在一些"僵尸用户"，这些用户除了贡献新用户数量外，对于活跃、留存、付费没有太多帮助，所以剔除这些"僵尸用户"才能反映最真实的新增用户数量。因此，这里引入了有效新增用户数量这个指标。腾讯将有效新增用户定义为"在统计日当月（自然月）内注册的用户，从注册日起，前五天连续登录的用户，或者在统计日当月内注册之后第六天起，至少登录了两天的用户"。当然，腾讯关于有效新增用户的定义多用于游戏行业，其他行业可以根据自己产品的特点找到较为合适的定义方式。

3.3　活跃用户

活跃用户是能够体现产品价值的高质量用户。活跃用户的基数决定了付费用户的基数，同时用户活跃度也从一定层面反映了产品的健康程度。这一节会详细介绍活跃用户的指标定义以及其他能够评价用户活跃的相关指标。

3.3.1　什么是活跃用户

活跃用户数反映了用户对产品的认可程度，活跃用户数量越多，潜在付费用户就越多，但是不同企业对于活跃用户的定义也有一定差异。

1. 关于活跃

有的企业将用户在一段时间内登录 App 或者任意操作行为记为一次活跃，这样做的好处是统计活跃用户数量较为方便，只要当天登录过的用户都算为活跃用户；但是有部分用户可能会因为误触等操作登录 App，因而造成活跃用户数量偏高；当然也会有部分用户每天登录领积分、签到领奖励，这部分用户对于产品是否有价值是不确定的。这要根据不同产品来确定。也有企业会根据一定规则识别活跃用户，例如，只有当用户使用了产品的核心功能才会上报用户活跃事件；或者根据用户的在线时长进行判断，用户每天在线时长大于一定值才会被记为活跃用户。具体的标准需要根据产品的类型进行设计，只要企业内部达成一致意见即可。

2. 关于用户

在 3.2.1 节我们已经讨论过以不同维度统计新增用户数量的差异，这里统计活跃用户数量同样也需要考虑维度的问题，到底使用 open_id，还是 device_id，还是用户唯一标识 UID 进行统计呢？产品不同、场景不同，维度选择也不同，内部统一即可。

3.3.2　评价活跃用户的指标

活跃用户可以细分为日活跃用户（Daily Active User，DAU）、周活跃用户（Weekly

Active User，WAU）以及月活跃用户（Monthly Active User，MAU）。

DAU 由 Daily、Active 和 User 三个单词组成，其中 Daily 定义了时间维度，以 24 小时为一个周期进行统计。国内业务采用北京时间（UTC+8）即可。如果涉及海外业务，则需要采取统一的标准定义"一天"。DAU 就是统计一天内去重后的活跃用户数量。

WAU 中的 Weekly 和 MAU 中的 Monthly 同样定义了时间维度，但是 WAU 和 MAU 并不是将 DAU 简单相加，因为同一个用户可能在一周内、一个月内活跃了很多天，所以需要进行去重处理。

如图 3-7 所示，除了 DAU、WAU、MAU 之外，用户在线时长、峰值在线人数（Peak Concurrent User，PCU）、平均同时在线人数（Average Concurrent User，ACU）等指标也可以衡量用户活跃度和用户黏性。

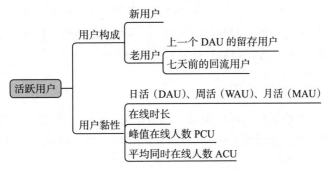

图 3-7　活跃用户构成及用户黏性相关指标

用户在线时长这个指标很好理解，就是计算用户在某一时间周期内从登录到退出的时间长度，如果多次登录和退出，则累计求和。同时在线人数表示某个时间段内有多少用户在使用产品。同时在线人数越多，表示产品越受欢迎。而峰值在线人数则表示一定时间段内同时在线最高达到的人数。另外，一般同时在线人数将使用某种意义下的平均值，即平均同时在线人数。

3.3.3　活跃用户的构成

活跃用户的构成也从一定层面反映了产品的健康程度，因此数据分析师可以尝试从用户构成入手，对活跃用户进行细分。以 DAU 为例，可以将用户分为活跃新用户和活跃老用户。活跃新用户即为当天注册的活跃用户，活跃老用户为之前注册的但在当天活跃的用户。当然，在不同场景下也可以对老用户再进行细分。例如，将其分为上一个 DAU 留存的活跃用户和七天前的回流用户。

那么活跃用户的构成是如何反映产品健康程度的呢？

举个较为极端的例子进行说明。如果某一产品的活跃用户全部都是新用户，则说明用户黏性太差，只能不断拉新以维持用户基数；如果活跃用户全是老用户，则说明用户黏性良好，但是想要实现活跃用户增长只靠留存用户而无新用户也是比较危险的。

除了上述较为极端的例子之外，其实 DAU 的构成和质量也会影响未来的生命周期和用户付费转化率。如图 3-8 所示，从 DAU 的层面可以将用户增长周期划分为 3 个不同的阶段，即粗放增长期、细火慢熬期以及量质并增期。

粗放增长期　细火慢熬期　量质并增期

图 3-8　用户增长周期划分

在粗放增长期，活跃用户因新用户快速增加而快速增长，但老用户可能快速下滑，用户付费水平很难随着增长的 DAU 达到一个长期稳定的水平；在细火慢熬期，活跃用户规模稳定且老用户规模也不断增长，从而使付费用户群体较为稳定，因此产品的收入来源会维持在一个稳定的水平；而在量质并增期，活跃用户和老用户形成双增长的局面，通过新增用户拉动收入的作用在减弱，而用户留存率的提升使得 DAU 的规模也得到提升。

因此良好的 DAU 结构对用户规模以及收入都具有一定的指导作用，数据分析师在关注活跃用户规模的同时也需要结合 DAU 的结构进行分析。

3.3.4　警惕活跃用户存在的陷阱

如何根据活跃用户数量判断用户质量也是数据分析师的必修课，理解数据指标背后的业务含义可以帮助数据分析师更好地分析问题。当然在理解活跃用户的业务含义时，数据分析师也可能会遇到一些陷阱。

1. 活跃用户数量和用户质量

并不是活跃用户的绝对数量或者相对于用户总量的比例越高，用户质量就越高。

活跃用户数量从一定层面反映用户黏性和用户质量，如果活跃用户的绝对数量低或者相对于总用户数量的比例低，说明用户质量欠佳。数据分析师可以结合渠道等维度分析是否因为广告投放获取的用户不够精准，该批用户并不是产品的目标用户。当然数据分析师也可以从产品设计的维度分析，是否因为产品设计存在一定问题而使得用户在使用产品时存在问题进而影响用户的活跃度。

当然并不是活跃用户的绝对数量高或者相对于用户总量的比例高，就能说明用户质量高。例如，通过终端预置获得的用户以及通过某些渠道获得的大量一次性用户，这些用户可能只在一段时间内造成活跃用户绝对数量或相对数量偏高。以上情况也需要数据分析师结合具体的业务问题进行分析。

2. 不同产品发展阶段与用户活跃指标

不同阶段产品发展的目标不一样，并不能将用户活跃作为唯一考量的数据指标。

活跃度一般考量的是用户黏性，但是如果只把用户活跃作为唯一的考量数据指标可能会存在一定问题。因为不同时期，用户的活跃情况不太一样。一般来说，用户活跃程度会遵循微笑曲线规律，如图 3-9 所示。

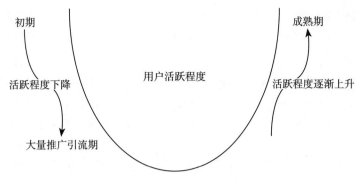

图 3-9　用户活跃程度的微笑曲线

在产品初期，用户可能对推荐人认可度高、认可产品理念或对产品的容忍度较高，因而存在较高的活跃程度；但是随着大力度的推广引流，新增用户的质量可能不如最初一批用户那么高，因而用户活跃程度会有所下降；但是随着产品的不断打磨完善，用户会被产品重新吸引，用户活跃程度又会呈现上升趋势。所以，在产品的不同发展阶段，将用户活跃作为唯一的考量指标并不科学。从另一个层面看，当日的活跃用户等于当日的新增用户数量与前几日的留存用户数量之和，所以用户活跃情况结合新增用户数量和留存用户数量进行分析更为合理。

3. 日活月活比与用户活跃指标

可以通过日活月活比来判断用户的活跃情况，但需要基于同品类业务进行。

日活月活比，即日活用户数量与月活用户数量的比值，能够很好地衡量用户的活跃程度。微信的日活月活比约为 0.85，抖音的日活月活比约为 0.5。那么微信和抖音的日活月活比到底是高还是低呢？这里我们通过一些较为极端的例子进行解释，具体如图 3-10 所示。

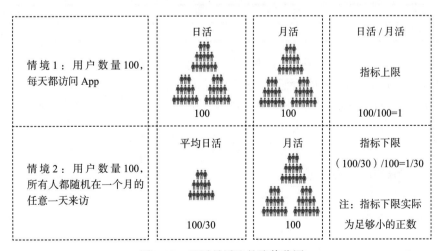

图 3-10　日活月活比的取值范围

假设某产品的用户非常"忠诚"，一共有 100 个用户，这些用户每天都会打开 App，根据日活和月活的定义可以知道该产品的日活为 100，月活也为 100，因此日活月活比为 1，这是该指标的上限。

同样地，我们一起来计算该指标的下限。假设另一款产品也拥有 100 个用户，但这些用户不够"忠诚"，没有任何一个人能够坚持每天使用 App，假定每个用户仅随机一天使用过 App，则该产品的日活（的平均值）是 100/30，而月活仍是 100，那么该产品的日活月活比为 1/30。

由上述的例子我们可以知道，日活月活比的取值介于 1/30 到 1 之间，该指标越接近 1，则说明用户活跃程度越高，用户越忠诚。注意，实际工作中日活月活比的取值范围是 (0, 1]。

但需要注意的是，日活月活比这个数据指标也存在一定的影响因素。例如，用户对于产品的使用频次会影响该指标的大小，用户对携程等旅行出行类 App 的使用频率肯定比不上微信，所以携程的日活月活比会远远小于微信。即使相同指标，由于业务模块的差异也不具有可比性。除此之外，在产品的不同阶段，日活月活比也会有一定差异，例如，在产品快速扩张期，每日新增用户很多，反而导致日活月活比变小。

3.3.5 活跃用户数量持续增长与业务的关系

活跃用户数量从一定层面上可以反映业务健康程度，但并非活跃用户数量持续增长，业务就一定处于健康状态。

如表 3-2 所示，某 App 在 1 到 4 月份各月活跃用户数量是一直递增的。单从这个数据来看，业务保持了一定水平的增长，貌似处于一个健康的状态，但事实真的是这样的吗？

表 3-2 某 App 各月活跃用户数量

月份	1 月	2 月	3 月	4 月
活跃用户数量	300	400	500	600

如图 3-11 所示，为了深入研究上述问题，我们首先需要定义活跃率这个数据指标：活跃率等于某段时间内的活跃用户数量与该段时间内的总用户数量的比值。其次需要结合用户注册数据一起分析。最后按照新老用户这个维度对用户进行拆解，以分析活跃率。

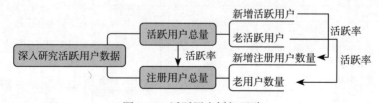

图 3-11 活跃用户拆解思路

根据上述思路，我们细分了新老活跃用户以及新老注册用户相关的数据，如表 3-3 所示。经过对用户的细分和拆解可以发现虽然活跃用户数量是在不断增加的，但用户活跃率均逐渐下降。

表 3-3　某 App 1 ~ 4 月活跃用户及注册用户数量数据

月份	1 月	2 月	3 月	4 月
活跃用户数量	300	400	500	600
新用户活跃数	300	300	400	550
老用户活跃数	0	100	100	50
总注册用户数	300	500	700	950
新用户数量	300	300	500	800
老用户数量	0	200	200	150
活跃率	100%	80%	71%	63%
新用户活跃率	100%	100%	80%	69%
老用户活跃率	0%	50%	50%	33%

对于迅速扩张期的产品来说，新用户快速增长必然会导致用户活跃率的降低。这一点不管对于什么类型的业务都是必然存在的。但是当我们对用户活跃率这个数据指标按照新老用户进行拆分之后，会发现新用户活跃率虽有一定的下降，但还是符合预期的；而如果老用户活跃率比预期的要低，则说明该款产品可能处于粗放增长期，其活跃率是由新用户快速增长撑起来的，如果产品打磨不好，老用户的活跃率不会得到提高。这里所说的老用户活跃就是留存用户，具体内容会在下节进行详细介绍。

3.4　留存用户

新增用户数量、活跃用户数量的相关指标评价了用户的数量和规模，此外，用户质量也是需要关注的重点指标。要关心用户质量，首先要关注用户留存情况，这一节会详细介绍用户留存相关的数据指标。

3.4.1　用户留存率的计算及问题本质

用户留存（率）是某个时间段内的新增用户或活跃用户在该时间段后留下来的比率。

根据用户类型可以将用户留存分为新用户留存和活跃用户留存。现实场景中，新用户留存会比活跃用户留存更受关注，其中次日留存率（R2）、3 日留存率（R3）、7 日留存率（R7）、14 日留存率（R14）、30 日留存率（R30）是备受关注的数据指标。

那留存率到底怎么计算呢？根据神策数据统计，目前留存率的计算口径主要有三种，如表 3-4 所示。

表 3-4 计算用户留存率的三种不同口径（以 R14 为例）

口径	计算方法	特点
口径 1	用户 14 日留存率 = 第 14 日的用户数 / 第 1 日的用户数	只关心特定日期的留存情况，避免其他日期数据的干扰
口径 2	用户 14 日留存率 = 第 14 日的用户数 / 第 0 日的用户数	消除星期级别的周期性差异
口径 3	用户 14 日内留存率 = 14 日内的去重用户数 / 第 1 日的用户数	引入其他日期，用于有固定使用周期且使用周期较长的业务

以新用户 14 日留存率为例，图 3-12 可更加直观地说明三种不同留存率计算口径的异同，帮助读者更好地理解用户留存率这个数据指标。

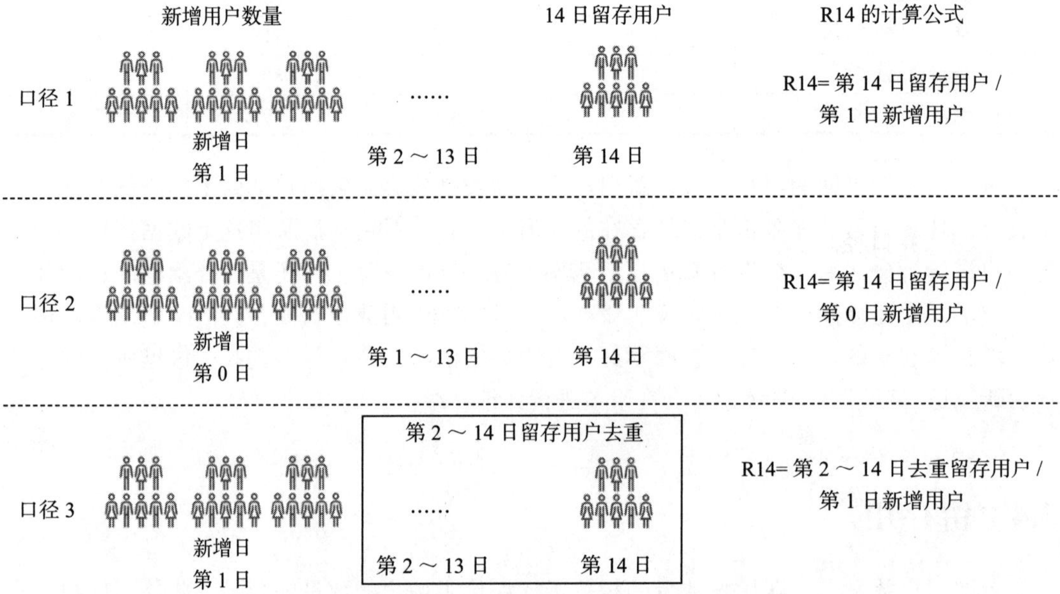

图 3-12 三种不同留存率计算口径的应用场景

此处详细介绍不同计算口径之间的差异以及不同计算口径应用的场景。

计算口径 1：

用户 14 日留存率 = 第 14 日的留存用户数 / 第 1 日的新增用户数

假设一款产品在第 1 日注册了 100 个新用户，在第 14 日这批用户中有 10 个用户使用了该产品，那么这一批用户的 R/4 就等于 10%。

计算口径 1 是大部分企业使用的计算方式，这种计算方式只关心特定日的留存情况，避免了其他日期数据的干扰。为了区分各个口径统计的留存率，口径 1 计算的留存率一般称为用户 n 日留存率。

计算口径 2：

用户 14 日留存率 = 第 14 日的留存用户数 / 第 0 日的新增用户数

不同企业对于第 *n* 日留存率的定义可能略有差异，根据业务的不同需求，有的企业会将用户新增日记为第 0 日，下一日为第 1 日，从而计算第 *n* 日留存率时，用第 *n* 日留存用户数除以第 0 日的新增用户数。这样做的好处是可以消除星期对于用户留存的影响，但总体上，口径 1 使用的频率更高一些。

计算口径 3：

用户 14 日内留存率 =14 日内的去重留存用户数 / 第 1 日的新增用户数

计算口径 3 的分子为 14 日内的去重留存用户数，也就是说第 1 日注册的新用户，只要在第 2 ～ 14 日活跃过一次就会被统计到分子中，分母是第 1 天的新增用户数量。因此，相比口径 1 计算出的 14 日留存率，口径 2 计算出的结果会大很多。口径 3 所计算的留存率称为用户 *n* 日内留存率，相比口径 1 和口径 2，这种定义方法需引入其他数据，适用于有固定使用周期且周期较长的业务。

例如，某款产品的受众是中小学生，大部分受众只在周末使用这一款产品，而在周内使用的频率极低。在这种情况下如果只统计第 *n* 日留存率，数据结果在周内和周末差异会很大，而统计用户 *n* 日内留存率的结果会比较稳定。

了解了三种不同计算用户留存率的方法之后，数据分析师可以根据不同的业务场景选择合适的计算口径。当然还有一个问题也是数据分析师需要思考的：用户留存率低会对应什么问题？

❑ 次日留存率低：说明所针对的用户群对产品不感兴趣。

❑ 7 日留存率低：可能是产品的内容质量太差，用户过了新鲜劲儿之后发现产品用起来特别枯燥。

❑ 30 日留存率低：可能是版本迭代规划做得不好，功能更新、内容更新、bug 修复、性能等都做得比较差，此时需要重新规划迭代内容。

3.4.2　平均留存率与加权留存率

前面介绍了留存率的三种不同的计算口径及其应用场景，数据分析师可以根据业务场景选择合适的计算口径进行业务监控。下面通过具体示例说明留存率在业务场景中的应用，此处我们只关心特定日期的留存情况，需要避免其他日期的干扰，因此选择口径 1 作为留存率的计算口径。

某 App 在发展初期为了优化产品进行了为期 14 天的留存测试，如表 3-5 所示，我们统计了每日的新增用户及留存用户的数量。

表 3-5　某 App 测试期间每日新增用户数量及留存用户数量

日期	新增用户数量（第 1 日）	第 2 日留存用户数量	第 3 日留存用户数量	第 4 日留存用户数量	第 5 日留存用户数量	第 6 日留存用户数量	第 7 日留存用户数量
2021-11-01	625	318	261	189	152	130	108
2021-11-02	716	349	292	225	164	138	122

（续）

日期	新增用户数量（第 1 日）	第 2 日留存用户数量	第 3 日留存用户数量	第 4 日留存用户数量	第 5 日留存用户数量	第 6 日留存用户数量	第 7 日留存用户数量
2021-11-03	684	331	267	209	156	131	121
2021-11-04	598	301	236	189	145	116	106
2021-11-05	706	352	279	218	174	139	125
2021-11-06	637	306	251	200	152	124	112
2021-11-07	650	285	196	158	128	112	95
2021-11-08	619	302	243	196	152	120	108
2021-11-09	701	344	278	220	172	136	
2021-11-10	683	329	270	215	166		
2021-11-11	678	330	269	207			
2021-11-12	592	292	231				
2021-11-13	625	308					
2021-11-14	705						

根据表 3-5 及留存率的计算口径，我们可以得出每日新增用户的留存率。最终，用户留存率数据如图 3-13 所示。横向看，我们以每日注册的新用户作为一个群体，即以一日为周期对用户进行分群，统计了同一个群体在后续数日的留存变化情况；纵向看，每一个日期都确定一个同期群，比较不同日期不同分群组在第 n 日的留存率。这种分析方法称为同期群分析，此处不过多赘述，感兴趣的读者可以参考其他资料进行辅助学习。

留存率 → 横向：不同生命周期节点

纵向：不同分群 ↓

注册时间	新增用户	R2	R3	R4	R5	R6	R7
2021-11-01	625	50.88%	41.76%	30.24%	24.32%	20.80%	17.28%
2021-11-02	716	48.74%	40.78%	31.42%	22.91%	19.27%	17.04%
2021-11-03	684	48.39%	39.04%	30.56%	22.81%	19.15%	17.69%
2021-11-04	598	50.33%	39.46%	31.61%	24.25%	19.40%	17.73%
2021-11-05	706	49.86%	39.52%	30.88%	24.65%	19.69%	17.71%
2021-11-06	637	48.04%	39.40%	31.40%	23.86%	19.47%	17.58%
2021-11-07	650	43.85%	30.15%	24.31%	19.69%	17.23%	14.62%
2021-11-08	619	48.79%	39.26%	31.66%	24.56%	19.39%	17.45%
2021-11-09	701	49.07%	39.66%	31.38%	24.54%	19.40%	
2021-11-10	683	48.17%	39.53%	31.48%	24.30%		
2021-11-11	678	48.67%	39.68%	30.53%			
2021-11-12	592	49.32%	39.02%				
2021-11-13	625	49.28%					

图 3-13 某 App 测试期间用户留存率的同期群分析

用户留存率可以衡量用户黏性以及各轮测试的效果，但是以一日为维度计算用户留存人数和留存率并不方便阅读和应用，如果能通过一些数据指标去量化用户流失的速度就更完美了。而平均留存率和加权留存率这两个数据指标就刚好解决了这个问题。下面我们探讨如何定义这两个数据指标。

1. 平均留存率

平均留存率就是把测试期间各日的留存率累加然后除以测试天数，这种算法相当于求测试期间每日留存率的算术平均数。例如，想要计算上述案例中这个 App 在这一轮测试中的平均次日留存率，就可以将 11 月 1 日到 11 月 13 日的次日留存率的数据累加然后除以 13，即可得到平均次日留存率为 48.72%。按照上述计算方法，我们得到此轮测试平均留存率结果如表 3-6 所示。

表 3-6　某 App 此轮测试平均留存率结果

平均留存率类型	R2	R3	R4	R5	R6	R7
平均留存率	48.72%	38.94%	30.50%	23.59%	19.31%	17.14%

2. 加权留存率

除了平均留存率之外，加权留存率也是衡量整轮测试效果的指标之一，其计算方法是以测试期间累计的新增用户数量作为分母，以测试期间留存下来的用户数量作为分子。同样以上述 App 留存测试数据为例，计算其测试期间的加权次日留存率，我们将 11 月 1 日到 11 月 13 日新增用户累加作为分母，将该段时间内第 2 日留存用户数量累加作为分子，最终计算结果为 48.71%。按照上述的计算逻辑，我们得到了此轮测试加权留存率的结果，如表 3-7 所示。

表 3-7　某 App 此轮测试加权留存率结果

加权留存率类型	R2	R3	R4	R5	R6	R7
加权留存率	48.71%	38.68%	30.26%	23.36%	19.29%	17.13%

加权留存率有什么优势？从上面平均留存率和加权留存率的计算结果来看，似乎二者相差并不大，这是因为在此轮测试中每天导入的用户数量变化并不大。而当每天新增用户数量变化较大时，两者的数据会产生一定的偏差，加权后的数据会更加稳定。如表 3-8 所示，假如该 App 在 12 月又进行了一轮测试，但是测试前两天新增用户数量差异较大，此时平均次日留存率和加权次日留存率的结果相差较大。

表 3-8　某 App12 月份留存测试数据

数据项		新增用户（第 1 日）	第 2 日	R2
日期	2021-12-01	1000	650	65%
	2021-12-02	100	88	88%
平均次日留存率		（65%+88%）/2=76.5%		
加权次日留存率		（650+88）/（1000+100）=67.09%		

从数据表现上看似乎第二天的次日留存率提升了，但实际上只是因为新增用户量的减

少，而造成次日留存率虚高。如果此时直接计算平均留存率必然也会造成结果虚高，因此在新增用户量差异较大的情况下，使用加权留存率会得到更加合理的数据结果。

3.4.3 深入解读用户留存

前文已经介绍了留存率的三种不同计算口径以及平均留存率和加权留存率，那在具体场景下留存率到底如何分析呢？这里还是以某 App 留存测试的数据为例，如图 3-14 所示，可以观察到 11 月 7 日的用户留存率低于其他日期。对于这个现象，如果数据分析师只给出浮于表面的数据结论，显然是不够的。影响新用户留存率的因素有很多，例如，产品功能不符合用户使用习惯、渠道质量太低、买量用户不是产品的受众等。对于可能影响用户留存的相关因素，数据分析师可以从不同维度进行数据拆解直至找到具体原因。

注册时间	新增用户	留存率					
		R2	R3	R4	R5	R6	R7
2021-11-01	625	50.88%	41.76%	30.24%	24.32%	20.80%	17.28%
2021-11-02	716	48.74%	40.78%	31.42%	22.91%	19.27%	17.04%
2021-11-03	684	48.39%	39.04%	30.56%	22.81%	19.15%	17.69%
2021-11-04	598	50.33%	39.46%	31.61%	24.25%	19.40%	17.73%
2021-11-05	706	49.86%	39.52%	30.88%	24.65%	19.69%	17.71%
2021-11-06	637	48.04%	39.40%	31.40%	23.86%	19.47%	17.58%
2021-11-07	650	43.85%	30.15%	24.31%	19.69%	17.23%	14.62%
2021-11-08	619	48.79%	39.26%	31.66%	24.56%	19.39%	17.45%
2021-11-09	701	49.07%	39.66%	31.38%	24.54%	19.40%	
2021-11-10	683	48.17%	39.53%	31.48%	24.30%	留存率低于其他日期	
2021-11-11	678	48.67%	39.68%	30.53%			
2021-11-12	592	49.32%	39.02%				
2021-11-13	625	49.28%					

图 3-14 某 App 测试期间某日用户留存率低于其他日期

为了分析出 11 月 7 日用户留存率低的具体原因，我们从渠道这个维度入手，对 11 月 7 日的用户留存率进行拆解，从而得到当日各渠道的留存用户数量以及留存率，分别如表 3-9 和表 3-10 所示。

表 3-9 某 App 11 月 7 日各渠道留存用户数量

渠道	新增用户（第 1 日）	第 2 日	第 3 日	第 4 日	第 5 日	第 6 日	第 7 日
总计	650	285	196	158	128	112	95
渠道 A	121	59	40	32	27	24	21
渠道 B	138	67	46	37	29	26	24
渠道 C	135	35	25	21	15	13	5
渠道 D	124	60	41	33	28	24	22
渠道 E	132	64	44	35	29	25	23

表 3-10　某 App 11 月 7 日各渠道用户留存率

渠道	新增用户（第 1 日）	R2	R3	R4	R5	R6	R7
渠道 A	121	48.76%	33.06%	26.45%	22.31%	19.83%	17.36%
渠道 B	138	48.55%	33.33%	26.81%	21.01%	18.84%	17.39%
渠道 C	135	25.93%	18.52%	15.56%	11.11%	9.63%	3.70%
渠道 D	124	48.39%	33.06%	26.61%	22.58%	19.35%	17.74%
渠道 E	132	48.48%	33.33%	26.52%	21.97%	18.94%	17.42%

通过渠道维度的拆解，我们发现渠道 C 的用户留存率远远低于其他渠道，其买量用户的质量较低，该渠道的用户可能不是该 App 的受众，可以酌情减少预算投入。

3.4.4　反映用户留存的相关指标

除了用户留存率之外，还有一些指标可以衡量用户黏性和留存情况，例如 R3/R2、登录比以及二阶登录比等指标，这部分会简单介绍相关指标的概念及应用场景。

1. R3/R2

用户第 n 日留存率能够很好地评价用户留存情况，而 R3/R2 这个指标可以反映用户黏性。如图 3-15 所示，R3/R2 是统计日新增用户在第三日的留存率与第二日的留存率的比值，因为公式中 R2 和 R3 的分母相同，所以该指标也可以理解为统计日新增用户在第三日留存下来的数量与第二日留存下来的数量的比值。

$$R3/R2 = \frac{\text{三日留存用户数} / \text{新增用户数}}{\text{次日留存用户数} / \text{新增用户数}} = \frac{\text{三日留存用户数}}{\text{次日留存用户数}}$$

图 3-15　R3/R2 的计算逻辑

为什么说这个指标更能反映用户黏性呢？

新用户在第二日登录产品可能只是由于新奇，存在一定的偶然性；但如果在第三日继续登录，则可能是因为用户真正喜欢这款产品。

2. 登录比与二阶登录比

除了用户留存率之外，登录比与二阶登录比也可以评价用户留存情况，这两个数据指标在游戏行业用得比较多。

腾讯对登录比以及二阶登录比的定义如下。

1）登录比是登录比留存用户数与登录比有效用户数的比值，其中登录比有效用户是指以用户首次登录产品为节点，一周内登录 2 日或以上的用户；登录比留存用户是指以用户首次登录产品为节点，一周内登录 3 日或以上的用户。

2）二阶登录比则是二阶登录比留存用户数与二阶登录比有效用户数的比值，其中二阶登录比有效用户是指新增用户中注册前 7 日内有不少于 3 日有登录行为的用户，其定义与登录比中的登录比留存用户一致；而二阶登录比留存用户则是指在二阶登录比有效用户中，在第 8 ～ 14 日内有登录行为的用户。

第 4 章 *Chapter 4*

用户行为数据指标

用户与产品交互会产生大量的用户行为数据，对用户行为进行分析可以更好地获知用户偏好、辅助运营，从而更好地实现用户的精细化管理。而用户行为数据指标可以作为一个指向标，帮助运营快速定位业务问题。用户行为数据指标大致可以分为五大类：使用类指标、访问类指标、深度类指标、付费类指标和传播类指标。本章会围绕这五类用户行为数据指标展开，介绍每一个数据指标的定义、计算口径以及相关的使用场景。

4.1 使用类指标

用户留存率从一定层面可以衡量用户黏性，如果要从行为层面衡量用户黏性，则需要用到哪些数据指标呢？

要回答这个问题，我们需要先理解用户黏性的定义。用户黏性是指用户在一段时间内持续使用产品的情况，强调一种持续状态。换句话说，用户对于一款产品的使用程度决定了用户对该产品的依赖程度，用户越依赖产品，其黏性就会越高。因此，可以用使用次数、使用时长与使用时间间隔三个数据指标从用户使用层面衡量用户黏性，我们称这种指标为使用类指标。这一节会介绍这三个使用类指标的计算口径以及相关注意事项。

4.1.1 使用次数

使用次数很容易理解，就是指用户在某一统计周期内使用产品的次数。不同类型的产品，统计周期是不一样的。例如使用频率较高的社交软件——微信，可以考虑以天为时间周期进行统计，而像手电筒、印象笔记等工具类 App，则可以考虑延长统计周期，以一周或者两周为一个统计周期，不同类别的 App 的建议统计周期汇总如表 4-1 所示。在数据分析时,不仅需要关注使用次数的总量趋势,还需要关注人均使用次数,以监控用户黏性。

表 4-1 不同类别 App 使用次数的建议统计周期

App 类型	建议统计周期	App 示例
工具类	一周或两周	印象笔记、全能扫描王
内容类	一周	知乎、微信公众号
社交类	一天	微信、微博
交易类	一月	淘宝、拼多多、京东
游戏类	一周	和平精英、王者荣耀

当然,我们还需要定义"使用"。如图 4-1 所示,用户启动了 App 就是"使用",还是使用了 App 的核心功能才算是"使用",或者使用了多长时间才能算是"使用"?这些细节问题都是需要数据分析师和业务方进行确认的。

启动 App 即视为"使用"　　使用核心功能才视为"使用"

图 4-1 "使用"的不同定义

4.1.2 使用时长

用户使用时长经常与用户使用次数一起分析,同样也是衡量用户质量和产品质量的重要指标。用户的使用总时长是指用户启动 App 到结束使用 App 的时间,而人均使用时长和单次使用时长是分析使用时长这个指标较为常见的角度。

人均使用时长是指某一个用户群体在某一个时间周期内的使用总时长与该时间周期内活跃用户数量的比值;而单次使用时长是指某一个用户群体在某一个时间周期内的使用总时长与该时间周期内的使用总次数的比值。

到底如何统计用户使用时长呢?是统计用户启动 App 到关闭 App 之间的时间就可以了吗?更具体地说,是否只需统计用户在使用 App 时在前台驻留的时间,用该时间作为用户的使用时长?

答案当然是否定的,以上述方式统计出来的用户使用时长可能会偏大。例如,小明同学在 B 站刷视频,在刷到 10 分钟的时候,突然有人在微信上找小明,这时候小明将 B 站切到后台并返回微信花 2 分钟回复消息,然后接着在 B 站刷了 20 分钟的视频,中途未关闭视频去接水又花了 2 分钟,在这种情况下小明同学使用 B 站的时长是多少?

口径 1：按照用户启动 App 到关闭 App 之间的时间统计，小明使用 B 站的时间为第一次刷视频的 10 分钟、后台驻留的 2 分钟以及第二次刷视频的 20 分钟，使用时长为 32 分钟。

口径 2：如果按照用户在 App 前台驻留的时间这个口径进行统计，小明同学使用 B 站的时长需要在口径 1 的基础上减去切后台回复微信的 2 分钟，即使用时长为 30 分钟。

以上两种计算口径统计的使用时长都是偏大的，因为小明未关闭视频接水花了 2 分钟，实际使用 B 站的时间就只有 28 分钟，对于中途离开的情景，App 可以开发瞳孔与注意力识别功能以检测用户是否注视屏幕，但进行监测不仅较为困难，也违反隐私保护要求。所以对于具体业务问题来说，还需要结合实际对用户使用时长进行统计，例如在统计视频软件的使用时长时，可以考虑结合视频进度条的时间节点或者记录用户点击暂停／播放按钮时的进度。

4.1.3　使用时间间隔

使用时间间隔又称使用频率，这也是配合使用次数和使用时长的数据指标。顾名思义，使用时间间隔就是用户间隔多长时间使用一次 App。例如，用户第一次启动 App 到第二次启动 App 之间间隔 5 天，那么使用时间间隔即为 5 天。使用时间间隔能从侧面反映用户黏性，使用时间间隔越短，说明用户黏性越高，用户越依赖该 App。

同时，数据分析师可以通过统计相同时间跨度下不同周期的用户使用时间间隔的分布差异来发现用户体验问题。例如，以月作为周期，统计某 App 活跃用户在不同月份的平均使用时间间隔的分布差异，能够很好地监控用户活跃情况。某 App 在 7 月份的 MAU 为 1000 人，8 月份的 MAU 为 1500 人，单从用户增长的角度来看，业务的确有着颇为不错的增长态势；但研究了用户的平均使用时长分布之后，我们发现用户规模虽然有着不错的增长，而用户黏性却在不断下降。如图 4-2 所示，7 月份活跃用户平均间隔 0 ～ 8 天会使用一次 App，但是随着用户规模增加，8 月份大部分活跃用户平均间隔 11 ～ 18 天才会使用一次 App。这再一次诠释了并不是活跃用户的绝对数量或者相对数量越高，用户质量就越高。

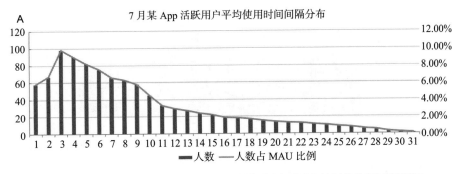

图 4-2　某 App 相同时间跨度不同统计周期内活跃用户的平均使用时间间隔

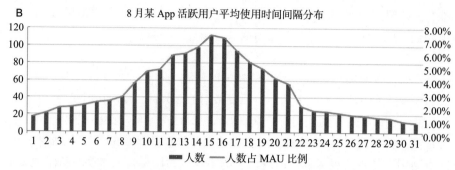

图 4-2 某 App 相同时间跨度不同统计周期内活跃用户的平均使用时间间隔（续）

那么如何分析这个问题才能为运营人员提供切实可行的意见或建议呢？问题的分析思路大体上都是一致的，即按照不同的分析维度对数据进行拆解，找出有差异的维度。这里不再赘述详细的分析方法，感兴趣的读者可以参考 3.3.5 节介绍的分析思路。

4.2 访问类指标

访问人数与访问次数这两个指标最初来源于网页时代，用于衡量一个网站受欢迎的程度。随着移动互联网的发展，这两个数据指标也用于衡量 App 各个页面受欢迎的程度。本节会介绍在定义访问人数和访问次数时需要注意的问题。

4.2.1 访问人数与访问次数

访问人数（UV）就是发生访问行为的人数，而访问次数（PV）就是访问行为发生的次数。3.1.4 节已经介绍过了 UV 和 PV 的相关概念，为了方便读者更加深入理解这两个数据指标的概念，此处通过具体的案例进行引入和说明。

以某电商 App 的用户转换路径为例，如图 4-3 所示，某日，有 200 位用户一共访问了该电商 App 首页 260 次。其中有 180 位用户访问了 220 次商品列表，60 位用户点击了 120 次商品详情页，最终有 10 位用户完成下单并成功付款。

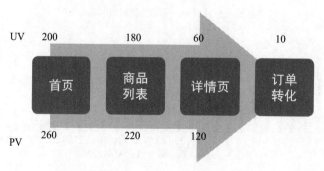

图 4-3 某电商 App 的用户转换路径

在这个场景下，各个页面的 UV 和 PV 分别是多少？各个步骤的转化率又是多少？接下来我们就具体分析。

该电商 App 首页的 UV 为 200 人，PV 为 260 次，人均访问次数为 1.3 次；同样的，商品列表页面的 UV 为 180 人，PV 为 220 次，人均访问次数为 1.2 次。

UV 和 PV 最重要的区别就是在统计时是否去重，UV 统计的是行为发生的人数，是需要去重的，而 PV 统计的是行为发生的次数，是不需要去重的。

4.2.2　转化率

用户路径分析以及转化漏斗分析是数据分析的重点工作内容，而转化率就是用户转化环节中较为重要的数据指标。同样基于上面的案例进行说明，如果要统计首页到商品列表页面的转化率，应该用商品列表页面的 PV 与首页的 PV 的比值，还是用商品列表页面的 UV 与首页的 UV 的比值？

如图 4-4 所示，其实两种算法都是没有问题的，只是统计的视角不一样，具体的问题还需要结合业务场景进行具体分析。如果关注的是商品列表页面的转化率，则可以用商品列表页面的 PV 与首页的 PV 的比值，即 220/260，最终商品列表页面的转化率为 85%；如果关注的是用户的转化率，则可以用商品列表页面的 UV 与首页的 UV 的比值，即 180/200，最终用户转化率为 90%。

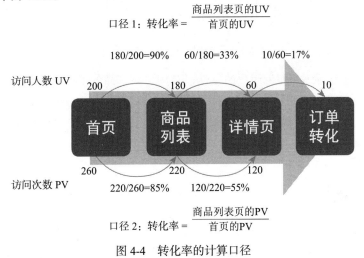

图 4-4　转化率的计算口径

4.2.3　页面访问深度

除了访问人数、访问次数以及转化率之外，页面访问深度也是衡量用户行为的重要数据指标。

页面访问深度这个指标来源于网页时代，但是随着移动互联网的发展，这个指标也可以适用于各大 App。页面访问深度可以理解为平均页面访问数的另一种形式，可以衡量用户对于产品的了解程度，也是衡量用户黏性的指标之一。其定义是用户在一次完整的访问过程中，所浏览的页面数。访问页面越多，深度越高。

页面访问深度有两种不同的计算方法。方法一是针对层级单一的页面，统计用户某些关键行为的发生次数。例如，对于内容模块，可以统计用户对文章、视频发生点赞、转发等行为的次数。方法二是对于有多个层级的内容和功能的页面，以用户本次访问过最深的一级页面计算。

以某电商 App 用户转化路径为例，如图 4-5 所示，展示了每个用户的访问页面的不同层级，用户 A 访问了首页和商品列表两个页面，可以认为其访问深度为 2；而用户 B 访问了 4 个页面，可以认为其访问深度为 4。

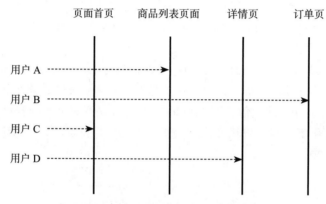

图 4-5 各个用户的页面访问深度

那么如何通过访问深度衡量用户的黏性以及用户对产品的了解程度呢？

上述例子中，用户 C 访问了 3 次首页，但访问深度为 1；而用户 D 分别访问了首页、商品列表页面、详情页各 1 次，访问深度为 3。相比于用户 C，用户 D 的访问深度更高，对于产品的了解更加深入，也可以说用户 D 的黏性高于用户 C。

4.3 付费类指标

用户付费是运营活动的终极目标，用户获取、用户新增、用户活跃以及用户留存都是用户付费的基础，有了基础的铺垫，才能驱动用户进行付费。这一节介绍用户付费相关的数据指标。

4.3.1 付费行为指标概述

付费用户（Paying User，PU）指有付费行为的用户群体。用户从非付费到付费存在一个转化的过程，用户付费转化率（Conversion Rate，CR）是评价用户付费的重要数据指标之一。

从付费用户贡献的角度进行分析，业务方对用户付费行为较为关注的两个点如图 4-6

所示：其一是有多少付费用户，即付费用户规模及质量；其二是人均付费情况，即付费用户的平均贡献是多少。

图 4-6　业务方对用户付费行为较为关注的两个点

对付费用户进一步细分，如图 4-7 所示，根据付费用户的新老构成可以将其分为新付费用户和活跃付费用户；对于新付费用户来说，可以根据付费时间将其分为新登录即付费用户和新登录后转付费用户。当然无论是哪一类用户，他们都是由非付费向付费进行转化的，都对应着一个付费转化率。

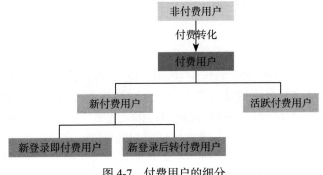

图 4-7　付费用户的细分

4.3.2　付费规模及质量相关指标

付费规模是用户付费情况的宏观统计，可以从用户数量和付费金额两个维度进行分析，相应的数据指标有付费用户数、用户付费率、用户月付费率、活跃付费用户数、用户总成交额（GMV）和复购率等。

1. 付费用户数

付费用户数指直接统计有付费行为的用户数量，这弱化了统计周期的概念。在进行数据分析时也可以加上统计周期，例如，以月为周期，统计每一个月份的付费用户数量。但是即使这样做，也会存在一定问题，比如每月的用户总数是在不断变化的，因而会导致付费用户数量的变化。从概率的角度上看，用户基数越大，能够为产品付费的用户就会越多，无论是否加上统计周期,该指标都不能消除用户基数对于付费用户数量的影响,因而在实际情况下付费用户数量这个指标使用得比较少。

2. 用户付费率

想要排除用户基数的影响,可以使用用户付费率(Payment Ratio 或 Paying User Rate)这个数据指标。用户付费率也称为付费渗透率,是衡量用户付费健康程度的数据指标,其计算方式是用某时间段内的付费用户数除以该时间段内的活跃用户数。

用户付费率是衡量产品收益转化能力的标准,也是评估付费转化效果的重要指标,但需要注意付费率的高低并不意味着付费用户数量的增加或者减少。

当然,用户付费并不能作为判断产品收益是否利好的唯一标准。因为用户可能存在冲动单次消费的情况,这种情况对于付费规模的贡献一般是有限的。例如,用户单次消费 1 元和消费 10000 元,对于付费率的影响都是一样的,因此对于用户付费率这个指标需要更加精细化地进行分析。

3. 用户月付费率

用户月付费率(Monthly Payment Ratio,MPR),顾名思义就是统计一个月内付费用户占活跃用户的比例。与用户付费率类似,MPR 的高低也不代表付费用户数的增加或者减少。在统计 MPR 时,既包含了历史付费用户中在统计周期内再次付费的用户,也包含在统计周期内新转化的付费用户。

4. 活跃付费用户数

活跃付费用户数(Active Payment Account,APA)是指在一定的周期内成功付费的用户数量。通常情况是以月为周期进行统计,因此也被称为月付费用户数(Monthly Paying Users,MPU)。APA,MPR 以及 MAU 之间的运算关系如下:

$$APA=MAU \times MPR$$

活跃付费用户数是衡量用户付费规模的重要数据指标,为了更精细化地分析活跃付费用户这个群体,数据分析师可以根据活跃付费用户的消费金额对用户进行分群;也可以基于 RFM 模型对用户的付费频次、付费金额以及最近一次付费时间进行加权处理,以计算用户得分,实现用户分群;另外也可以根据付费用户的生命周期进行拆分,比如分为新老付费用户观察不同用户群体的活跃付费情况,以实现精细化运营。

APA 存在和付费率一样的问题,即当单次冲动付费的用户数量较多时,APA 的数据质量会受到极大的影响。因此,为了剔除一些虚假的 APA 数据,数据分析师可以和业务方共同商议制定相应的筛选规则,例如,在计算 APA 时,剔除一个月内只登录过产品一次且只有一次付费的用户。

5. 用户总成交额

除了付费用户数量、用户付费率之外,在电商领域衡量付费情况最直观的指标就是用户总成交额(Gross Merchandise Volume,GMV)了。GMV 反映平台的商品交易总量。但是需要注意的是，GMV 一般包含了用户拍下但未支付的订单金额。

6. 复购率

复购率是指在一定周期内消费两次以上的用户数量与该段时间内所有付费用户数量的比值，该指标可以从一定层面衡量用户的忠诚度。

4.3.3　人均付费情况相关指标

有了总量，当然也少不了人均。而平均每用户收入以及平均每付费用户收入是衡量人均付费情况的指标。

1. 平均每用户收入

平均每用户收入（Average Revenue Per User，ARPU）是指在一定周期内，产品可以从用户身上获取收益，是一个用来衡量产品营利能力的数据指标。周期可以是天、周、月，如果以天为周期，ARPU 为当日付费总额与当日活跃用户数量的比值。

ARPU 可以用于判断不同渠道的用户质量，也可以用于预估产品定位初期不同用户规模下能产生的收入。

2. 平均每付费用户收入

如果想要了解付费用户的付费能力，可以用平均每付费用户收入（Average Revenue Per Paying User，ARPPU）这个指标。ARPPU 与 ARPU 的不同点是前者基于某个周期内的付费用户，而后者则基于活跃用户。ARPPU 可以评判付费用户的付费能力和梯度变化，以及整体的付费趋势和不同付费阶级的差异。

对于 ARPPU，很容易受到头部用户和长尾用户的影响，因此数据分析师在使用这个数据指标时需要格外注意。

4.3.4　生命周期价值

生命周期价值是指用户从进入产品到流失的过程中能够为产品带来的总价值，即累计的付费金额，其中 LT（Life Time）指用户的生命周期。

对于 LTV，有几种不同的计算方法，最简单的计算方法就是根据其定义进行计算，即：

$$LTV= 单个完整生命周期的用户付费金额的累加$$

事实上，LTV 是以平均值的形式存在的。例如，对于某特定用户群体的 LTV，其计算公式如下：

$$LTV= 特定用户群体在生命周期内贡献的总收入 / 该特定用户群体的数量$$

对于用户的平均生命周期，LTV 也可以按照如下公式计算：

$$LTV=ARPU \times LT$$

其中 ARPU 是指每个用户按月或者按天计算的付费金额，而 LT 是指用户按月或按天计算的生命周期。

用户生命周期与获客成本之间的关系决定了投入产出的健康程度，这部分的内容已经在 3.1 节进行了详细介绍，此处不再赘述。

4.4 传播类指标

用户传播也是带来用户增长的重要方式，用户增长后就会提高用户付费的可能性。用户传播带来用户增长典型的例子很多，如朋友圈引流、"砍一刀"和"领现金"活动等。如何衡量这些营销活动的用户传播效果呢？这一节将通过具体示例说明。

以"砍一刀"为例，假如有 100 个用户在购物结算时看到"砍一刀"界面，其中有 60 个用户发出了 60 次邀请，第一天转化了 20 个用户。面对上述情景，如何通过数据指标衡量用户的自传播效果？

用户自传播效果可以通过用户分享率以及 K 因子（K-Factor）这两个数据指标进行衡量，以下分别介绍这两个数据指标的定义和应用。

1. 用户分享率

用户分享率是衡量用户自传播的重要数据指标之一，其计算口径也较为简单，即转发的用户数量与曝光的用户数量的比值。100 个用户看到了"砍一刀"的界面，其中 60 个用户进行了分享，那么用户分享率为 60%。当然，用户分享率还可以根据分享渠道进行细分，例如可以分别计算微信、微博、豆瓣等多个渠道的用户分享率。

2. K 因子

K 因子又称病毒系数 K，来源于传染病学，起初量化的是传染概率。后来该概念也用于互联网行业，用于衡量用户自传播的效果。事实上，K 因子就是每个用户能够带来的新用户的数量，是衡量用户通过自传播带来的用户增长情况。《增长黑客》一书提到 K 因子等于感染率与转化率之间的乘积：感染率是衡量用户向他人传播产品的程度，也称为每位用户平均发出邀请的次数，是分享次数与分享人数的比值；转化率是衡量被感染用户成功转化为新用户的程度，即成功转化人数与分享次数的比值。

根据上述描述，K 因子的计算公式可以用如下方式表示：

K 因子＝感染率 × 转化率＝每个用户平均发出邀请数 × 接收后用户转化为新用户的转化率
＝（分享次数 / 分享人数）×（成功转化人数 / 分享次数）

了解了 K 因子的计算公式之后，我们一起来计算下"砍一刀"活动的自传播效果。

60 个用户进行了 60 次分享，则感染率为 1；60 次分享中有 20 个用户成功转化，则转化率为 0.3。根据 K 因子计算公式，可知 K 因子为 0.3。假设 K 因子为固定值，每新增 20 个用户就会带来 6 个新用户。

当 K 因子大于 1 时，说明平均每位用户至少能够带来一位新用户；当 K 因子足够大时，就会形成病毒营销。用户自传播效应就像滚雪球，用户数量会越滚越大，最终达成自传播用户增长。

业务数据指标

除了用户规模、用户行为数据指标之外，基于业务形态和业务过程梳理业务数据指标也极为重要。基于不同的业务形态，可以将产品分为工具类、内容类、社交类、交易类和游戏类，当然同一款产品可能同时属于多种类型。不同类型的产品对于数据指标的关注点各不相同，因此本章会分别介绍工具类、内容类、社交类、交易类以及游戏类五种不同业务形态下的产品各自需要关注的数据指标。

5.1　工具类产品及其数据指标

广义上讲，所有的移动互联网产品都可以认为是工具类产品，因为它们均是为了满足用户部分需求而产生的。例如，淘宝、京东是购物的工具，微信、QQ 是社交的工具，B 站、抖音是视频内容产出的工具。但每类产品可能有多种不同的属性，如果一类 App 除了工具属性外没有其他属性了，或者工具属性更重，那么这类 App 就是通常意义上的工具类产品。这一节会立足于工具类产品，基于特点以及盈利模式介绍工具类产品会重点关注的业务数据指标。

5.1.1　工具类产品的细分

工具类产品通常指在各个场景下可快捷高效地满足用户特定需求的工具，其价值来源于产品本身。例如，"墨迹天气"为用户提供天气状况查询服务；"计算器"随时随地满足用户简单计算的需求；而"全能扫描王"则提供便捷的文件扫描服务。根据工具类产品的用途，我们可以将工具类产品细分为安全管理工具、生活类工具、美化工具、WiFi 管理工具、优化工具以及传输工具等不同的类别，如图 5-1 所示。

安全管理工具　　生活类工具　　美化工具　　WiFi 管理工具　　优化工具　　传输工具
360 安全卫士　　高德地图　　美图秀秀　　万能 WiFi 钥匙　　手机清理大师　　Xender

图 5-1　工具类产品的细分

5.1.2　工具类产品的价值

工具类产品的价值总结如图 5-2 所示，用户基数决定了产品的用户量级，有了用户产品才会有活力；而用户的使用时长和使用频率决定了用户的活跃程度以及用户对产品的依赖程度。上述用户基数、使用时长和使用频率又共同决定了产品的变现空间。

图 5-2　工具类产品的价值

对于工具类产品来说，用户"来了即用，用完即走"，留存时间短，黏性差，难以实现用户数量长期增长。因而用户运营成本高，但广告变现天花板低；除此之外，由于工具类产品的工具属性更重，产品模块单一，用户使用路径较短，从而导致变现手段单一且容易造成用户流失。同时工具类产品开发成本低，这也意味着竞争激烈、可代替性强，用户对于产品体验的要求较高。

5.1.3　工具类产品的盈利模式

基于工具类产品的特点，来分析工具类产品的盈利模式。如图 5-3 所示，工具类 App 目前主要的盈利模式包括商业广告、会员体系和企业服务三大类。商业广告包括 App 的开屏广告、App 内不同页面上的 Banner（横幅）广告等，这种模式主要通过广告的曝光、点击等获取广告佣金。会员体系则是通过付费为用户提供更好的体验。例如，百度网盘为会员用户提供更高速的上传下载服务；全能扫描王为会员用户提供去水印服务。如果工具类产品价值高，能够为企业解决特定的问题，则可以直接面向企业客户收费以实现商业变现，例如广联达、数数科技等。

工具类产品的用户留存时间短且盈利模式单一，针对以上特点，部分工具类产品添加了社区板块和内容板块，拓展了衍生功能，如垂直社区和内容分享平台，增加了用户黏性与使用时长，同时获得了更多的广告展示空间。在社区和内容的基础上，部分工具类产品也添加了电商模块，拓展了垂直领域的购物模块。例如，运动健身领域工具类产品 Keep 在提供健身指导的基础功能外，添加了社区模块以方便用户分享健身成果，同时也开发了商城模块为用户提供健身用品一站式购买服务。但工具类产品社区化、内容化、电商化对于小型开发者有一定难度。

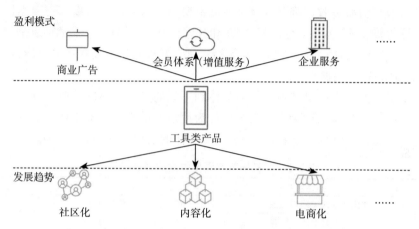

图 5-3　工具类 App 的盈利模式及发展趋势

5.1.4　工具类产品需要关注的数据指标

数据分析师需要根据业务场景的变化选择不同的数据指标，和大部分 C 端产品一样，工具类产品同样会关注用户规模指标、用户行为指标，基于工具类产品的特点和盈利模式，我们总结了其需要关注的数据指标，如表 5-1 所示。

表 5-1　工具类产品需要关注的数据指标

指标类别	指标名称	指标含义	指标作用	做好了能达成什么效果
用户规模指标	使用（活跃）用户数量	使用该产品的用户数量	描述用户规模	用户黏性强
	会员（付费）用户数量	为该产品付费的用户数量		
用户行为指标	使用频次	用户使用产品的频率和次数	描述用户投入程度和活跃程度	用户养成固定习惯
	使用间隔	用户使用产品的时间间隔		
营收指标	广告曝光量（收益）	用户观看广告为产品带来的收益	描述用户为产品带来的收益	公司收入可观
	广告点击量（收益）	用户点击广告为产品带来的收益		
	会员付费（增值服务）金额	用户购买会员（增值服务）为产品带来的收益		
产品指标	功能达成率	用户使用产品达成目标的比率	描述产品是否正常运转	用户满意度高

用户是产品的基础，有用户才有产品流量，进而产品才会有活力。从用户层面来说，我们会关注使用产品的用户数量以及为产品付费的用户数量，这两个数据指标越高说明用户黏性越强；从行为层面来说，我们会关注用户的使用习惯，了解用户使用产品的频次以及时间间隔等，这两个数据指标描述了用户的投入程度和活跃程度；从营收层面来说，开屏广告收益以及增值服务收益都是工具类产品重要的营收来源，所以广告曝光量、广告点击量以及会员付费（增值服务）金额都是营收的重要指标；工具类产品的初衷是为用户提供一款解决某个问题的工具，为了评估产品是否正常运转以及用户使用产品达成目标的比率，引入了功能达成率这个数据指标。

虽然说工具类产品有一定共性，但是具体到不同的产品、不同的业务场景，还得具体问题具体分析。以某扫描软件为例，扫描软件为用户提供文件扫描服务，节省用户跑打印店的时间成本，提高用户的生产生活效率，需要关注的数据指标如表 5-2 所示。

表 5-2　某扫描软件需要关注的数据指标

指标类别	指标名称	指标含义
用户规模指标	使用（活跃）用户数量	使用扫描功能的用户数量
	会员（付费）用户数量	开通会员特权的用户数量
用户行为指标	使用频次	用户使用扫描功能的频率和次数
	使用间隔	用户使用扫描功能的时间间隔
营收指标	会员付费（增值服务）金额	用户购买会员（增值服务）为产品带来的收益
产品指标	功能达成率	扫描完成率

某扫描软件为用户提供的核心功能是扫描服务，用户规模层面需关注使用了扫描功能的人数以及开通会员特权的人数；行为层面需关注用户使用扫描功能的频率、次数以及时间间隔；营收层面需关注会员付费的金额；产品层面需关注扫描完成率。此处如何界定扫描完成是数据分析师需要思考的问题，可以是以玩家点击扫描完成按钮作为扫描完成的标志，也可以是以点击分享按钮作为扫描完成的标志，或者以上两个行为只要完成其中之一就认为扫描已经完成。

5.2　内容类产品及其数据指标

内容类产品为用户持续提供休闲娱乐或有价值的信息，比如，微信公众号、知乎等内容类产品为用户提供图文类资讯，而 B 站、抖音、快手等为用户提供视频类资讯。这一节我们会介绍内容类产品的特点、需关注的数据指标以及常用的分析框架。

5.2.1　内容类产品的特点

和工具类产品一样，用户与内容类产品的紧密连接是产品为用户提供价值的基础，也是产品具有活力的基础。内容类产品的价值来源于内容本身，其内在逻辑是内容的产生和消费。以图文类型的内容产品为例，可以将内容类产品拆解为内容生产者、内容消费者、内容三个不同的维度。如图 5-4 所示,内容生产者通过创作内容收获粉丝和一部分创作激励;内容平台对内容生产者发布的内容进行审核、过滤,并将内容分发、推荐给对应的内容消费者;内容消费者消费内容并与内容生产者及其他用户进行互动。

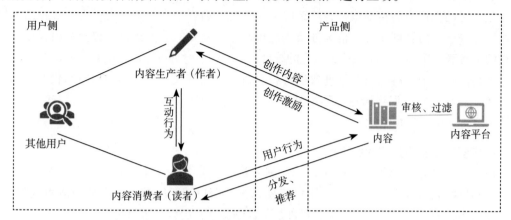

图 5-4　内容类产品的内在逻辑

5.2.2　内容类产品需要关注的数据指标

根据内容类产品的特点,我们将会从内容生产者、内容消费者以及内容三个方面梳理数据指标。

1. 内容生产者相关的数据指标

内容生产者为内容平台注入活力,内容平台想要源源不断地产出优质内容,离不开一批优秀内容生产者的支持。内容生产者的基数决定了内容的基数,因此其规模及生命周期是内容平台重要的衡量指标,包括内容生产者的获取、新增数量、活跃数量、留存数量等,这些指标的介绍详见第 3 章。除了内容生产者的数量规模之外,内容生产者的质量、创作力、行为健康度等也都是重要的数据指标,如表 5-3 所示。

表 5-3　内容生产者相关的数据指标

分类	指标名称	指标含义	指标作用	做好了能达成什么效果
质量	发布内容分享率	发布内容被用户分享的比率	描述发布内容的质量	平台内容质量高
	阅读 / 观看完成率	用户浏览完全部内容的比率		
创作力	内容发布数量	发布内容的数量多少	描述内容发布的次数	创作力强
	发布频率	两次内容发布之间的时间间隔	描述内容发布的频率	
	发布内容留存率	内容生产者发布内容后再次发布内容的比率	描述内容生产者的创作持续性	创作的可持续性
行为健康度	行为健康程度	热门、暴涨、作弊、违规等相关行为的统计	描述内容生产者的行为健康度	内容平台生态良好

优质的内容生产者是优质内容平台的先决条件，内容生产者的质量越高，内容平台的质量也就越高，也就越能吸引新的用户。内容生产者的质量主要通过其发布内容分享率、阅读/观看完成率等不同指标进行量化；内容发布数量、发布频率以及发布内容留存率衡量内容生产者的创作力的重要指标，持续的创作力能为内容平台带来活力；为了维护内容平台的生态健康，内容创作者的行为健康程度也是一个重要的数据指标，包括对内容创作者的热门、暴涨、作弊、违规等相关行为的统计。

在具体问题中，可以结合维度数据进行分析，包括等级、账户类型、签约状态、作者状态等，拆解相同数据指标在不同维度下的数据表现可以帮助数据分析师发现问题本质，具体内容将在第 6 章介绍。

2. 内容消费者相关的数据指标

内容消费者是内容类产品的用户，数据分析师首先要关注用户规模，包括用户获取、新增、活跃、留存 4 个不同模块。用户规模越大，用户活跃度越高，产品的活力就越强。用户规模相关的数据指标已经在第 3 章进行了详细叙述，此处不再赘述。

内容类产品为内容消费者提供"杀时间"的方式，至于用户如何通过内容类产品"杀时间"也是数据分析师需要关注的，因此关注用户行为指标也尤为重要，相关数据指标总结如表 5-4 所示。

表 5-4 内容消费者相关的数据指标

指标名称	指标含义	指标作用	做好了能达成什么效果
浏览数	用户浏览内容的数量	描述用户活跃程度	用户活跃度高
浏览广度	用户浏览多少个模块的内容	描述覆盖内容库存的情况	内容库存利用效率高
浏览时长	用户浏览内容的时间长短	描述内容产品占据用户多少时间	减少竞品使用时间
用户参与度	用户与内容的互动情况，例如点赞、转发、投币、关注	描述用户对内容的情感	用户黏性强

在内容消费者层面，数据分析师需关注用户浏览了多少篇文章、观看了多少个视频，即浏览数，用户浏览的内容数量越多，用户活跃程度越高；同时也需关注用户浏览的内容覆盖多少个不同的模块，即浏览广度，用户内容浏览广度越高，内容库存利用效率越高；浏览时长也是一个较为关键的数据指标，描述内容产品占据用户多少时间，用户浏览内容花费的时间越长，就越能减少用户使用竞品的时间；除了以上指标之外，用户参与度也是内容类产品的核心指标，该指标描述了用户与内容的互动情况，体现了用户对内容的情感，用户与内容的互动越多，用户黏性就越强。

3. 内容侧常见的数据指标

内容类产品的核心是内容，有了内容用户才能消费内容。内容侧的数据指标我们会根据内容漏斗展开介绍，梳理关键节点需要关注的指标以及分析这些指标需要关注的数据维度。

（1）内容漏斗及生命周期

内容漏斗如图 5-5 所示，无论是以 UGC 还是以 PGC 发布内容，需首先经过内容平台的审核，以过滤抄袭、广告引流、黄赌毒等低质或违规内容；然后根据一定规则将内容分发、推荐给特定用户；当内容过期之后便做下架处理。

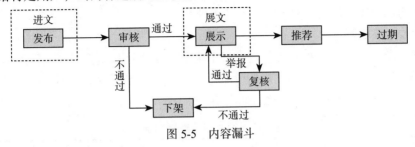

图 5-5　内容漏斗

基于内容漏斗对内容生命周期中需要关注的数据指标进行总结，如表 5-5 所示。

表 5-5　内容生命周期中需要关注的数据指标

指标名称	指标含义	指标作用	做好了能达成什么效果
内容发布量	发布内容的总量	描述内容数量	内容数量丰富
内容审核通过量	通过审核的内容总量	描述内容质量优劣	内容品质高
内容展示量	可展示给用户的内容数量	描述内容丰富度	内容丰富度高
内容推荐量	受到系统推荐的内容数量	描述优质内容的数量	优质内容能让更多用户看到
内容过期量	过期的内容数量	描述过期内容的多少	内容的时效性高

根据内容漏斗我们梳理内容的生命周期，各个环节的转化情况可以反映内容在各个阶段的损耗程度，对发布、审核、展示、推荐再到过期整条链路的数据进行监控都可以确保各级审核、分发策略的合理性，进而优化内容的生命周期漏斗及各层级策略。

（2）进文（内容引进）

进文相关的数据指标总结如表 5-6 所示，主要从进文数量、进文质量以及可持续性 3 个不同方面评价进文过程。

表 5-6　进文相关数据指标

分类	指标名称	指标含义	指标作用	做好了能达成什么效果
进文数量	进文量（主题、垂类分布）	生产内容的数量，可分总量、不同主题、不同垂类进行统计	描述内容生产者活跃程度	平台内容新鲜度高
进文质量	进文通过率	每天进文的审核通过率、下线率等	描述低质内容占比	低质内容少
	高等级内容占比（内容评级分布）	优质原创文章占进文总量的比值	描述优质文章占比	内容权威性高
可持续性	平均单篇进文曝光量	内容生产者发一条内容平均会有多少人看到	描述进文量是否合适。	内容可持续性高
	发文留存率	内容生产者发文后再次发文的比率	描述内容生产者的创作持续	创作的可持续性高

进文数量描述的是内容生产者的活跃程度，可以从不同的维度进行统计，例如，统计

进文总量、统计不同主题的进文量或者是不同垂类的进文量；进文质量可以借助进文通过率以及高等级内容占比两个指标进行量化，基于内容漏斗可将进文通过率进一步细分为审核通过率、下线率等；单篇进文曝光量以及发文留存率是量化进文可持续性的数据指标，其中平均单篇进文曝光量描述的是进文量是否合适，该指标太低，说明进文过多，可以适当淘汰；该指标太高，说明进文太少，可以适当引入。

（3）展文（文章展示）

在展文环节，关注的数据指标与进文环节类似，主要是从质量以及丰富度两个层面进行量化，质量层面可以通过内容评级的分布进行评价；而丰富度层面则可以通过内容主题的分布以及内容垂类的分布进行量化，如表 5-7 所示。

表 5-7 展文相关数据指标

分类	指标名称	指标含义	指标作用	做好了能达成什么效果
质量	内容评级分布	不同质量等级内容的分布	描述内容质量优劣	内容质量高
丰富度	内容主题分布	不同主题内容的分布	描述内容丰富度	内容丰富度高
	内容垂类分布	不同垂类内容的分布		

（4）内容侧数据指标的分析维度

内容侧的分析维度包括内容语言、地区、推荐状态、展示状态、内容垂类、内容评级、内容来源、内容关键词、内容分类（多层级）、内容创建时间、放出时间、过期时间等。

5.3 社交类产品及其数据指标

社交是用户群体通过网络或其他方式进行信息互换的过程，而社交类产品就是满足用户社交需求的产品。这一节会介绍社交的流程、社交类产品的三要素、社交类产品的分类以及社交类产品应该关注的数据指标。

5.3.1 社交的流程

社交是关系链建立、维护和发展的过程。社交的流程如图 5-6 所示，社交会经历发现、破冰、互动、关系沉淀 4 个步骤。首先用户通过产生信息的内容发现彼此；通过信息互换形成互动从而实现从陌生向熟悉的转换；随着信息交换次数的增加，双方形成良性的互动；最后用户之间保持长期社交关系，使关系链得以沉淀。

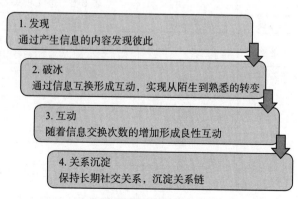

图 5-6 社交的流程

5.3.2　社交类产品的三要素

从社交的流程我们可以知道社交的本质是建立链接，通过链接使用户得以进行物质交换和信息交流。但是链接会受到时间和空间的限制，因此社交类产品产生了。

如图 5-7 所示，关系链、互动以及内容是社交类产品的 3 个关键要素。关系链是指用户与用户之间链接，多条关系链可以组合成一张关系网络；互动是指用户之间通过信息传播发生交互行为或产生影响的过程；而内容是辅助用户之间产生互动的信息。

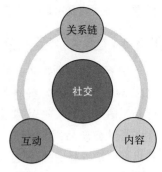

图 5-7　社交产品的三要素

1. 关系链

社交产品的本质的是链接，因此关系链是社交类产品的第一核心要素。用户都是社会生活中的个体，有着亲人、朋友、同学、同事等多种不同的社会关系，这些关系有强有弱。根据关系链的强弱，我们可以将社交产品分为强社交关系和弱社交关系两类。

- ❑ 强社交关系（熟人社交）：强关系社交，本质上是熟人社交，即将用户线下的关系链迁移到线上，使得熟人社交可以跨越时间和空间的阻碍。例如，微信、QQ 都是强社交关系的熟人社交产品。强社交关系是熟人社交产品强有力的护城河，因为熟人的社交关系一旦迁移到线上，想要再次迁移成本就会很高。
- ❑ 弱社交关系（陌生人社交）：弱社交关系主打陌生人社交，例如，陌陌、Soul 等。与强社交关系产品相比，弱社交关系产品少了熟人社交的护城河，并且弱关系的建立以及迁移成本相对较低，因此用户也更容易流失。弱社交产品的可信度低，大部分弱社交产品都需要多种渠道提高可信度从而实现产品的核心价值，例如，身份认证、职业认证、颜值认证等。

2. 互动

关系的强弱会根据互动的数量和质量发生波动，因此互动也是社交产品的核心要素。互动是用户关系链生成与变化的关键，建立关系的用户能够发生互动，而用户之间的互动又能影响关系的强弱。互动的关键在于互动的方式、强度、频率和价值。通常情况下，互动强度越大，越容易提升互动双方关系的紧密程度；互动的频率越高，互动双方的关系也越紧密。大部分社交类产品的常见互动方式有聊天、点赞、评论、转发等。

3. 内容

虽然说互动是关系链生成与变化的关键，但是一个良好的互动并不能凭空产生。而内容就是辅助用户互动的信息，早期有以文字内容为主的 BBS、博客等产品，随着互联网技术的发展，图文、视频等内容也参与到了人们的社交活动中。

对于任何一款社交产品来说，基本都是由内容生产、内容分发和内容消费三个主要环节构成内容供应链的，而如何优化内容供应链对所有社交产品都尤为重要。

引导用户输出有价值的内容，帮助用户更好地消费内容，鼓励用户基于内容与内容生产者产生互动就可以形成整个社交的闭环。

5.3.3　社交类产品的分类

基于关系链的强弱、链接的主题、媒介和形式，我们可将社交类产品分为不同的类型，如图 5-8 所示。以关系链强弱进行区分，可以将社交类产品分为链接熟人的即时通信社交产品、陌生人社交产品以及通过内容链接陌生人的内容社区。从即时通信社交产品到内容社区类社交产品，关系链、目的性是由强到弱转变的，而反馈及时性、内容传播性以及商业化程度是由弱到强转变的。

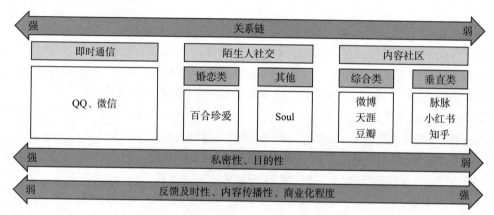

图 5-8　社交类产品的不同类型

按链接媒体进行分类，社交产品可以分为基于兴趣的社交产品、基于地理位置的社交产品等；按社交形式进行分类，社交产品可以分为音频社交产品、视频社交产品等多种类型。

5.3.4　社交类产品需要关注的数据指标

根据 5.3.2 节介绍的社交产品的三要素（即关系链、互动以及内容），我们提炼了三个社交类产品需要关注的数据指标，如表 5-8 所示。

表 5-8　社交类产品需要关注的数据指标

指标名称	指标含义	做好了能达成什么效果
关系密度	描述用户间的关系紧密程度	用户更有可能长期留存
互动量	描述用户互动的次数	产品更具有活力
发布量	用户创作内容的数量，描述用户的内容创造力	话题更多

关系密度用来衡量关系链的紧密程度，互动量用来衡量用户间互动的次数，而发布量则用来衡量用户的内容创造力。以上三个指标可以作为大部分社交类产品的核心指标，但是社交类产品种类繁多，具体问题还需要结合实际情况进行分析，例如内容社区类的社交产品还需要关注内容类产品相关的数据指标，请参考 5.2 节。

以微博热点模块为例进行分析，其数据指标总结如表 5-9 所示，该模块是以话题标签组织用户发布内容，所以此处我们用话题标签覆盖的用户群体数量表征关系密度；而互动量和发布量就比较好理解，分别代表用户对热点话题的点赞、评论、转发数量以及用户发布热点话题的数量。

表 5-9 微博热点模块应该关注的数据指标

指标名称	指标含义
关系密度	话题标签覆盖的用户群体数量
互动量	用户与用户间的互动次数，即点赞、评论、转发数量
发布量	用户发布热点话题的数量

5.4 交易类产品及其数据指标

交易类产品是基于互联网支撑用户在线完成商品与资金交易的产品体系。这一节我们将会介绍交易类产品的类型、核心模块以及需要关注的数据指标。

5.4.1 交易类产品的类型

交易是市场上的买卖双方一手交钱一手交货，完成价值交换的过程。而在互联网时代，这种交易过程被搬到了线上，买方和卖方通过平台建立交易关系，从而产生信息流、资金流以及物流。

如图 5-9 所示，根据在线交易双方的类型可以将交易分为消费者与消费者（C2C）、企业与消费者（B2C）、企业与企业（B2B）3 种不同的类型，而交易的商品可以是实物、服务、体验、内容、数据等多种类型。

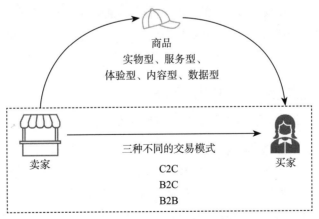

图 5-9 交易类产品的 3 种不同交易模式

从广义的角度来讲，只要产品能产生交易行为都可以认为是交易类产品，最为大众熟知的莫过于淘宝、京东等。同一个广义的交易类产品可能包含除了交易之外的不同模块，本节仅讨论交易模块的内容。

5.4.2 交易类产品的核心模块

电商是最为普罗大众熟悉的交易类产品，此处我们以电商为例，拆解其核心的交易模块。除电商之外，其他每类交易类产品都有着其特殊的核心模块以及业务逻辑，需要结合业务场景具体分析。

如图 5-10 所示，电商的核心模块包括人、货、场 3 个不同的方面。

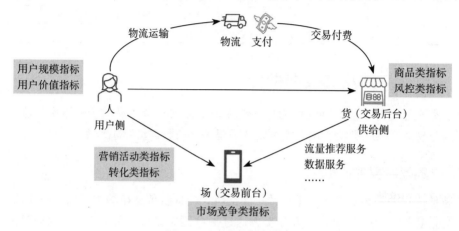

图 5-10　电商的核心模块

交易类产品为买卖双方提供商品交易的"场"称为交易前台，其实质是撮合买卖双方达成交易，产生交易流水，从而获得佣金。只有"场"没有"货"交易就不能成立，"货"也可以称为交易后台，支撑了交易业务全流程的运转，包括了商品、采购、库存、营销、订单、履约等多个核心模块。"场"和"货"提供了交易的前台和后台，但没有用户进行交易，"场"的活力和价值就无法发挥出来，因此"人"也是必不可缺的核心模块之一。"场"从线上连接了"人"和"货"，而物流和线上支付手段从线下连接了"人"和"货"。

5.4.3 交易类产品需要关注的数据指标

经过上述介绍，那么交易类产品需要关注哪些数据指标呢？这一节会进行详细梳理。

1. 交易类产品的 9 类基础数据指标

如图 5-11 所示，基于交易类产品的核心模块，我们总结了交易类产品需要关注的 9 类基础数据指标。在用户侧需要关注流量指标，有了流量就需要对流量进行转化，因此用户规模指标以及用户价值指标也是需要关注的；在供给侧需要关注商品类指标以及风控类指标；而对于交易前台来说，则需要关注市场竞争指标；在用户与交易前台的互动过程中，运营类指标、营销活动类指标和转化类指标也是需要关注的。各类数据指标包含的内容汇总在图 5-11 中，各个指标的含义将会在第 8 章实践案例中详细介绍。

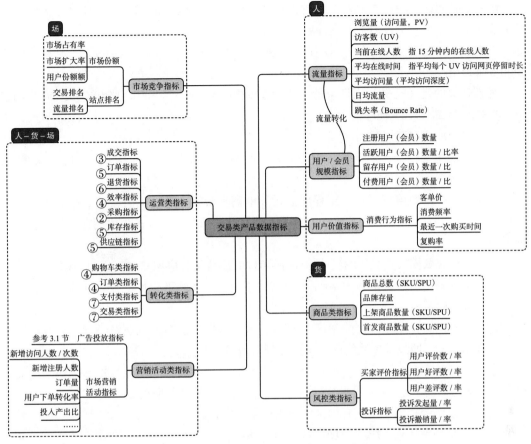

图 5-11 交易类产品的 9 类基础数据指标

2. 交易类产品的 4 个核心数据指标

不同业务形态下的交易类产品各有其个性，但也有共性，回归到交易本身，我们总结出 4 个交易类产品通用的核心数据指标，如表 5-10 所示。

表 5-10 交易类产品通用的核心数据指标

指标名称	指标含义	指标作用	做好了能达成什么效果
交易总金额	总的交易规模	描述交易的总规模	商品卖得更多
页面详情转化率	用户从浏览商品详情到下单的转化率	描述核心场景的转化率	商品更容易卖
客单价	用户平均消费金额	描述单个客户的价值	卖更高的价格
复购率	购买同一商品／同一店铺不同的商品／同一平台不同店铺两次及以上的用户占比	描述收入的持久度	卖更多次

对于客单价、复购率有几个需要注意的点。

（1）客单价与笔单价

客单价与笔单价是电商数据指标中容易混淆的概念，我们通过一个简单的例子进行说明。

在一段时间内，一共 5 个人在店铺 A 中累计购买了 2000 元的商品，其中 4 个人每人拍了 1 笔订单，另外一个人拍了 6 笔订单。

客单价的定义是用户的平均消费金额，此处 5 个人一共消费 2000 元，客单价为 2000/5=400 元。

而笔单价的定义是每一笔订单的平均消费金额，此处一共 10 个订单产生 2000 元的消费，笔单价为 2000/10=200 元。

（2）复购率与电商运营

复购率是重复购买率的简称，不论是对于电商平台还是对于电商平台中的商家来说，用户的复购率都是很重要的。

年度复购率的数值可以在一定程度上指导电商平台或商家的运营策略。顾名思义，年度复购率就是上一年在某电商平台 / 店铺购买过商品的买家中，有多少比例在今年仍然选择再次购物。

❑ 新用户获取模式：当年的复购率小于 40% 时经营重心应该放在新用户获取上。

❑ 混合模式：当年复购率为 40% ～ 60%，则电商平台或商家应该兼顾新客户的获取与回头客的招揽。

❑ 忠诚度模式：当年的复购率高于 60%，则电商平台或商家应该将经营重心放在客户忠诚度上，即鼓励忠诚的回头客更加频繁地消费。

下一年年复购率是预见电商平台或商家能否取得长久成功的先见性指标。如果电商平台或商店运营时间不足一年，也可以计算 90 天复购率来预估其所处的模式[⊖]。

❑ 90 天复购率达到 1% ～ 15%，处于用户获取模式。

❑ 90 天复购率达到 15% ～ 30%，处于混合模式。

❑ 90 天复购率达到 30%，处于忠诚度模式。

电商交易模块较多，此处我们从小处着眼，以 B 站课堂专区某课程为例进行说明，需要关注的核心数据指标如表 5-11 所示。

表 5-11 B 站课堂专区某课程的核心数据指标

指标名称	指标含义
交易总金额	该课程已经达成的总交易金额
页面详情转化率	用户从浏览课程详情页面到下单的转化率
客单价	用户平均的消费金额
复购率	购买讲师不同课程或课堂专区其他课程两次及以上的用户占比

3. 交易类产品数据指标的分析维度

以电商为例，交易类产品的分析维度可以是用户维度，包括性别、年龄、地区等，也可以是商品维度、品类维度或店铺维度。数据分析师可以根据具体问题选择多个维度进行

⊖ 参见阿利斯泰尔·克罗尔和本杰明·尤科维奇撰写的《精益数据分析》。

交叉分析，具体实现方法可以参照第 6 章维度分析相关内容。

5.5　游戏类产品及其数据指标

　　游戏是一类特殊的互联网产品，这一节会介绍游戏行业产业链、游戏运营的核心要素、游戏的分类以及游戏类产品的核心数据指标。

5.5.1　游戏行业产业链

　　理解行业产业链能够帮助数据分析师清晰地了解一个行业的内在运行逻辑，从而更好地理解业务以构建行业版图。游戏行业产业链如图 5-12 所示。

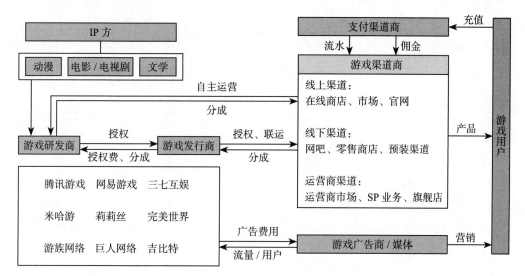

图 5-12　游戏行业产业链

　　很多游戏是基于动漫、影视、文学等 IP（知识产权）进行研发的，游戏企业获得版权方商用授权之后将 IP 用于游戏，并通过授权金或者 CPS（一种广告计费模式，可直译为"按销售付费"）与版权方进行分成。该模式的优势在于 IP 自带流量并且有现成的世界观，用户忠诚度高，获客成本低。

　　对于游戏企业来说，有游戏研发和发行两种不同模式，有的企业两种模式共存，有的企业只有其中之一。游戏研发者就是游戏的创造者，游戏发行者就是游戏代理运营商。

　　游戏研发完成之后，用户从哪里来呢？除了基于 IP 研发的游戏能够自带流量外，其余大部分游戏在正式上线前都需要通过渠道购买一定数量的用户进行测试，而这些用户大多来自游戏渠道商以及游戏广告商。

　　一款游戏在历经多轮测试正式上线之后，用户通过某种支付渠道为游戏充值，游戏渠道商通过提供佣金的方式收取支付渠道上一定的返点。

5.5.2 游戏运营的核心要素

一款游戏正式上线前会经过多轮测试，这些测试都是什么类型的，又各自有什么作用呢？

如图 5-13 所示，游戏一般会经历三个不同的测试阶段，在 Alpha 测试阶段，游戏的核心玩法基本已经实现，但是系统功能不完善，处于此阶段的游戏供内部人员交流测试，以打磨核心玩法和系统功能。

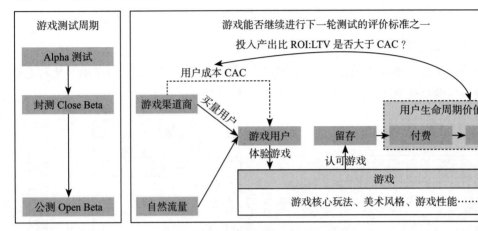

图 5-13 游戏运营的核心要素

当游戏核心玩法和系统功能都基本开发完毕，游戏进入封测（Close Beta）期。封测期一般情况下有多轮测试，每轮测试结束后一般都要进行删档，即需要进行账号重置，这一时期的测试主要是进行压力测试以及游戏试水。这一阶段的关键任务是维护第一批玩家的口碑，保持游戏热度，主要关注 DAU、留存、付费等相关指标，同时通过分析用户反馈以继续打磨游戏。

经过多轮封测之后，游戏就进入了公测（Open Beta）阶段，通过用户数据支撑版本迭代优化，同时配合品牌外宣以及市场投放使游戏获得靠前的渠道排名、极高的曝光度，最终获得较好的下载量与付费。

一款游戏从研发到真正上市至少需要经历三个不同的阶段，游戏能否从封测期进入公测期也有一定的评判标准。如图 5-13 所示，在封测期每轮测试都需要买入一定量的用户，因为每个用户都是有成本的，所以当用户进入游戏体验了游戏的核心玩法、美术风格、游戏性能之后，能否认可游戏、成为游戏留存用户甚至成为付费用户，这是游戏能否进入下一阶段的评判标准之一。

5.5.3 游戏的分类

游戏的核心玩法是游戏的灵魂，一般情况下核心玩法由游戏品类决定，有的游戏也会融合多种玩法并在一定层面上进行创新。为了更好地理解游戏业务，图 5-14 梳理了常见的游戏品类。

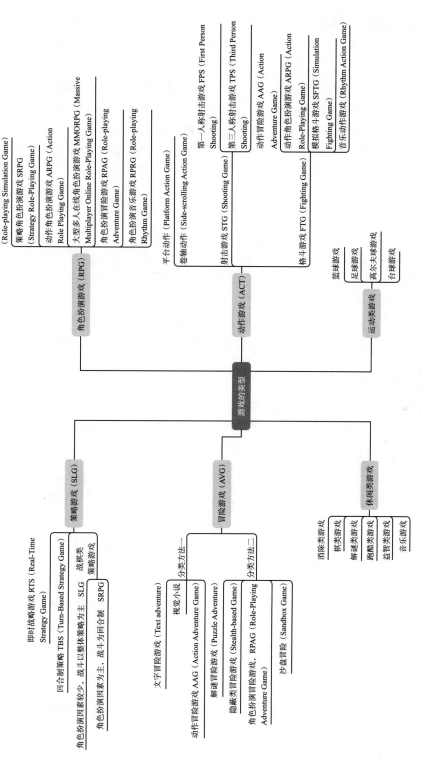

图 5-14 游戏品类及核心玩法

按照游戏的核心玩法，我们将游戏分为 6 个不同的品类，分别是策略游戏、冒险游戏、角色扮演游戏、动作游戏、休闲类游戏以及运动类游戏。6 大游戏品类下面还有更多细分的子品类，这里不再赘述，只简单介绍 6 大游戏品类及其核心玩法。

- ❑ 策略游戏：提供给玩家一个通过动脑筋思考来处理较复杂事情的环境，允许玩家自由控制、管理和使用游戏中的人或事物，通过这种自由的手段以及玩家们开动脑筋想出的对抗敌人的策略来达到游戏所要求的目标。
- ❑ 冒险游戏：以探索未知、解决谜题等情节化和探索性的互动为核心，强调故事线索的发掘，主要考验玩家的观察力和分析能力。
- ❑ 角色扮演游戏：核心是角色扮演，在游戏玩法上，玩家扮演一位角色在一个虚构世界中的活动。
- ❑ 动作游戏：强调玩家的反应能力和手眼的配合能力，该类游戏一般情节紧张，声光效果丰富，操作简单。
- ❑ 休闲类游戏：该类游戏是一种易于上手，不会消耗大量时间或者重度脑力的游戏，规则相对简单。
- ❑ 运动类游戏：该类游戏将线下的运动搬到线上，通过控制或者管理运动员和队伍进行模拟体育比赛，让用户可以随时随地体验运动的快感。

5.5.4 游戏类产品的核心数据指标

通过 5.5.2 节我们可以总结出游戏产品需要关注的核心数据指标，这一节我们会基于前面介绍的背景知识，梳理游戏类产品的 6 大类核心数据指标以及指标分析维度。

1. 游戏类产品的核心数据指标

如图 5-15 所示，根据游戏用户的生命周期，我们梳理出游戏产品需要关注的数据指标。在用户获取阶段，用户买量成本、漏斗转化率都是该阶段的重要指标，2.3 节已经详细叙述过这些指标的统计维度以及相关案例，此处不再赘述。

用户导入之后，注册成为游戏的新用户，就可以体验游戏核心玩法，感受美术风格以及游戏性能了。用户认可游戏就会留存下来，直至破冰成为付费用户，并随着生命周期的衰退最终流失。在游戏用户的生命周期中，留存指标、付费指标、生命周期价值（LTV）以及投入产出比（ROI）是需要重点关注的数据指标，这些指标在第 3 章中已有过较为详尽的介绍，本节仅做简单梳理。除此之外，游戏的核心玩法相关数据指标也是游戏产品需要关注的重点，例如核心玩法的参与率、用户胜率等指标，但是游戏品类繁多，核心玩法各异，需要结合实际的游戏场景进行分析。

（1）留存指标

最重要的留存指标是留存率。留存率是用户在一定时间内再次登录游戏的比例，可以分为新用户留存率和活跃用户留存率。此处我们说的留存率统一指新用户留存率。留存率实际上反映的是一种转化率，即由初期的不稳定的用户转化为活跃用户、稳定用户、忠诚用户的比例。随着留存率统计过程的不断推进，就能看到不同时期的用户的变化情况。数据分析师可以通过分析不同业务属性的用户的留存差异来找到产品的增长点[⊖]。

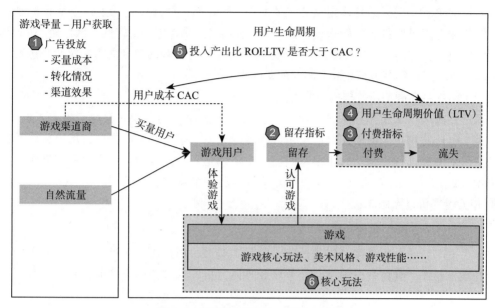

图 5-15　游戏类产品的 6 类核心指标

留存率的派生指标有日留存率、周留存率以及月留存率等，对于日留存率来说，游戏较为关注的有次日留存率、3 日留存率、7 日留存率、14 日留存率以及 30 日留存率。具体指标定义以及相关要点请查看 3.4 节，此处不再赘述。

留存率与游戏品质有着较为紧密的关系，但是留存率也会受到用户规模的影响，为了保证留存率数据的准确性，对导量用户超过 5000 人、测试周期 7 天以上的游戏进行用户留存率的统计才能反映游戏的真实水平。游戏日留存率与游戏品质之间的关系如表 5-12 所示。

表 5-12　游戏日留存率与游戏品质之间的关系

测试条件	留存率	优秀	良好	一般	仍需改善
限量发放激活码的封测	次日留存率 R2	65%	45%	30%	< 30%
	3 日留存率 R3	55%	35%	25%	< 25%
	7 日留存率 R7	35%	20%	11%	< 11%
不限量封测、不发激活码	次日留存率 R2	45%	35%	20%	< 20%
	3 日留存率 R3	30%	20%	15%	< 15%
	7 日留存率 R7	25%	15%	10%	< 10%

⊖　参见阿利斯泰尔·克罗尔 和 本杰明·尤科维奇撰写的《精益数据分析》。

（2）付费指标

用户付费的 3 个关键指标分别为付费率、平均每付费用户收入（ARPPU）和平均每用户收入（ARPU），指标的具体定义详见 4.3 节，此处不再赘述。理论上这三个指标越高越好，但实际上很难兼得，一般来说，高付费率的游戏，ARPPU 比较低，低付费率的游戏，ARRPU 比较高，综合来看，ARPU 从某种程度上能衡量游戏的盈利能力。对游戏进行付费优化以挖掘玩家付费潜力，能提升游戏的营收水平[一]。

（3）用户生命周期价值与投入产出比

用户生命周期价值指用户从进入游戏到流失整个生命周期中能为游戏产生收入的总和；而投入产出比是用户生命周期价值与用户成本的比值，该指标可以指导市场投放以及判断游戏测试是继续进行还是及时止损，即投入产出比是否是正向的，用户生命周期价值是否大于用户成本，大部分情况下 LTV/CAC > 3，是一个良好的指标结果，ROI、LTV 以及 CAC 相关内容可以参照 3.1.5 节。

2. 游戏类产品的分析维度[二]

游戏类产品的分析维度可以是地区、国家、城市、用户来源渠道、用户设备系统、用户所属服务器等，具体情况须结合业务场景具体分析，选取能够反映业务特点的分析维度即可。

[一] 参见阿利斯泰尔·克罗尔 和 本杰明·尤科维奇撰写的《精益数据分析》。

[二] 参见李渝方撰写的《数据分析之道——用数据思维指导业务实战》。

第 6 章 *Chapter 6*

分析维度

前几章从用户规模、用户行为以及业务数据等 3 个方面介绍了不同数据指标的概念和使用场景，但是在数据分析中除了指标之外，分析维度也是较为重要的一环。因此，这一章我们会围绕分析维度展开，介绍分析维度的定义、数据指标与分析维度之间的关系、常用的分析维度以及维度在数据分析中的应用。

6.1 数据指标与分析维度

指标与维度是数据分析中较为常用的术语，数据指标是衡量事物发展程度的单位或方法，第 3 ～ 5 章介绍了不同的数据指标；而维度是事物或现象的某种特征或属性。本节我们会围绕数据指标与分析维度展开，介绍分析维度与数据指标之间的关系以及维度在数据分析中的作用。

6.1.1 什么是维度

数据指标用来衡量事物发展程度，至于事物发展是好还是坏就需要数据维度的参与，通过对相同指标在不同维度下的表现进行对比，才能评价事物发展的好坏。

关于维度的定义，通俗来讲维度是一种分类方式或分类标签。例如，渠道、系统、性别、地区等都是分析维度。大部分的分析维度也可以拆解为更细粒度的分析维度，如图 6-1 所示，时间维度可以拆分为年、季度、月、日、小时甚至分钟等不同的粒度。

数据分析师通过对比相同指标在时间维度上的变化就能知道事物发展的状态。例如，GMV 同比增长 60%，这是 GMV 指标在时间维度上的比较，叫作纵比；也可以比较相同时间周期内、不同地区的 GMV 的变化，这是 GMV 指标在空间维度上的比较，叫作横比。

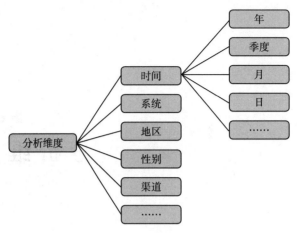

图 6-1 不同的分析维度

如图 6-2 所示,维度根据其类型可以大致分为两大类别,分别是定性维度和定量维度。定性维度可以是性别、地区、渠道、系统等;定量维度可以是年龄、收入、付费金额等。

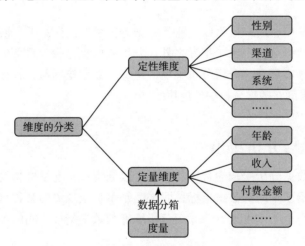

图 6-2 维度的类型

定量维度实际上就是把 1.1 节介绍的度量进行分箱处理而得到的用户分类标签。例如,将付费金额看作一种度量,为了衡量用户的付费能力,数据分析师可以将付费金额按照 [0,100)、[100,200)、[200,300)、[300,400)、[400,500)、[500,+∞) 进行分箱,从而将用户划分为普通用户、青铜用户、黄金用户、铂金用户、钻石用户以及皇冠用户等不同类别,从而实现度量向维度的转换。

6.1.2 数据指标与维度之间的关系

数据指标与维度之间到底有什么关系?我们先看一个数据指标——巴西男性用户数量,如图 6-3 所示,这个数据指标的维度分别是地区和性别,原子指标是用户数量。可见,原子指标和维度共同组成了一个派生指标。

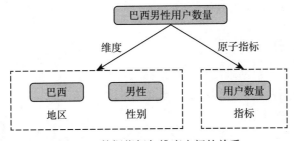

图 6-3 数据指标与维度之间的关系

虽然说指标和维度是可以独立使用的，但数据分析师或者运营者经常会结合指标和维度进行数据拆分，从而挖掘数据更深层次的意义。

6.1.3 维度在数据分析中的作用

数据指标在不同分析维度上的拆解，可以帮助数据分析师根据不同视角抽取数据进行分析，从而定位业务问题，辅助业务决策。有了不同的分析维度，数据分析师可以实现数据指标的上卷下钻。

如图 6-4 所示，在分析数据指标 GMV 时，地区维度可以是北京、上海、深圳、广州等，时间维度可以是 1 月、2 月、3 月等，品类维度可以是男装、女装、童装等。将 GMV 这个指标在时间和品类维度上进行聚合，从而可以统计粗粒度的 GMV，如上海地区第一季度服装类目的 GMV，这个过程也叫作上卷。

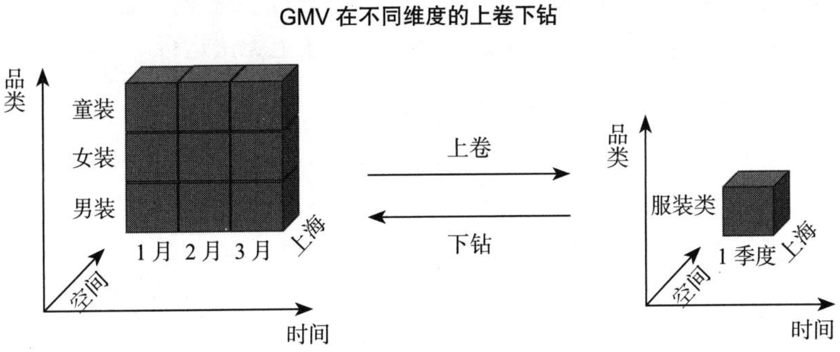

图 6-4 GMV 在不同维度的上卷下钻

数据指标的上卷能够帮助数据分析师掌握业务的整体情况。相反，如果要排查和定位具体业务问题，还需要用到指标的下钻，即将数据指标拆分到更细的粒度以定位数据问题。

6.2 数据分析中常用的分析维度

数据指标和维度的交叉分析能够让数据分析师挖掘出数据更深层次的含义，那么常用的分析维度有哪些呢？这一节我们总结了数据分析中常见的分析维度，并且会通过案例详细介绍各个维度在数据分析中的具体应用。

6.2.1 分析维度汇总

数据分析师经常需要根据维度对数据指标进行拆解，例如，在分析用户成本和留存时，数据分析师会更加关注用户的来源渠道。

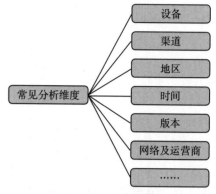

如图 6-5 所示，常见的分析维度主要包括设备、渠道、地区、时间、版本、网络及运营商等。不同的数据指标在不同的业务场景下需要拆解的维度也会有不同，数据分析师需要根据实际情况选择合适的维度对数据指标进行拆解。

图 6-5　常见的分析维度汇总

6.2.2 各类数据分析维度详解

为了更好地理解各个维度在数据分析中的运用方法，我们选取部分重要的维度予以解释和说明。

1. 设备

如图 6-6 所示，从设备层面可以拆解成机型、内存、分辨率以及操作系统 4 个不同的细分维度。不同的机型代表不同的设备品质，其内存（RAM）、分辨率以及操作系统等也可能不同，即便机型相同也有内存大小的区别。相同的 App 在不同设备上运行可能会出现不同的问题，例如软件包体较大的 App 可能在部分低端机上无法运行。

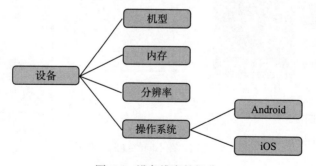

图 6-6　设备维度的细分

移动设备和设备性能的多样性是产品设计需要考虑的，从设备维度拆解数据指标能够帮助数据分析师定位设备性能对用户行为的影响。如图 6-7 所示，为了探究设备内存对用户留存的影响，我们选取用户次日留存（R2）这个数据指标，将其在设备内存这个维度上进行细分，发现拥有较小内存设备的用户的留存率远远低于其他用户。由此可以推测手机内存较小，App 运行不流畅，影响用户体验，从而造成设备内存较小的用户的 R2 偏低。对于用户流失的具体原因，还需要结合问卷以及其他分析结果共同判断，此处不做展开。

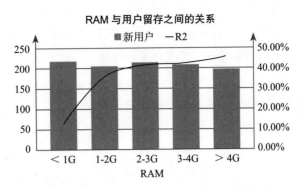

图 6-7　设备 RAM 大小与用户留存之间的关系

2. 渠道

渠道是数据分析中重要的分析维度，可以解释和量化用户质量，评价渠道优劣，同时可以估算投资回报率。如图 6-8 所示，用户来源渠道按照平台可以分为 Android 渠道和 iOS 渠道，其中 Android 渠道包括第三方应用商店、广告联盟等多种不同的细分类别；如果将用户来源按照广告类型进行分类，可以分为搜索引擎推广、信息流推广以及应用商店推广，当然各个类别下面还有更加细致的分类，此处不再赘述。

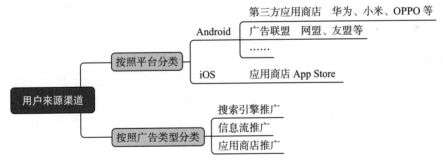

图 6-8　用户来源常见的渠道

在用户生命周期的不同阶段，对相关的数据指标进行渠道维度的拆解，可以辅助运营衡量渠道质量以及回本周期等关键信息。例如，在用户获取阶段，数据分析师将获客成本这个数据指标拆解到渠道维度以分析各个渠道的获客成本；在用户留存阶段，数据分析师将用户次日留存率（R2）进行渠道维度的拆解以分析各个渠道的用户质量。数据分析师也可以结合用户获取阶段的获客成本指标以及用户付费阶段的用户 LTV 指标，估算回本周期以及投资回报率。此处不再赘述，感兴趣的读者请参照 3.1 节。

3. 地区

地区是数据分析中必不可少的空间分析维度，不同地区的文化习俗差异一般会导致用户的行为偏好差异。在数据指标建模层面，相同的数据指标在不同的地区可能存在一定差异。以游戏行业为例，东南亚、巴西、欧美三个地区的文化习俗不同，用户偏好也有一定差异，相同类型的游戏在这三个地区投放，用户次日留存率可能存在较大差异。所以数据分析师可以根据具体业务场景决定是否需要拆解地区维度进行分析。

4. 时间

时间维度也是数据分析中绕不开的分析维度，数据分析师可以通过设置时间范围灵活地分析各个数据指标在不同时间段内的表现。如图 6-9 所示，我们汇总了常用的基于时间维度的分析方法，包括同比、环比、定比以及特殊时期对比等。

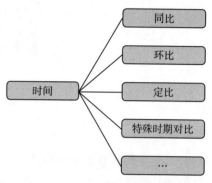

同比用于观察长期的数据，是本期数据与上一年同期数据的比值。环比用于观察短期数据，是当前周期与上一周期的比值，可以是本月与上月的对比、本周与上周的对比、去年 11 月与去年 10 月的对比。定比也是趋势分析的重要指标之一，是当前

图 6-9 时间维度的分析方法汇总

周期数据与固定周期数据的比值，定比增长率的计算方式与同比、环比增长率相似。特定时期的对比可以是不同版本之间的比较，例如量化版本变更带来的实际效益；也可以是活动前后的比较，例如量化活动开展是否达到预设目标；还可以是广告投放前后用户留存率的比较，以评判广告对买量用户的效果。

5. 版本

相同产品的不同版本会发生各种功能的迭代更新，以版本作为分析维度拆解数据指标可以从较粗的粒度评价版本更新带来的效果。从更广泛的意义上来说，版本这个维度也属于时间维度范畴，相同指标在不同版本之间的比较可以看作是特殊时期的对比，从而回归到时间维度。

6. 网络

对于互联网产品来说，网络质量在一定程度上影响着用户体验。如图 6-10 所示，网络可以拆分为网络类型和运营商，网络类型包括 WiFi 以及 4G/5G 等，国内网络运营商包括移动、联通、电信。

通过关键数据指标在网络维度上的拆解，辅助业务方定位网络波动的原因，为研发优化产品的网络适配提供一定的量化辅助。例如，游戏产品对于网络的依赖性极强，由于网络原因造成用户流失的例子不在少数，为了定位具体是 WiFi 还是 4G/5G

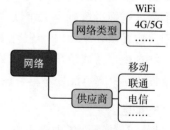

图 6-10 网络的维度细分

的适配性较差造成的用户流失，就可以在网络类型维度下拆解 FPS，PING 等关键指标。也可从网络供应商的维度进行拆解，以判断网络问题是否只存在于个别运营商，辅助业务方进行后续的决策。

6.3 维度在数据分析中的应用

如果只有数据指标，没有数据维度，那么我们只能看到数据的整体情况，看不到各个组成部分的差异。所以数据指标与数据维度共同决定了数据分析的粒度，这一节会围绕维度在数据分析中的应用展开，首先介绍数据分析中需要维度拆解的原因，其次通过逻辑树拆解数据指标维度，从而定位数据异动的影响因素，最后说明多维度交叉分析发现业务问题的场景。

1. 为什么需要维度拆解

由于辛普森悖论的存在，整体数据和维度细分数据都是重要的。事实上，整体数据和维度细分数据，对应的结论可能完全相反。下面通过一个具体的案例进行说明。

为了对比不同设计风格落地页的转化效果，数据分析师进行了 A/B 试验。试验结果如图 6-11 所示，从总体上看 B 版本的点击率高于 A 版本的点击率。"聪明"的数据分析师可能会得出结论：B 版本的落地页转化效果优于 A 版本，建议大力推广 B 版本落地页。

A 版本

B 版本

曝光数 261，点击数 71　　　曝光数 274，点击数 82
点击率 71/261=27.20%　　　点击率 82/274=29.93%

图 6-11　不同风格落地页的点击率

事实上从性别的维度对点击率进行拆分，如表 6-1 所示，无论对于男性用户还是女性用户来说，版本 A 的点击率均高于版本 B 的点击率。

表 6-1　从性别维度拆分两个版本落地页的点击率

数据项	A 版本		B 版本	
	男性	女性	男性	女性
曝光	55	206	222	52
点击	19	52	70	12
点击率	34.5%	25.2%	31.5%	23.1%

由上述的例子可以看出，分析的维度不一样可能得出完全相反的数据结论。如果想避

免辛普森悖论，数据分析师就需要根据业务特点、用户情况等多方面的因素，为各个组别设置一定的权重以消除分组资料差异所造成的影响。

2. 用逻辑树拆解数据维度，定位数据异动影响因素

维度拆解是数据分析中的重要方法，在数据发生异动时，通过多维度交叉分析对异动指标进行维度拆解能够快速定位异动原因。对于数据异动的判断方法本节不展开介绍，更加详细的内容请参见第12章，此处仅介绍逻辑树拆解数据异动的方法。

（1）什么是逻辑树分析方法？

逻辑树是将问题拆分成一条条分支，通过不同的分支问题再拆解成一个个子问题，通过遍历分析子问题，从而一步步找出问题所在。而在数据指标异动排查中，运用逻辑树的方法能够帮助数据分析师高效地完成工作。

（2）如何运用逻辑树拆解数据指标？

举个例子来说，某一天某款产品的新用户数量发生了异常波动，数据分析师需要协助运营方定位异动原因。此时数据分析师按照不同的维度拆解数据指标找出差异。如图6-12所示，将新用户拆解到地区、平台、渠道等多个维度，判断到底是哪一个细分维度的新用户数量下降了。

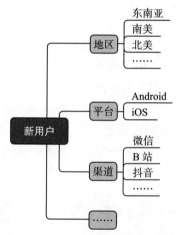

图6-12　新用户数量的拆解维度

以地区维度的拆解为例，数据分析师可以先判断到底是哪个地区的新用户减少而造成的用户数量异动，如果是所有地区的新用户都减少，那可能是产品本身存在一定问题，和新用户的匹配性不是很好。如果是某个地区的用户减少明显异于其他地区，可以继续拆解维度，比如考虑以服务器为维度进行拆解——该地区用户骤减可能是由于该地区服务器崩溃了。也可能是产品的本地化做得不够好，对于该地区用户群体没有足够的吸引力。

3. 多维度交叉分析发现业务问题

在数据指标体系中可以帮助数据分析师快速定位数据异动问题除了维度拆解之外，日常的专题分析也常会用到多维度交叉分析。例如，用户设备RAM大小与用户留存情况的交叉分析；用户来源渠道与用户留存率的交叉分析；用户手机系统与用户付费率的交叉分析等。这里不再展开。

第三篇 *Part 3*

数据指标体系框架设计

本篇着重介绍数据指标体系的框架设计，其中包括一套以"目标化、模块化、流程化、层级化和维度化"为基础的数据指标体系构建方法论，以及职场在线教育、电子阅读工具、图文内容社区、网约车、社交电商5大行业数据指标体系的实践方案。

数据指标体系构建的方法论

前面几个章节介绍了用户规模、用户行为、业务相关的数据指标的定义,数据分析师、数据产品经理以及业务方只有在指标定义的层面达成一致,才能在后续数据指标体系搭建过程中事半功倍。但是数据指标体系的搭建并不是数据指标的罗列,而是需要根据特定的业务场景选择合适的数据指标,并且将一系列有关联的数据指标通过一定的逻辑组织在一起以反映业务现状。因此,本章主要介绍数据指标体系搭建通用的方法论并详细介绍每一个步骤是如何操作的。

7.1 数据指标体系的通用方法论

掌握一套数据指标体系通用的方法论,能够帮助数据分析师在不同的业务场景下梳理出合适的数据指标体系。这一节我们会围绕数据指标体系通用方法论展开,介绍数据指标体系搭建的 4 个通用步骤。

7.1.1 数据指标体系的通用方法论概述

在 1.4 节,我们介绍了几个构建数据指标体系的模型,这几个模型组合在一起就能够形成一套指导数据指标体系构建的方法论。

如图 7-1 所示,数据指标体系构建的方法可以总结为四个步骤,即①目标化,明确业务目标,梳理业务北极星指标;②模块化及流程化,梳理业务流程,明确核心指标;③层级化,数据指标分级下钻;④维度化,维度选择实现数据指标的上卷下钻。这 4 个步骤又涉及 OSM、AARRR、UJM、MECE 这 4 个模型,这 4 个模型是指导我们构建完整而清晰的数据指标体系的方法论。

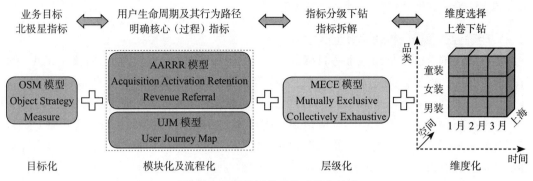

图 7-1　数据指标体系构建的方法论

每一个模型的具体内容，我们已经在 1.4 节进行了详细介绍，此处不再赘述。具体每一个步骤如何实现，我们会在后文一一介绍。

7.1.2　引领数据指标体系构建的 OSM 模型

OSM 模型是数据指标体系构建的核心思路，主要内容如图 7-2 所示。在构建数据指标体系之前，一定要清晰地了解业务目标，也就是模型中的"O"。换句话说，业务目标也是业务的北极星指标，了解业务的北极星指标能够帮助我们快速理清数据指标体系的方向。其次，通过拆解北极星指标，理清业务过程，找到能够达成北极星指标的行动策略，以此提炼业务过程指标，也就是模型中的"S"。此处用到的模型是 AARRR 模型以及 UJM 模型，具体内容会在 7.3 节详细介绍。最后，对业务过程中的各个核心指标进行下钻细分，从而构建完整的数据指标体系，也就是模型中的"M"。此处用到的模型是麦肯锡著名的 MECE 模型，需保证每个细分指标是相互独立且完全穷尽的。

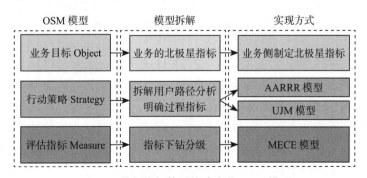

图 7-2　数据指标体系构建中的 OSM 模型

7.1.3　通用方法论中各步骤实现方法简要概括

了解了数据指标体系通用的方法论以及引领数据指标体系构建的 OSM 模型之后，此处我们概括性地介绍下数据指标体系构建的 4 个步骤如何实现，每一个步骤的实现也有着其对应的方法论，详细介绍和案例说明详见 7.2 ～ 7.5 节。

1. 明确业务目标，梳理北极星指标

多个部门的 KPI 共同组成业务目标，对于某一块业务来说，运营人员的核心 KPI 一般都是业务目标。例如，某公司业务 A 在今年的重点是提升营收 20%，那么提收 20% 就是业务目标，根据这个业务目标即可锁定大致的几个可能成为北极星指标的候选指标。

如果分析完业务目标，但不太清楚到底选择什么指标作为北极星指标，可以通过公司财报找到一些灵感。公司财报的指标都是从公司战略层面提炼出的数据指标，大部分指标都是公司业务的指向标，即北极星指标。

2. 梳理业务流程，明确过程指标

对于互联网业务来说，业务流程的梳理最简单的方法就是拿起手机 App，从账号注册、登录，到体验核心业务模块，就是梳理业务流程的过程。比如，对于电商 App 来说，想要梳理实现一单交易的业务流程，就可以打开 App 具体地实操一遍整个流程，然后抽象出流程图，从而提炼出过程指标。

3. 指标下钻分级，构建多层级数据指标体系

完成北极星指标以及过程指标的提炼和梳理之后，就需要寻找过程指标与北极星指标之间的关系，完成对北极星指标的拆解，以构建多层级的数据指标体系。

4. 添加分析维度，构建完整的数据指标体系

分析维度的选择是基于业务形态的，但是对于同种业务形态和商业模式的产品，其分析维度基本是一致的，可以参照第 6 章相关内容。

7.2 明确业务目标，梳理北极星指标

在 1.2.1 节中，我们提到北极星指标是数据指标体系的一大要素。

北极星指标在业务中具有举足轻重的作用，它是产品在当前阶段与业务和发展战略相关的绝对核心指标，是一个名副其实的结果导向指标。指引未来、团队协同以及结果导向是北极星指标的三大重要作用，即北极星指标能够传达产品未来优化的方向，帮助团队了解产品实时进展以及通过业务结果衡量工作成果。

该类指标是与业务场景和商业模式具有强相关关系的，它指出了业务当前最重要的问题，是公司前进方向的指向标，可以是一个或者是多个指标，这一节主要基于 OSM 模型中的 "O"（Object），即业务目标展开，介绍数据指标体系通用方法论的三个步骤的第一步——明确业务目标，梳理北极星指标，并详细介绍从具体业务场景中提炼北极星指标的方法论。

7.2.1　如何找到业务的北极星指标

数据指标体系的构建是基于业务目标展开的，脱离业务目标的数据指标体系必然不能辅助业务进行决策。因此找到当前阶段业务的北极星指标极为重要，寻找当前业务的北极星指标有以下几种方法，其一是通过运营人员的 KPI 提炼当前业务的北极星指标，其二是通过公司财报提炼北极星指标。

1. 运营人员核心 KPI

一般企业每年的业务重点都不一样，直接体现在运营人员的 KPI 的变化。例如，在业务启动初期，可能是为新业务获取更多的用户以及通过运营手段使得更多的用户持续使用公司的产品，那么此阶段的北极星指标为活跃用户数量以及用户留存率；而当用户数量达到一定规模，流量变现则会成为业务目标，那么该阶段的北极星指标就是营收相关的数据指标了，例如，GMV、用户付费率等，不同业务模式选取的营收指标可能有一定差异。

因此，对于数据分析师来说，数据指标体系构建的需求基本来源于运营人员，那么清楚地了解业务背景以及运营人员的相关 KPI，能够帮助数据分析师从复杂的业务模式中快速提炼出业务的北极星指标。

我们知道每一款产品都是一个很复杂的生态系统，由多个功能模块组成。每个功能模块可能是一个独立的团队负责，每个团队都有其目标和方向。汇总多个功能模块的核心KPI 以提炼业务的北极星指标是数据分析师必做的事情。如图 7-3 所示，数据分析师将各个团队的团队目标提炼成相关指标，对这些指标进行汇总整理，就能形成一个指导该产品发展的北极星指标，从而实现中长期的业务目标和维护客户价值。这样做的好处是，每个团队有自己的团队目标，只要推动其团队目标实现，就能使业务结果向着北极星指标靠近。

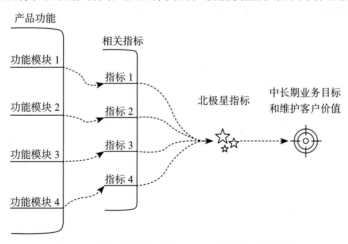

图 7-3　通过运营人员核心 KPI 梳理北极星指标

说到这里，可能大家对于北极星指标的指引未来、团队协同以及结果导向的三大重要意义又加深了理解。如果没有北极星指标，各个团队的目标可能会沦为一个指标池；而有了北极星指标就能将各个团队的目标组织成一个系统的框架。

2. 公司财报

除了从运营人员核心 KPI 提炼北极星指标外，公司财报也是获取北极星指标的重要途径之一，因为公司财报是阶段性战略目标的体现，其中展示的指标有极大可能性就是数据分析师所寻找的北极星指标。图 7-4 是从某大型互联网公司官网获取到的 2022 年第一季度财报部分信息，基本汇总了各个业务板块的北极星指标。

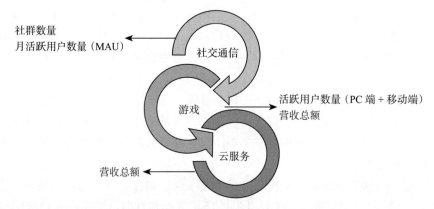

图 7-4　某大型互联网公司官网财报部分信息

从上述的财报信息可以知道，该互联网公司在社交通信业务板块关注的指标为社群数量以及月活跃用户数量，游戏板块关注活跃用户数量及其产生的营收总额，而云服务板块关注的是通过提供云服务而获取到的营收总额。

所以说公司财报也是数据分析师提炼业务北极星指标的方法之一，当梳理北极星指标陷入迷茫时，阅读公司财报或许是一个不错的选择。

7.2.2　如何判断是否为优秀的北极星指标

当数据分析师从运营人员核心 KPI 或公司财报中大致提炼了业务的北极星指标后，判断这个指标是否为优秀的北极星指标也是需要思考的问题。此处介绍两种判断方法，其一是提炼出来的指标是否拥有优秀北极星指标的四个属性，其二是提炼出来的指标能否反映业务的四个不同维度。

1. 优秀北极星指标拥有 4 个属性

北极星指标是数据指标的一种特殊类型，那么优秀的北极星指标必然满足 1.1.3 节介绍的好的数据指标的四条评判标准，但基于北极星指标的特殊性我们在这 4 个评判标准的基础上做了一定的改进，以形成优秀北极星指标的 4 个属性。

❑ 北极星指标与商业模式直接相关。

❑ 北极星指标能够反映用户认可度。

❏ 北极星指标能够影响用户行为（即先导性指标，而非滞后性指标）。

❏ 北极星指标是简单直观、容易获得且可拆解的。

了解了以上 4 个属性之后，我们通过几个具体的案例来看一看这些公司的北极星指标是否拥有这 4 个属性。图 7-5 展示了三家不同业务模式的公司的北极星指标，下面对其北极星指标进行详细分析。

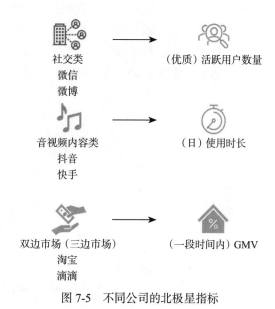

图 7-5 不同公司的北极星指标

案例一：社交类产品的北极星指标——（优质）活跃用户数量

对于社交产品来说，无论是 Facebook 还是 LinkedIn，其北极星指标都为（优质）活跃用户数量，而非注册用户数量。首先，（优质）活跃用户数量这个指标是基于社交类产品的本质，即用户通过关系链而进行信息以及价值交换。活跃用户数量越多，用户之间能够建立的关系链也就越多；用户建立的关系链越多，则用户越活跃，对于产品的认可度也就越高。因此该北极星指标拥有与商业模式直接相关、能够反映用户认可度的属性。

而且该指标也是易于拆解的，可以通过用户类型（即新老用户）、用户来源渠道、用户地区、用户设备信息等维度进行拆解，因此它也具有简单直观、容易获得且易拆解的特征。

除此之外，（优质）活跃用户数量并不会像注册用户数量那样随着时间的增加而不断增加，而更多地会受到运营活动、产品改版、用户认可度等多方面的影响而发生变化，其变化反馈了运营活动、版本迭代的效果，因此（优质）活跃用户数量指标是一个能够影响用户行为的指标，是一个先导性指标。当运营发现（优质）活跃用户数量下降时可以及时改变运营策略，对用户进行挽回，而不是等到用户流失之后再去想办法，这体现了该指标的先导性作用。

案例二：音视频内容类产品的北极星指标——（日）使用时长

该案例中我们就不去逐条分析优秀北极星指标的 4 个属性了，基本分析思路可以参照案例一。

对于音视频内容类这种能够提供用户休闲娱乐的产品，其北极星指标是（日）使用时长。这个指标衡量了用户从平台获得的价值，反映了用户对平台的认可度；同时，在用户增长漏斗中任何指标的增加都会让该指标随之增加；另外，影响该指标的外部变量很少，这也是其能够成为北极星指标的重要原因。

案例三：双边市场（三边市场）的北极星指标——（一段时间内）GMV

如图 7-6 所示，对于双边市场或者三边市场来说，（一段时间内）GMV 通常被作为北极星指标。该指标最初用于电商领域，其中包含拍下未支付的订单金额。后来该指标也作为双边市场或三边市场相关产品的北极星指标。例如，典型的双边市场打车平台和典型的三边市场外卖平台，如果能够达成（一段时间内）GMV，表明用户在产品的使用过程中拥有良好的体验，能够感知产品的价值。

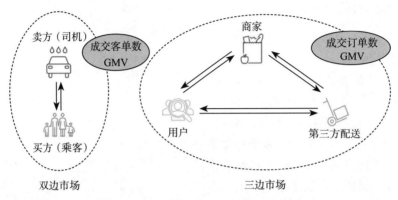

图 7-6　双边市场和三边市场的北极星指标

经过上述分析，可以发现只要产品属性基本一致，且对于用户提供的价值基本一致，那么产品的北极星指标基本是相同的，即相同行业相同领域且相同生命周期的产品其北极星指标基本是一致的。

但需要注意的是，不同行业不同领域北极星指标差异会比较大，就算是相同行业的不同产品在其各个阶段的北极星指标也会不尽相同。以用户生命周期为例，在产品早期用户迅速增长的阶段，新增用户和激活数量是较为关注的北极星指标，比如注册一周内完成一笔订单的用户数量；而在产品的中后期，用户增长陷入瓶颈，活跃用户数量和转化用户数量就成了北极星指标。总之，北极星指标是和产品商业模式以及所处的生命周期是强相关的。

2. 优秀的北极星指标能反映业务的 4 个不同维度

判断是否为优秀的北极星指标除了是否拥有上述的 4 个属性之外，还可以是能否反映业务的 4 个不同维度，4 个维度即深度、广度、频率以及效率。

此处我们以 LinkedIn 的北极星指标优质活跃用户数为例进行分析，看看 LinkedIn 是如何找出这个北极星指标的，这个北极星指标又是如何反映业务的 4 个不同维度的。

如图 7-7 所示，首先基于 LinkedIn 职场社交的商业模式找出其核心的几个功能模块——基础信息、关系链、内容、互动；然后分别提炼出各个模块的相关指标作为北极星指标的输入，分别是资料完整度、好友数量、用户活跃度以及可触达性，这些指标对应了北极星指标深度、广度、频率、效率 4 个不同方面的维度，最终根据 4 个不同的维度得到北极星指标优质活跃用户数。

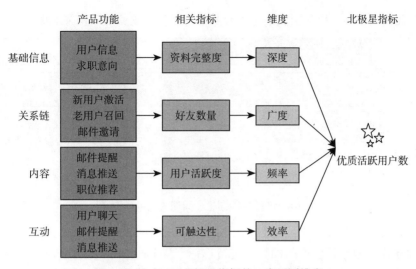

图 7-7　LinkedIn 北极星指标的 4 个不同维度

数据分析师可以根据优质活跃用户数的 4 个维度去定义该北极星指标，例如，对于资料完整度来说，用户每填写完一项资料就加上一定的分值；对于好友数量来说，当好友数量达到某一个阈值时，就加上一定的分数；对于用户活跃度也可以做同样的操作，即统计用户一段时间内使用的次数并为其赋予分值；而可触达性就是猎头是否能够联系到用户以及用户的回复情况；最终根据四个维度的评分找到一个阈值，确定划分优质活跃用户的标准。

7.2.3　选择北极星指标还需要关注产品的生命周期

前面介绍了梳理北极星指标的方法以及评价北极星指标优劣的标准，除此之外，在选择北极星指标时还需要关注产品的生命周期，因为即使在相同业务模式下，处于不同生命周期的产品，其北极星指标也是不尽相同的。因此本节介绍北极星指标是如何随着产品生命周期变化而变化的，以及数据分析师如何判断产品所处的生命周期以选择正确的北极星指标。

1. 不同生命周期的产品的北极星指标变化

前面已经掌握了如何为业务寻找北极星指标，但需要注意的是，即使是相同的产品，在不同的发展阶段因其业务目标不一样，北极星指标也会发生变化。如图 7-8 所示，产品的生命周期可以分为启动期、成长期、成熟期以及衰落期 4 个不同的时期。在产品的启动期，产品功能的改版通常是为了验证某一想法的合理性，如果该想法能够满足用户需求，那么用户就会留存，因此在该阶段用户留存率可以作为北极星指标；而在产品的成长期，用户增长成为产品的目标，此时用户活跃率通常会成为北极星指标，优质用户的活跃度能够为用户付费转化提供强有力的支持；到了产品成熟期，用户变现成为这一阶段的业务目标，因此用户付费就成了相关的北极星指标；直到产品进入衰落期，老产品为新产品实现引流成为业务目标，此时的北极星指标可以是引流效果以及其他与新产品业务场景相关的指标。

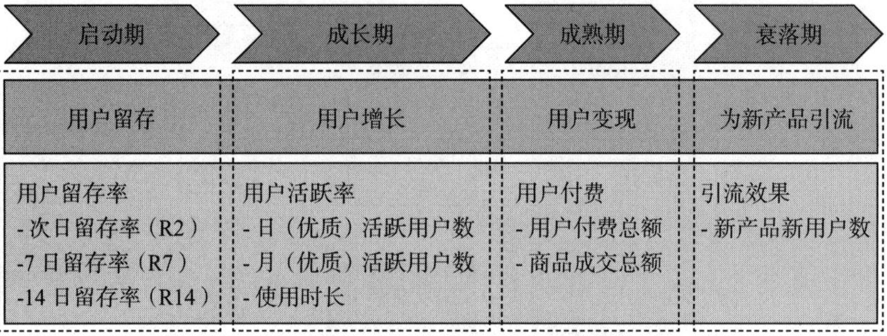

| 启动期 | 成长期 | 成熟期 | 衰落期 |

	启动期	成长期	成熟期	衰落期
业务目标	用户留存	用户增长	用户变现	为新产品引流
北极星指标	用户留存率 - 次日留存率（R2） -7 日留存率（R7） -14 日留存率（R14）	用户活跃率 - 日（优质）活跃用户数 - 月（优质）活跃用户数 - 使用时长	用户付费 - 用户付费总额 - 商品成交总额	引流效果 - 新产品新用户数

图 7-8 产品在不同生命周期的北极星指标

不同行业模式、不同场景下，产品在不同生命周期的北极星指标也会有不一样的地方，数据分析师还需要根据具体产品的特点进行选择。从上面的分析我们知道，寻找北极星指标不仅要厘清产品的商业模式，还要确认产品处于生命周期的哪一阶段，进而才能选择出最适合产品的北极星指标。

2. 如何判断产品所处的生命周期

数据分析师应该如何判断产品所处的生命周期呢？通常不同生命周期的产品，从数据指标上会呈现不同的特点，数据分析师基于这些特点就能判断产品的生命周期。此处整理了几种业内常用的判断产品生命周期的方法，供大家参考。

（1）通过用户曲线判断产品生命周期

当数据分析师分析公司内部产品的时候，可以通过数据埋点获得活跃用户数据以及新增用户数据，进而绘制产品的活跃用户曲线和用户增长曲线，这二者都可以用来判断产品生命周期。但前面我们已经介绍过，新增用户随着时间的积累其数量一定是增加的，其中还包括一些沉默用户，对于分析会有一定影响。相比之下，活跃用户曲线更能准确地判断产品所处的生命周期。

如果数据分析师分析的是公司外部的产品呢？这时候用户的新增数据和活跃数据肯定都是拿不到的，就需要借助外部公开的数据进行分析，例如利用能够反映产品热度的百度指数、各应用商店下载量之类的数据近似代替用户曲线，进而判断外部产品的生命周期。

产品在不同生命周期的用户曲线和热度指数的特点总结如表 7-1 所示，数据分析师可以对照曲线特点判断产品所处的生命周期。

表 7-1 不同生命周期用户曲线和热度指数的特点

产品周期	用户曲线的特点	热度指数的特点
启动期	用户量较少，用户增长缓慢	上升缓慢
成长期	用户量极速增长	极速上升
成熟期	用户体量较大，且增长趋于稳定	指数相对较高且趋于稳定
衰落期	用户流失严重	指数呈下降趋势

（2）通过新增用户与流失用户的比例判断产品生命周期

在分析公司内部产品时，获取用户数据是相对容易的，数据分析师可以结合新增用户以及流失用户的比例判断产品的生命周期，判断方法如表7-2所示。在启动期，产品初具雏形，大部分用户因为好奇而体验产品，但此时产品功能并不完善，很难留住用户，该阶段新增用户比例约等于用户流失率；随着产品功能的完善，吸引的用户也越来越多，产品进入了成长期，此时产品能留住一部分人，但是依然不能够满足大部分用户需求，因而用户留存率较低，所以此阶段呈现新增用户比例大于用户流失率；当产品不断更新迭代，趋于成熟，用户的新增和流失再次达到平衡；最后，在产品衰落期，用户流失极为严重，可以考虑将用户引流到公司同类产品。

表 7-2　通过新增用户和流失用户比例判断产品生命周期的方法

产品周期	新增用户与流失用户之间的关系	业务特征
启动期	新增用户比例 = 用户流失率	产品初具雏形，用户来了即走，用户新增约等于用户流失
成长期	新增用户比例 > 用户流失率	产品功能虽已完善，但依然不能满足用户需求，用户留存率低
成熟期	新增用户比例 = 用户流失率	产品完善且成熟，用户新增与流失再一次达到平衡
衰落期	新增用户比例 < 用户流失率	产品处于衰落阶段，将用户引流向新产品

（3）通过用户来源判断产品生命周期

对于公司内部的产品来说，用户来源也是能够获取的数据。我们在3.1.1节已经介绍过用户获取渠道。根据用户是否通过付费获取，将用户来源分为自然流量和买量用户，自然流量来源于口碑效应、榜单效应、免费的媒介推广等，是用户自发地下载使用产品。而买量用户则是通过付费广告导入的用户，包括各渠道的信息流广告、付费的搜索引擎广告、推介广告、BD广告等多种形式。而在产品的不同生命周期，用户的来源也呈现不同的特点，如表7-3所示，概括性地来说，在产品的启动期和成长期，用户主要通过付费广告获得，而当产品占据一定市场份额之后进入成熟期，此时自然流量能够支撑产品；而到衰落期，自然流量急剧减少，产品盈利能力下降，但是成本居高不下，步入死亡边缘。

表 7-3　通过用户来源判断产品生命周期的方法

产品周期	主要来源	业务特征
启动期	付费广告	产品知名度较小，市场对其接受度和认可度较低，需要通过付费广告获得用户
成长期	付费广告	产品有一定的接受度和认可度，但总体来说与用户还处于磨合期，依然需要付费广告获取用户
成熟期	自然流量 + 推介流量	产品获得一定市场份额和用户认可，有足够的自然流量支撑
衰落期	BD 广告 + 少量自然流量	产品盈利能力下降，自然流量减少

（4）通过版本更新频率判断产品生命周期

作为数据分析师，如果想要分析公司外部产品的生命周期，但又拿不到公司外部产品用户新增以及用户流失的相关数据时，可以通过外部产品版本更新频率判断产品生命周期，因为产品的迭代速度也是其生长的标志。不同生命周期的产品更新迭代的重点也是不一样的，而这些版本迭代信息从各大应用商店或者 App 官网几乎都能获取到，因而数据分析师根据版本更新频率判断公司外部产品的生命周期是较为有效的方法。

具体判断方法如表 7-4 所示，在产品启动期大多是以新功能的迭代为主的，版本更新速度极快，基本以周为单位；而进入成长期之后，版本更新主要以优化现有功能和推出新功能为主，但版本更新频率相对变缓；进入成熟期之后，产品功能基本固定，版本更新主要完成细节优化，版本更新时间周期拉长，基本两个月以上；到了衰落期，产品的迭代周期再次拉长或者直接不维护，这一阶段主要完成存量用户向新 App 的引流。

表 7-4 通过产品版本更新频率判断产品生命周期

产品周期	迭代频率	版本更新重点
启动期	迭代速度快，基本以周为单位	堆砌新增功能
成长期	迭代速度相对变缓	优化更新产品功能
成熟期	迭代周期拉长且固定，基本两个月以上	功能稳定，优化细节
衰落期	迭代周期再次拉长或直接不维护	向新 App 引流

（5）通过模型法判断产品生命周期

当然，前面介绍的 4 种方法都是从较为宏观的层面判断产品生命周期，而从微观层面也有多种不同的判断方法。

❑ 生长曲线模型：通过生长曲线模型判断产品生命周期，其中常见的有皮尔模型、林德诺模型、龚帕兹模型等，部分模型已经内嵌在 Python 的 scipy 模块中，感兴趣的读者可以参阅 Python 官方文档或者相关统计学书籍。

❑ 财务模型：除了通过生长曲线模型拟合之外，财务模型也可以用于判断产品的生命周期，因为企业的生产经营活动是与财务直接相关的，只要判断经营、投资、融资三个模块现金流净值的正负，即可大致判断产品生命周期。例如，在启动期，经营和投资现金流为负，而筹资现金流为正；成长期经营、筹资现金流为正，投资现金流为负。

7.2.4 梳理北极星指标的方法论

明确业务目标，梳理北极星指标是数据指标体系构建的关键步骤，这一节详细地介绍了在业务中提炼北极星指标的方法以及相关的细节内容，此处我们对提炼北极星指标的步骤方法进行统一梳理，如图 7-9 所示。

梳理北极星指标的第一步需要判断产品的商业模式，即该产品所属的类型，是工具类产品、内容类产品、社交类产品、交易类产品、游戏类产品或者是其他类型的产品。因为相同商业模式的产品，在相同的生命周期内其北极星指标大体上是一致的。既然如此，那么第二步就需要数据分析师判断产品所处的生命周期了，这一节也为数据分析师提供了 5 种判断产品生命周期的方法。当产品的商业模式以及生命周期确定，就可以参照类似产品的北极星指标，找到自己产品的候选北极星指标，如果到这一步就锁定部分指标当然可以为数据分析师的工作提供极大的便利。不过为了使提炼出来的北极星指标更符合自己产品的发展目标，数据分析师结合运营人员的核心 KPI 以及公司财报进行分析提炼也是必不可少的。最后，在几个候选的北极星指标中挑选出最能反映业务发展方向的指标作为北极星指标，挑选的标准可以参照 7.2.2 节提到的 4 个属性和 4 个维度。

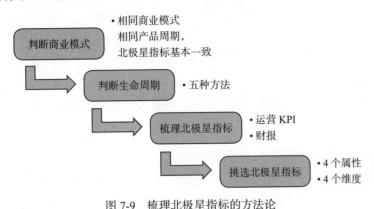

图 7-9 梳理北极星指标的方法论

7.3 梳理业务流程，明确过程指标

数据分析师通过对过程指标的监控，能够更加清晰地把握业务的各个细节。这一节我们会基于 AARRR 模型以及 UJM 模型对北极星指标进行拆解，帮助数据分析师找到业务过程的核心指标。

7.3.1 两个模型指导业务流程梳理

梳理业务流程是明确过程指标、拆解北极星指标的重要步骤，该步骤可以将业务提炼出来，实现模块化和流程化。而 AARRR 模型以及 UJM 模型是完成梳理业务流程这一步骤的重要思路，这两个模型我们已经在 1.4 节做过详细介绍，此处简单回顾一下。

如图 7-10 所示，AARRR 模型和 UJM 模型都是路径模型，二者原理相似，只是它们出发的角度不一样。AARRR 模型从用户生命周期角度出发，揭示用户的整个生命周期；而 UJM 模型从用户行为路径出发，揭示用户的行为路径。

图 7-10 AARRR 模型与 UJM 模型

　　无论是从哪个角度进行拆解，我们都能厘清达成北极星指标所要经历的业务过程。7.2节介绍的寻找北极星的方法和本节介绍的拆解达成北极星指标的业务过程是互为逆过程的，换句话说，如果能通过7.2节的方法找到北极星指标，那么也就基本厘清了该指标的拆解思路了。拆解达成北极星指标的业务过程能够帮助数据分析师从更多的角度和维度分析业务问题，接下来介绍具体如何通过上述两个模型来梳理业务过程。

7.3.2　梳理业务流程并明确过程指标的方法论

　　梳理业务流程，明确过程指标是数据指标体系搭建的第二个关键步骤，这一步骤其实并不难，数据分析师只要下载App，自己亲身体验一次业务流程，然后提炼数据指标即可。

1. 下载App动手体验完整的业务流程

　　移动互联网行业的业务基本都是基于App开展的，要厘清业务流程最简单的方法就是在手机上下载并安装App，从用户注册开始，完整地走一遍业务流程，提炼出关键环节并抽象出数据指标。

　　为了说明问题，这里用大家较为熟悉的电商购物的例子来梳理业务过程。回想一下，你的初次购物情景：先下载一个电商购物App，注册自己的账号，登录后通过首页推荐、关键词搜索等多种方法寻找自己心仪的商品，看到还不错的商品就浏览商品详情页、商品评价等，之后进行加购、支付等一系列操作，最终等待商家发货。

　　以上的一系列流程就是我们进行电商购物的过程，将其拆解、抽象出来，也就是数据指标体系搭建过程中的第二步——梳理业务过程。最终结果如图7-11所示，当然用户注册、登录、商品曝光、点击、加购以及成交都还涉及一些复杂的子流程，当具体分析某一步骤的时候，数据分析师还可以将这些子流程进行拆分。

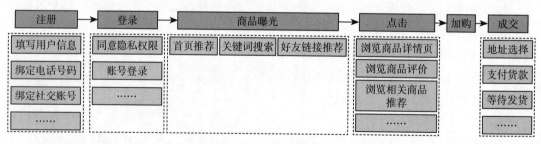

图7-11　电商购物流程拆解

2. 根据业务流程中的关键节点，明确过程指标

　　体验完一遍业务流程之后，我们找出了关键节点，接着就需要根据关键节点提炼相应的过程指标。确定过程指标的关键是找到每一节点的所关注的问题，从而提炼出这一节点的指标。例如，在注册阶段关注的是注册用户的数量，因为其数量越多，用户基数越大，

之后将其转化为活跃用户、付费用户的概率也就越大，因而用户注册量可以作为注册阶段需要关注的过程指标。在登录、商品曝光、点击、加购以及成交阶段，都可以根据该阶段所关注的问题找到相关的指标。

那么问题来了，如何才能知道业务过程中各个阶段所关注的问题呢？答案是多与业务方沟通，了解业务的重点，业务方要通过这些数据指标体系监控什么问题。当数据分析师清楚这些事情之后，提炼业务过程的数据指标也可以很轻松了。

当然，在现实场景中，注册、登录、商品曝光、点击、加购、成交是几个不同的模块，每个模块都有着复杂的系统和功能。关注这几个大的关键节点可以明确用户转化漏斗，及时观察在哪个环节漏掉的用户较多。举个例子来说，如果通过用户漏斗观察到用户在登录环节流失较多，数据分析师就可以继续梳理用户登录这个节点的所有步骤及其过程指标，以明确具体是哪个环节造成用户流失的。通过对用户登录步骤的拆解及相关指标提炼后，我们发现通过谷歌账号登录的用户急剧减少是造成登录人数减少的重要原因，最终定位到产品上发现版本更新后谷歌渠道登录有 Bug，需要开发人员进行修复。

7.3.3　案例分析：拆解业务流程，明确过程指标

下面通过拆解电商北极星指标 GMV 为例，来拆解业务流程，明确过程指标。

1. 梳理业务流程

如图 7-12 所示，用 OSM 模型进行分析，业务目标（O，Object）已经明确了，即提升用户总成交额（GMV）；现在需要找到达成业务目标的业务过程和行动策略（S，Strategy）。

在 7.3.2 节我们已经使用 App 走了一遍达成 GMV 的流程，即注册→登录→商品曝光→点击→加购→成交六个步骤，这里不再赘述。根据业务过程我们可以将提升 GMV 这个目标转换为提升用户付费路径的转化率，只要提升每一步的用户基数，使得每一步的转化率变高就可以达成提高 GMV 的目标。

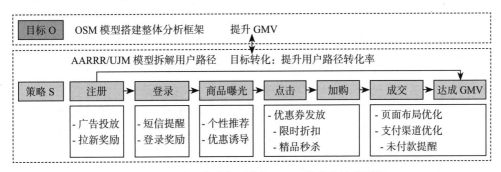

图 7-12　达成电商北极星指标 GMV 的业务流程拆解

2. 明确过程指标

拆解达成北极星指标的业务流程和用户路径，是构建数据指标体系的关键步骤。有

了业务流程和用户路径，数据分析师就可以选择相关的指标对业务流程进行监控了。如图 7-13 所示，我们基于每个流程中业务关注的重点整理了过程指标，涉及从注册到达成 GMV 各个环节的数据指标，从而对业务的整个流程有了全面的监控。

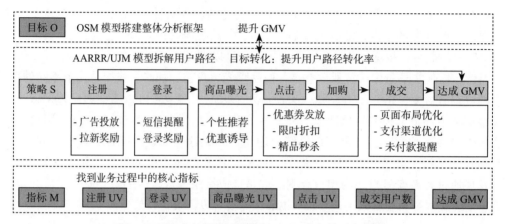

图 7-13　达成电商北极星指标 GMV 业务的过程指标

到这里，我们的数据指标体系有了一定的雏形，但是还不完整，还需要找到这些过程指标之间的关系，并对其进行下钻分级，以构建多层级的数据指标体系。

7.4　指标下钻分级，构建多层级数据指标体系

梳理完业务流程之后，数据分析师就能提炼出达成业务目标的过程指标，同时寻找各个过程指标之间的关系以搭建数据指标体系。这一节将介绍如何利用 MECE 模型找到各个过程指标之间的关系，以构建多层级的数据指标体系。

7.4.1　如何实现指标的下钻分级

简而言之，实现北极星指标的下钻分级就是需要梳理清楚各个过程指标之间的关系。下面介绍其中用到的指导模型以及相关方法。

1. 指导数据指标下钻分级的 MECE 模型

明确了业务目标，找到了北极星指标，并通过梳理业务流程提炼出了达成北极星指标的过程指标之后，数据分析师需要做的是找到过程指标与北极星指标之间的转化关系，以实现将北极星指标向下拆解三到五层，最终实现数据指标体系的分级治理，此处用到的模型是 MECE 模型。

MECE 模型是麦肯锡提出来的，其原则是相互独立，完全穷尽。根据这个原则进行拆分可以暴露业务最本质的问题，帮助数据分析师们快速地定位业务问题。

在 1.4 节已经详细介绍过 MECE 模型，此处不再赘述。

2. 数据指标下钻分级的关键方法

不知道大家有没有发现，当我们梳理出北极星指标，并提炼了过程指标之后，数据指标体系的大体框架已有雏形，但看起来还是有一点散，因为只有过程指标达成北极星指标的路径关系，要是能够加入一些额外的指标，再构建其等式关系那就完美了。

要实现这一步骤，有两种方法，其一是通过添加辅助指标，找到过程指标与北极星指标之间的等式关系；其二是梳理达成过程指标的流程，从而提炼出过程指标的过程指标。

（1）找到过程指标与北极星指标之间的等式关系

那么如何找到过程指标与北极星指标之间的等式关系呢？

这里举个例子来说明：GMV 等于付费用户数与平均客单价的乘积，其中 GMV 是北极星指标，付费用户数是通过梳理用户路径找出来的过程指标，为了找到北极星指标与过程指标之间的等式关系，我们引入了平均客单价这个指标，最终构建了一个等式。同理，对于梳理其他过程指标与北极星指标的关系也可以用同样的方法进行。

那么找到北极星指标和过程指标之后，怎么找到额外的指标得以构建等式关系呢？答案是业务经验，每个行业经过积累都会有属于自己行业内的积淀，对于一些重要指标的拆解也不例外，所以站在前人的肩膀上完成这项工作会容易很多。

（2）梳理过程指标的过程指标

梳理过程指标的过程指标，说起来有点拗口，但理解起来还是比较容易的。举个例子来说，我们梳理了达成 GMV 这个北极星指标的第一个流程是注册，而该流程对应的过程指标是用户注册量。梳理用户注册流程的过程指标也就是将这个流程进行细分拆解，提炼出这些子流程对应的数据指标。

如图 7-14 所示，假设用户注册需要经历填写用户信息、绑定电话号码、绑定社交账号三个步骤，且以完成社交账号绑定作为注册完成的标志，那么作为业务方来说，肯定希望用户填写的信息越完整越好，同时填写信息并绑定手机以及社交账号的用户越多越好，因此根据业务目标可以提炼出达成用户注册量这个过程指标的过程指标分别是完成信息填写的用户数量、绑定电话号码的用户数量以及绑定社交账号的用户数量。

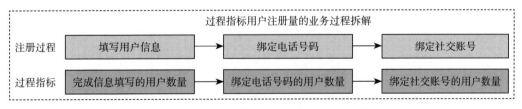

图 7-14　梳理过程指标用户注册量的过程指标

这几个指标相当于过程指标用户注册量的漏斗，当用户注册量发生异动需要进行排查时，即可通过用户注册漏斗进行分析，以查看具体是哪个步骤的用户数量减少而造成的用户注册量减少，最终定位到问题所在。

梳理过程指标的业务流程的方法和梳理北极星指标的业务流程的方法是一样的，自己亲身体验整个业务流程基本都能抽象出过程指标。而在提炼对应的过程指标时，需要遵循 MECE 模型，使得各个过程指标是独立互斥的。

7.4.2 案例分析：完成指标下钻分级

要实现对北极星指标的下钻分级，就需要找到过程指标之间的相互关系，下面我们以电商北极星指标 GMV 为例，演示指标下钻分级的具体实现步骤。如图 7-15 所示，通过加入一些额外的数据指标，即影响每一个过程指标的关键因素，构建了各个过程指标之间的关系网。

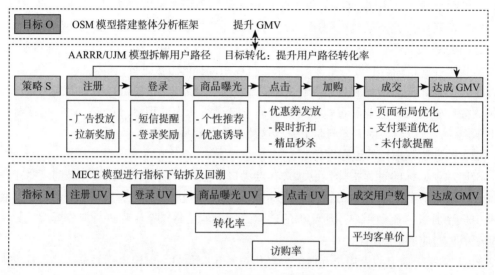

图 7-15 过程指标的下钻分级

上述指标下钻分级的过程是如何实现的呢？原理很简单，就是根据业务过程对 GMV 达成路径中的各个指标之间的转化关系进行梳理。

根据 GMV 的计算公式

$$GMV= 成交用户数 \times 平均客单价 \qquad (7\text{-}1)$$

而其中的成交用户数，可以拆解为

$$成交用户数 = 点击 UV \times 访购率 \qquad (7\text{-}2)$$

将式（7-2）代入式（7-1）可以得到

$$GMV= 点击 UV \times 访购率 \times 平均客单价 \qquad (7\text{-}3)$$

我们知道

$$点击 UV= 商品曝光 UV \times 转化率 \qquad (7\text{-}4)$$

将式（7-4）代入式（7-3）得到

$$GMV= 商品曝光 UV \times 转化率 \times 访购率 \times 平均客单价 \qquad (7\text{-}5)$$

根据以上的过程，我们实现了对北极星指标 GMV 的下钻分级，最终可以形成图 1-11

所示的三级数据指标体系。

到这里我们已经将北极星指标 GMV 进行三级回溯拆解，形成了分级治理的数据指标体系。但并没有结束，像商品曝光、点击 UV 等这些指标还可以继续向下拆解，例如，以渠道为维度，还可以分为谷歌渠道商品曝光 UV，华为渠道商品曝光 UV 等，在具体的工作场景中可以进行适当的调整和向下拆解。

7.4.3 案例分析：数据分析培训机构的北极星指标课程收入拆解

下面我们以数据分析培训机构的北极星指标课程收入为例，按照 OSM 模型对其进行拆解，以构建完整的数据指标监控体系。

如图 7-16 所示，我们按照 OSM 模型梳理了数据分析培训机构的数据指标体系，以课程收入作为北极星指标的培训机构想要提升该指标，可以通过提升新用户的付费转化率以及老用户的付费率从而实现课程收入的提升，于是数据分析师需要梳理新老用户进行课程付费的整个行为路径，以找出影响北极星指标的过程指标。对于新用户来说，用户转化路径稍微长一些，用户通过公众号广告等媒体渠道获得课程引流信息，注册成为新用户并参加线上引流课程，再对这些新用户进行转化使之成为付费用户，从而提升课程收入；而对于老用户来说，只要通过运营活动提升老用户的续费率，即可达到提升课程收入的目的。根据用户行为路径，我们梳理了关键的过程指标，包括引流用户数、新用户数、引流用户数、老用户数以及付费用户数等。

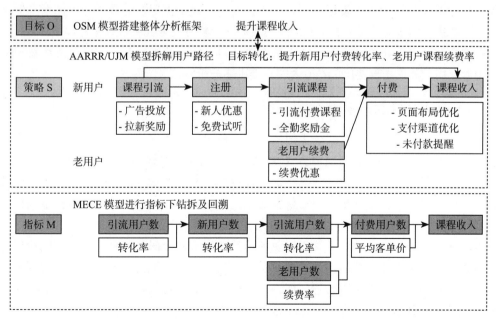

图 7-16 用 OSM 模型拆解数据分析培训机构北极星指标以构建数据指标体系

有了相关的过程指标，想要形成数据指标体系当然少不了指标的下钻分级，于是我们需要对各个过程指标之间的关系进行梳理，梳理结果如图 7-17 所示。至此，关于数据分析培训机构课程收入相关的三级数据指标体系就构建完成了。

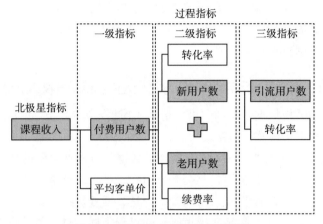

图 7-17 课程收入指标的三级拆解

7.5 添加分析维度，构建完整的数据指标体系

确定了北极星指标，业务的发展方向也就有了目标；梳理了业务流程，就明确了达成北极星指标的路径；完成了指标的下钻分级，也就构建了多层级的数据指标体系。但是到这里，数据指标体系仍然不完整，我们还需要添加分析维度来完善数据指标体系。

第 6 章已经详细介绍过数据指标体系构建过程中常见的维度及其维度分析在数据指标体系中的应用，此处不再赘述，本节内容直接讲述分析案例。

7.5.1 数据指标体系的维度概述

添加分析维度，能够让数据分析师从更多的角度拆解数据指标以定位数据异动。大部分情况下，分析维度是和业务场景强相关的，需要按照业务的实际情况添加合适的维度。有时候为了满足业务需求，也会考虑将定量指标按照一定的规则进行数据分箱，从而转化为分析维度。例如，为了衡量用户的付费能力，数据分析师可以将用户的消费金额按照一定的规则进行分箱处理，以此分类不同消费能力的用户。

维度并不是随意选择的，需要根据业务场景选择最适合的几种分析维度，以达到边际效应最大化。这也意味着维度的选择并不是越多越好，合适最为重要。数据分析师可以遵循如下的原则判断该维度是否合适，即多了这个维度对数据指标有什么好处，少了这个维度又对该指标有什么损失；如果增加该维度能够更加全面地说明数据指标，则留下它，以后在数据异动排查中该维度可能会有大用处；如果多了该维度对数据指标没有任何影响，那就果断舍弃这个维度。

7.5.2　案例分析：电商北极星指标 GMV 的分析维度

无论什么业务场景，用户都是首位的，有用户才有流量，有流量才能进行后续的用户转化，因此从用户层面添加分析维度是较为重要的。我们可以将用户分为新用户和老用户，老用户又可以根据不同的业务需要分为上一个 DAU 留存的用户、七天前回流的用户以及其他不同的类型。在电商 GMV 的案例中，在用户层面我们仅添加新、老维度，不再对老用户进行细分。

对于电商来说，用户发现商品的场景位置也是极为重要的，通过监控和分析用户发现心仪商品的场景位置，能够帮助数据分析师发现用户转化的重要节点，从而辅助运营人员策划相应的运营活动提高用户付费转化率。而对于场景位置，我们可以将其分为活动 Banner、开屏广告、首页推荐以及其他位置等不同的维度。

除此之外，电商经常会有各类大促销活动，例如每年的 618 大促、双 11 大促等，而促销对 GMV 有着较大影响。所以从时间维度对其进行分类也是十分必要的，可以将其分为促销前、促销中以及促销后三个不同的阶段。

另外，用户的来源渠道能够帮助数据分析师评估渠道质量、渠道转化率等，这些数据指标能够辅助运营人员选择优质的渠道进行用户拉新、促活、转化等操作，从而提升 GMV。我们可以将来源渠道分为异业合作（头条广告、知乎广告等）、短信提醒、站内消息等不同的维度。

当然，也可以加入例如区域、性别、年龄等基础维度，不同的地域有不同的文化，以至于对商品的偏好也是有一定差异的，性别和年龄同理。

经过上述分析，我们将电商北极星指标 GMV 的分析维度总结如图 7-18 所示。

图 7-18　电商北极星指标 GMV 的分析维度

最后，我们将上述分析维度添加到前面构建完成的多层级的数据指标体系中，就能完成一套完整的数据指标体系，如图 7-19 所示。

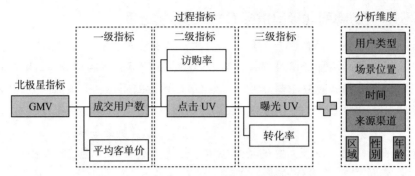

图 7-19 电商 GMV 完整的数据指标体系

数据指标体系方法论的案例实践

第 7 章我们介绍了构建数据指标体系的通用方法论，那么在实际业务场景中如何运用这些方法论构建数据指标体系，以监控业务发展呢？这一章将基于第 7 章介绍的方法论，给出多个实践案例以实际体验数据指标体系的梳理和规划。

8.1 案例：以职场在线教育为例实践数据指标体系构建

用户的注册转化是每个 App 在初期必经的阶段，获取高质量的用户并通过运营活动使用户活跃、留存，成为 App 的黏性用户，最终引导用户完成付费并向好友推广，这是一个完整的用户生命周期。如何梳理用户生命周期各个环节的数据指标体系就是本节的重点，

我们会以职场在线教育 App 的用户注册转化为例实践数据指标体系构建，其结果也可以作为一个通用的数据指标体系模板，稍加改动就能运用到各类 App 的用户注册转化场景中。

8.1.1 业务场景介绍

某 App 专注于为职场人提供相关学习课程和日常刷题服务，其商业模式如图 8-1 所示，该 App 主要通过在各大内容社区中找到细分领

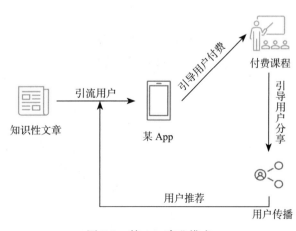

图 8-1 某 App 商业模式

域的关键意见领袖（KOL），并在其发表的知识性文章当中嵌入 App 引流链接，为 App 引流从而获取新用户；当用户进入 App 后通过一系列的运营手段使得用户活跃、留存，并完成付费破冰；同时会引导用户对相关课程进行分享以获得更多的新用户，从而实现商业闭环。

基于以上商业模式，根据 AARRR 模型可以梳理出一套较为通用的数据指标体系，下面按照第 7 章提供的方法论对该业务场景下的数据指标体系进行梳理。

8.1.2　4 个步骤实现数据指标体系构建

基于 8.1.1 节提到的业务场景，我们通过以下 4 个步骤实现数据指标体系的构建。

1. 明确业务目标，梳理北极星指标

如图 8-2 所示，该 App 主要是通过知识性文章引流用户，并通过各种运营活动引导用户活跃、留存，最终完成付费。对于用户来说，通过付费课程的学习积累了知识，提升了职场竞争力；而对于 App 来说，用户对课程的付费实现了 App 的收入增长，从而持续产出优质的课程以形成良性循环。

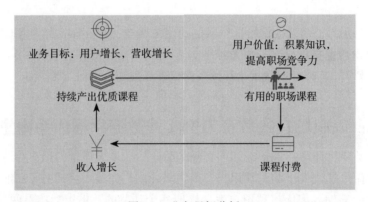

图 8-2　业务目标分析

北极星指标与业务的发展阶段有较大的关系，数据分析需要结合业务的发展阶段以设置合适的数据指标，业务发展阶段的判定方法可以参考 7.2.3 节的内容。

- 当 App 处于启动期，注册用户数量（UV）、页面访问量（PV）等可以作为北极星指标。
- 当 App 处于成长期，优质活跃用户数量可以作为北极星指标。
- 当 App 处于成熟期，付费相关指标如 GMV，可以作为北极星指标。

假设目前该 App 处于发展期和成熟期的过渡阶段，该业务场景下的业务目标是实现用户增长并提升课程营收，北极星指标是课程收入，也可以叫作课程的总成交额，即 GMV，但要达成 GMV 需要有足够的用户基础和有效的用户转化，因此优质活跃用户数量会作为北极星指标的辅助指标。

在北极星指标不太明确的业务场景下，数据分析师还可以根据 7.2 节介绍的方法逐步梳理出业务北极星指标。

其实，7.4.3 节已经对 GMV 这个指标做了拆解，但为了使这套数据指标体系更加全面且通用，这一节我们会基于 AARRR 模型加上一些较为重要的指标，使这套数据指标体系成为可以适用于大多数业务场景的通用数据指标体系。

2. 梳理业务流程，明确过程指标

基于业务场景，我们对用户达成北极星指标的业务路径进行拆解，以明确过程指标。此处，基于 AARRR 模型对北极星指标课程 GMV 进行拆解，即将最主要的业务目标拆解为各个子目标。如图 8-3 所示，如果需要提升课程 GMV，就需要提升 AARRR 模型的转化率，具体到每一个步骤就是提高该步骤的用户数量，例如对于用户获取阶段来说，就是提升新用户数量；对于激活阶段来说，就是提升用户活跃率。有了足够大的用户基数和活跃用户的沉淀，加上运营手段的转化，从而提升用户付费率和推广率。

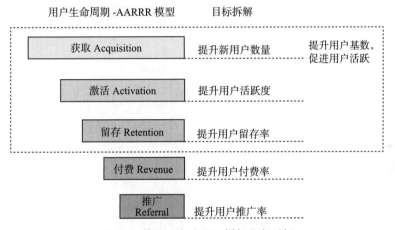

图 8-3　梳理业务流程，拆解业务目标

根据业务路径拆解了业务目标后，我们也就明确了过程指标，如图 8-4 所示，即新用户数量、（日、周、月）活跃用户数量、留存用户数量、付费用户数量以及分享用户数量。

3. 指标下钻分级，构建多层级数据指标体系

北极星指标能够指示业务发展方向，监控业务现状，如果该指标一直保持平稳上升的状态，则说明业务一直向好。但如果该指标出现下跌的情况，就需要排查过程指标，或二级指标、三级指标。因此，明确过程指标之后，我们需要对过程指标进行下钻分级，以建立更加完整的数据指标体系。最终我们得到如图 8-5 所示的结果。

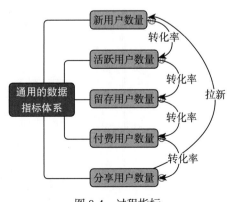

图 8-4　过程指标

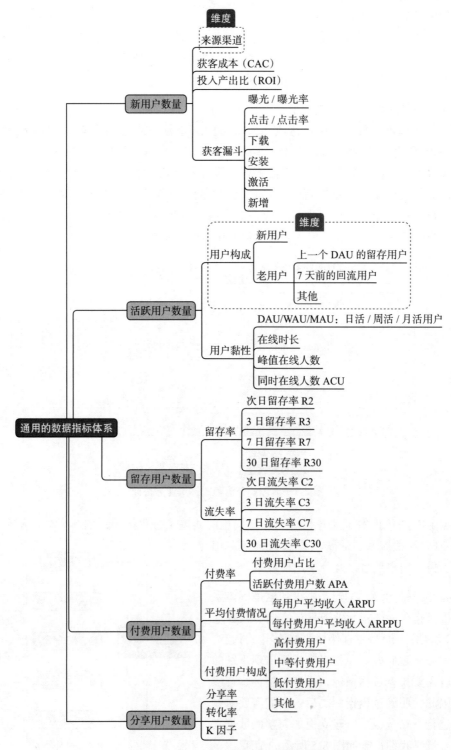

图 8-5 通用的数据指标体系三级拆解

当然，不同的业务场景，数据指标体系也会有一定的变化，此处只提供一个较为通用的数据指标体系模板。

4. 添加分析维度，构建完整的数据指标体系

完成数据指标的下钻分级之后，就需要为其添加分析维度，以完善数据指标体系。此处的业务场景和 7.5 节给出的案例类似，最终都是转化为提升 GMV 的相关问题，因此其分析维度也几乎是一致的，可以是用户类型、来源渠道、设备信息、时间周期、区域、性别、年龄等。当然数据分析师在具体的场景中，可以根据业务需求和分析需要对选择的维度进行一定的调整。

8.1.3　数据指标体系如何辅助业务目标实现

能够服务于业务的数据指标体系才是好的数据指标体系，北极星指标 GMV 与过程指标之间的关系我们在 7.4.3 节已经做过介绍。如图 8-6 所示，要提升课程 GMV 就需要提升付费用户数量，而付费用户数量由活跃用户转化而来。总而言之，GMV 提升要有足够多优质的活跃用户作为基础才能实现，所以此处我们从活跃用户入手进行分析。

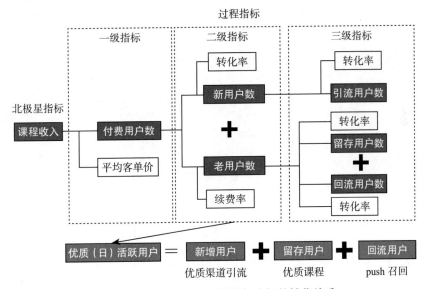

图 8-6　北极星指标与过程指标之间的转化关系

活跃用户由新（活跃）用户和老（活跃）用户组成，提高新（活跃）用户的转化率和老（活跃）用户的续费率就能提升 GMV；而老用户又可以拆解为留存用户和回流用户，通过优化课程质量提升用户留存以及 push 召回等运营手段可以分别提升留存用户数量和回流用户数量，从而提升老用户基数及其转化的可能性。

8.1.4 构建数据指标体系的过程总结

此处我们简单回顾一下构建通用数据指标体系的过程。如图 8-7 所示，首先根据业务场景提炼业务目标，明确北极星指标；其次，通过 AARRR 模型拆解用户路径，明确过程指标；之后，对过程指标进行下钻分级；最后，添加分析维度，形成完整的数据指标体系。需要注意的是，过程指标依赖于用户路径，用户路径是和业务场景以及业务策略具有强相关性的。换句话说，不同业务场景下达成北极星指标的策略不同，用户路径拆解以及提炼出来的数据指标也会有一定差异。数据指标体系的构建要基于业务场景展开，符合业务需要的数据指标体系才是好的数据指标体系。

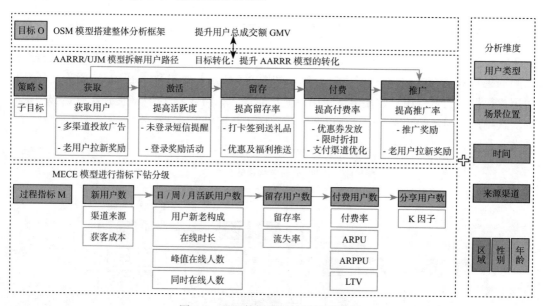

图 8-7 通用数据指标体系构建过程

8.2 案例：以电子阅读工具为例实践数据指标体系构建

随着移动互联网的发展，电子阅读工具作为工具类产品的一种，满足了人们碎片化阅读的需求。这一节将基于电子阅读工具展开，介绍工具类产品的数据指标体系搭建，以实践第 7 章总结的方法论。

8.2.1 业务场景介绍

电子阅读是指利用手机、平板等移动终端设备阅读电子书籍、网文的行为。其本质是内容消费，而电子阅读工具实质上也是一个内容平台。如图 8-8 所示，某电子阅读工具通过与出版社以及网文作家（后面统称版权方）合作，收录不同品类、不同主题的书籍、网文以构建丰富的电子阅读资源，当电子阅读资源产生收益时，平台以版权分成的形式给予版权方一定的收益；同时该电子阅读工具将内容分发给用户，用户可以利用碎片化时间对内容进行消费，用户在消费内容的同时可能会对优质内容进行付费或者通过观看广告获得付费内容解锁权限，从而为电子阅读平台创造营收；而用户完成阅读之后也会对书籍、网文进行反馈，参与到口碑传播的行动中。

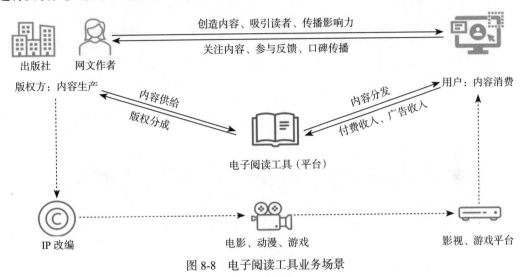

图 8-8　电子阅读工具业务场景

　　版权方、电子阅读工具以及用户在上述的商业模式中达到了动态平衡，版权方和电子阅读工具收获现金流，而用户通过碎片化阅读消磨了空闲时光，获得了知识的增长。除此之外，电子阅读平台还能撬动巨大的下游市场，例如，下游产业对书籍、网文进行 IP 改编，从而形成对应的电视剧、电影、游戏、动漫等不同形式的作品，以提供用户不同形式的文化内容消费。

8.2.2　4 个步骤实现数据指标体系构建

　　经过对业务场景的介绍，我们了解了该电子阅读工具的上下游产业链及其商业模式，但在梳理数据指标体系时我们还是会回归电子阅读工具本身，其上下游产业相关的数据指标体系不作具体分析。

1. 明确业务目标，梳理北极星指标

　　明确业务目标，梳理北极星指标是搭建数据指标体系的第一步，这一部分内容我们会通过 7.2 节介绍的寻找北极星指标的方法论逐步寻找符合业务现状的北极星指标。

　　该电子阅读工具要解决用户想要随时随地利用碎片化时间读书的诉求，目前处于成长期与成熟期的拐点，用户的留存和变现是该阶段较为重要的目标。基于该阶段的留存与变现目标，我们回归业务本身，梳理达成业务目标的产品功能。如图 8-9 所示，该电子阅读工具为了实现用户增长，提升营收，主要设计了两个不同的产品功能：其一是设置付费章

节，用户通过付费解锁 VIP 阅读权限；其二是通过分享感兴趣的书籍链接获得好友助力，以解锁 VIP 阅读权限。前者实现了营收增长的目标，后者实现了用户增长的目标，而用户的增长又能带来更多的新用户和持续的收入，从而形成业务目标与用户价值的闭环。

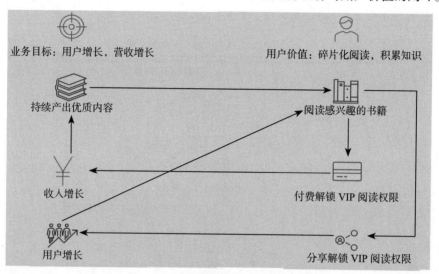

图 8-9　梳理达成业务目标的产品功能设计

　　基于业务目标与产品功能，数据分析师需要思考哪些数据指标可以作为北极星指标的备选指标以满足上述的业务闭环要求。如图 8-10 所示，我们梳理了 5 个可能成为该电子阅读工具北极星指标的备选指标，分别是活跃用户数量、读书用户数量、付费用户数量、阅读书籍数量与阅读时长。

图 8-10　北极星指标的 5 个备选指标

（1）为什么这 5 个数据指标会成为北极星指标的备选？

　　用户和流量是互联网产品的基础，对于该电子阅读工具来说也是同样的，而活跃用户数量这个指标恰好能够衡量产品的用户和流量大小，活跃用户数量越多，有效的用户基数也就越大，即认可产品的用户也就越多，则能够被转化为付费用户的基数也就越大，分享

App 进行口碑传播的可能性也就越高，因此该指标可以作为北极星指标的备选指标。

读书用户数量和活跃用户数量一样，是用户付费转化以及口碑传播的基础，读书用户越多，则能感受到产品价值的用户就越多，也就意味着有更多的用户可以转化为付费用户以达成营收目标。作为北极星指标的备选指标，读书用户数量相比活跃用户数量来说更有优势，因为读书用户数量这个指标指向了体验过产品核心功能的用户，而活跃用户数量可能仅仅是登录过该电子阅读工具的用户，当然这也取决于各个公司对于活跃用户的定义。

而对于付费用户数量来说，用户能够为电子阅读工具付费，说明用户认可该阅读工具的价值，从阅读中也收获了自身的价值。对于该阅读工具来说，用户付费使其获得持续的收入，以达成营收目标，因此该指标也可以作为北极星指标的备选指标。

同样的，阅读书籍的数量也能反映用户对于电子阅读工具的认可，用户阅读的书籍数量越多，则其对阅读的兴趣越浓，那么进行持续阅读的可能性也就越大，进而将其转化为付费用户的概率以及引导其进行分享推广的可能性也就越大，以此能够达成用户增长和用户付费的目标。

最后，阅读时长衡量了用户沉浸式阅读时间的长短，时长越长用户从该阅读工具中获得的知识和价值也就越多，从而用户的信任感和忠诚度有也就越高，对其进行付费转化和口碑传播引导的可能性也就越高。

（2）到底选哪个指标作为北极星指标呢？

其实分析到这里，我们已经梳理了产品功能以及相关的数据指标，要最终确定北极星指标当然需要根据 7.2.2 节提供的 4 个评价标准依次评价候选指标，以选出最合适的指标作为业务的北极星指标。如表 8-1 所示，我们列举了 5 个候选指标是否满足北极星指标的评价标准。

表 8-1　评价 5 个候选指标是否满足北极星指标的评价标准

评价标准	活跃用户数量	读书用户数量	付费用户数量	阅读书籍数量	阅读时长
是否与商业模式直接相关	否	是	是	是	是
是否能够反映用户认可度	是	是	是	是	是
是否能够影响用户行为（先导性指标，而非滞后性）	否	否	否	是	是
是否简单直观、容易获得且可拆解	是	是	是	是	是

该电子阅读工具的商业模式是通过为用户提供海量书籍的阅读服务，以引导用户购买VIP 阅读权限获得付费收入；或者引导用户分享内容，从而使平台实现用户增长。而活跃用户数量与其商业模式没有直接关系，因为活跃用户并不能直接达成用户付费或者增长的目标，还需要进行一系列的用户运营才能对其进行转化以实现业务目标。

而对于指标能否影响用户行为这一条评价标准，其实也就是说这个指标须是先导性指标，而非滞后性指标，才能成为北极星指标。对于活跃用户数量、读书用户数量以及付费用户数量这 3 个指标来说，它们属于滞后性指标，并不能影响用户行为。其原因是，当数据分析师观察到这 3 个指标下降时，活跃用户数量、读书用户数量以及付费用户数量的下降已经发生，即用户数量减少的事实已经存在，这时候用户可能已经流失，再想要挽回这部分用户可能为时已晚，或者说需要花费更多的人力、物力。而阅读书籍数量和阅读时长就不一样，它们属于能够影响用户行为的先导性指标，因为当用户阅读书籍的数量或者时长下降，意味着用户有流失的风险，采取一定的运营手段这些用户的阅读书籍数量以及阅读时长可能就提升了。因此，阅读书籍数量和阅读时长是能够影响用户行为的先导性指标，能够起到预警作用。

通过以上的分析，我们进一步在 5 个指标中确定了阅读书籍数量以及阅读时长可以作为北极星指标。那在这两个指标中，选择谁作为北极星指标更合适呢？这当然又要回到业务本身进行分析。

虽然说阅读书籍的数量以及阅读时长都满足北极星指标的四条标准，但阅读书籍的数量从一定层面上来说是一个虚荣指标。如果用户点开一本书就将其记录为阅读书籍数量的话，显然是不科学的，这里的"点开"包括仔细阅读、因感兴趣点开看看以及误触等多种情形。但不可否认的是这个指标对于电子阅读的业务场景也是极为重要的，如果非要用该指标作为北极星指标的话也不是不可以，加上一个表示该指标状态的修饰词可能会合适一些，即完整读完的书籍数量。其实，该电子阅读工具可以算作一个内容型的工具类产品，无论是业务方还是数据分析师都希望用户在产品内活跃的时间更长，而用户活跃的时间更长也就意味着用户完整阅读的书籍数量也就越多。所以说，从一定层面上来看，阅读时长这个指标是包含了用户完整阅读的书籍数量的。因此，阅读时长更适合作为该电子阅读工具的北极星指标。

（3）寻找北极星指标的过程梳理

基于以上的分析我们最终确定了电子阅读工具的北极星指标，当然以上的分析都是基于 7.2 节介绍的方法论。如图 8-11 所示，在此业务场景中，我们基于付费解锁 VIP 阅读权限以及分享解锁 VIP 阅读权限两个不同的功能，梳理了活跃用户数量、读书用户数量、付费用户数量、阅读书籍数量以及阅读时长 5 个不同的候选指标，通过北极星指标的四条评价标准以及业务实际，最终确定阅读时长是可以指示用户增长以及营收增长的北极星指标。

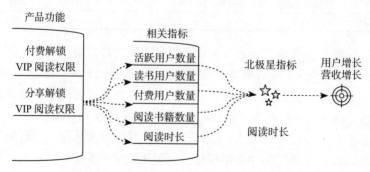

图 8-11 寻找电子阅读工具北极星指标的框架图

2. 梳理业务流程，明确过程指标

明确了该电子阅读工具的北极星指标为阅读时长之后，数据分析师就需要梳理用户达成北极星指标的路径。梳理的方法也很简单，打开该电子阅读工具，把自己当成产品的用户，体验要达成一定的阅读时长需要在该电子阅读工具中经历哪些步骤。而这些步骤就是用户行为路径，将其抽象为数据指标，就是我们所说的过程指标。

按照上述的方法，我们梳理了用户行为路径，如图 8-12 所示，想要提高用户的阅读时长，就需要提高用户的转化漏斗。下载 App、注册账号、登录 App 是较为常规的路径，在8.1 节已经作过详细分析，此处不再赘述。我们主要关注电子阅读工具的核心业务场景——首次阅读书籍以及持续阅读书籍。用户首次使用该电子阅读工具时，可以通过首页书籍推荐、首页搜索书名、书城分类 / 榜单 / 书单以及发现朋友在读等多个模块找到自己感兴趣的书籍，然后加入书架完成首次阅读。为了实现用户留存，让用户的持续阅读书籍，该电子阅读工具也推出了多项运营手段，例如通过付费解锁 VIP、分享邀请链接解锁 VIP、观看广告解锁 VIP 以及阅读时长兑换 VIP 等多种方式激励用户持续读书。

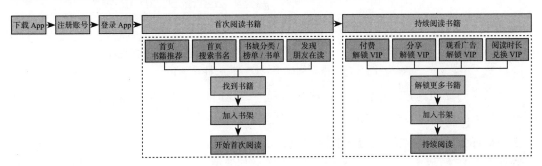

图 8-12　用户行为路径梳理

理清了用户行为路径，其中的过程指标也就能提炼出来了，如图 8-13 所示，同时我们还梳理了各个指标之间的转换关系。

3. 指标下钻分级，构建多层级数据指标体系

基于过程指标，接下来梳理过程指标的过程指标，以完成指标的下钻分级。其实在图 8-13 中，我们就已经梳理了过程指标的过程指标，此处我们将其整合到数据指标体系当中，得到如图 8-14 所示的结果，下载 App 的用户数量、新用户数量、活跃用户数量的拆解和 8.1 节介绍的案例大同小异，此处不再赘述。

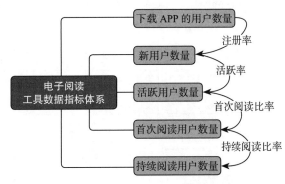

图 8-13　电子阅读工具过程指标梳理

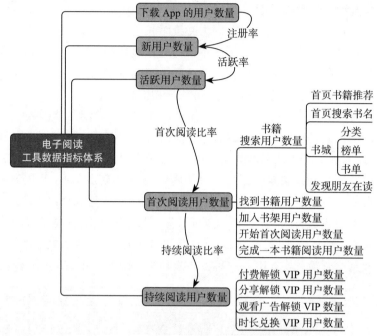

图 8-14 电子阅读工具数据指标体系构建

在电子阅读工具数据指标体系的构建过程中，我们将用户达成过程指标的过程进行了梳理，拆解出过程指标的过程指标，最终完成数据指标体系的下钻分级。

4. 添加分析维度，构建完整的数据指标体系

如图 8-15 所示，电子阅读工具的分析维度与其他类型的产品大致上是一样的，例如用户类型 / 等级、性别、年龄、来源渠道、区域、设备系统等。除此之外，对于电子阅读工具来说，用户阅读的书籍类型也是较为重要的分析维度，该维度结合其他数据指标可以用来分析用户的阅读行为偏好，为后续的用户转化提供强有力的数据支持。

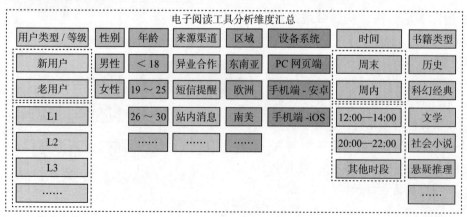

图 8-15 电子阅读工具分析维度汇总

8.2.3　数据指标体系如何辅助业务目标实现

数据指标体系的作用是辅助业务目标实现，在此案例中是提升用户阅读时长，这需要找到过程指标与北极星指标之间的转换关系。

其实基于用户路径拆解得到了数据指标体系后，我们就已经梳理出了过程指标与北极星指标之间的转换关系，如图 8-16 所示。根据转化路径，如果要提升用户阅读时长就需要减少用户转化漏斗中各个环节漏掉的用户数量，而当用户阅读时长降低时数据分析师也可以根据该转化漏斗排查到底是哪一个环节出了问题。

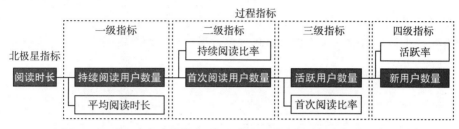

图 8-16　基于用户路径梳理过程指标与北极星指标之间的转换关系

除了基于用户路径梳理过程指标与北极星指标之间的关系的方法之外，数据分析师也可以根据业务需要，通过维度分析的方法梳理过程指标与北极星指标之间的转换关系，从更加多维的层面辅助业务目标的实现。如图 8-17 所示，我们将阅读时长拆解为每日阅读用户数与每日人均阅读时长的乘积，接着按照每日阅读用户的类型将其拆解为每日首次阅读用户数和每日持续阅读用户数，进而继续按照用户路径漏斗对其进行拆解，最终添加上常见的分析维度，例如，对于下载 App 的用户数量添加来源渠道维度，对于首次阅读用户数量添加书籍类型维度。

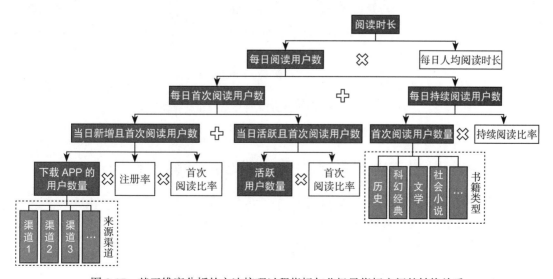

图 8-17　基于维度分析的方法梳理过程指标与北极星指标之间的转换关系

当然，以上转换关系的梳理并不是唯一的结果，此处只是提供一定的分析思路，在具体业务场景中，数据分析师可以根据具体需求梳理出其他形式的转换关系，以实现对业务数据的监控。

8.2.4 构建数据指标体系的过程总结

这里回顾一下为电子阅读工具构建数据指标体系的全过程。如图 8-18 所示，基于该电子阅读工具的生命周期以及业务目标我们确定了其北极星指标为阅读时长；为了提升用户阅读时长这个指标，我们拆解了用户行为路径，将业务目标分解为提升用户行为路径的转化，并梳理了用户路径转化的关键步骤；而后根据用户行为路径提炼用户达成北极星指标的过程指标，并通过 MECE 原则拆解过程指标；最后，添加合适的分析维度，形成最终的数据指标监控体系。

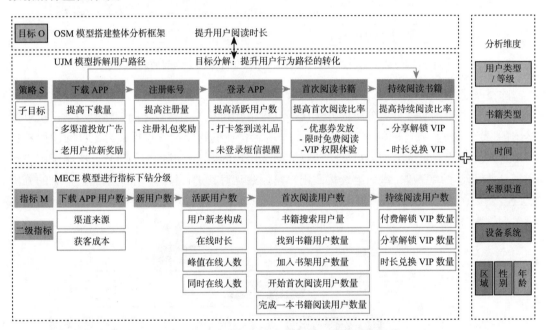

图 8-18 电子阅读工具数据指标体系构建过程总结

8.3 案例：以图文内容社区为例实践数据指标体系构建

图文内容社区是内容类产品和社区类产品的结合，既包括了内容类产品的特点，又包括了社区类产品的特点。虽然在第 5 章我们已经分别介绍过了这两类产品需要关注的数据指标，此处我们以图文内容社区为例实践数据指标体系的构建。

8.3.1　业务场景介绍

某产品是一个专注于做图文内容社区的平台，该平台为用户提供一个知识交流的空间，10 年间已经积累了海量用户，在垂直类产品独占鳌头，目前处于成长期和成熟期的拐点阶段。其主要业务场景如图 8-19 所示，当用户遇到或者想要讨论某个问题就可以在内容社区进行提问；平台审核问题之后就会将其推送给相关领域的创作者，回答者回答问题以建立自己的行业影响力。提问者和回答者作为内容生产者产出内容，而大部分用户是以内容消费者的身份存在，在内容社区浏览内容以"杀时间"。提问者、回答者以及其他浏览者在相关问题下产生良性交流、互动讨论从而形成一个良好的内容社区氛围。

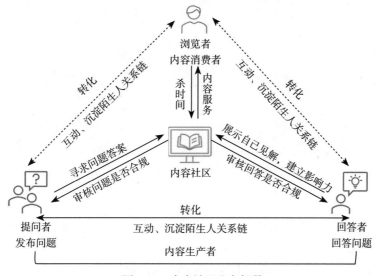

图 8-19　内容社区业务场景

根据上面的分析，我们可以看出内容社区类的产品是内容类产品和社交类产品的有机结合体，既包含了内容类产品通过内容为用户提供价值的特点，又包括了社交类产品通过内容、互动以沉淀陌生人关系链的特点。

基于以上业务场景，我们同样用第 7 章提到的方法论，为该内容社区构建一套数据指标体系。

8.3.2　4 个步骤实现数据指标体系构建

同样地，此处我们依然会通过业务目标梳理北极星指标；对达成北极星指标的用户行为路径进行拆解，梳理过程指标；然后进行指标的下钻分级，构建多层级的数据指标体系；最后，添加分析维度，构建完整的数据指标体系。

1. 明确业务目标，梳理北极星指标

在 8.3.1 节中，我们介绍了该产品处于发展的成长期和成熟期的拐点，所以用户拉新已

经不再是该阶段的业务目标。对于处于成长期和成熟期拐点的产品来说，优质的活跃用户以及商业变现是该阶段的关键目标。如图 8-20 所示，我们汇总了该产品的业务目标与用户价值的商业闭环，该产品为了实现社区活跃和营收增长，需要有足够多的优质活跃用户发布问题和回答问题，以产生更多的内容互动，从而实现广告、带货等多种方式的用户转化，进而实现收入增长，最终投入更多的运营活动，继续提升内容社区的活力。

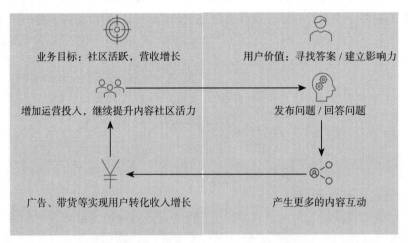

图 8-20　业务目标与用户价值的商业闭环

那如何去定义优质活跃用户呢，有哪些指标可以表征优质活跃用户，且可以作为北极星指标呢？我们找出了几个备选指标，包括阅读用户数、阅读时长、内容阅读数、内容创作数、用户互动数。

（1）为什么会这 5 个指标会成为北极星指标的备选指标呢？

阅读用户数衡量的是参与图文内容社区内容阅读的用户数量，用户作为内容消费者参与了内容社区的核心功能，便可以算作优质活跃用户。参与内容阅读的用户越多，说明用户越活跃，其对于内容社区的认可度越高。

同理，阅读时长也能作为衡量用户活跃度的指标，作为内容社区类产品，用户阅读时长越长，则说明用户黏性越高，用户价值也就越大。

和阅读时长相对应的数据指标是内容阅读数，同样地，用户阅读的内容数量越多，其对内容社区的认可度也就越高。

前面 3 个指标都是从内容消费者的角度出发，而内容创作数量这个指标则是从内容生产者的角度出发，衡量创作者的内容创作力。如果说内容阅读是一种半主动半被动的行为，那么内容创作则是一种主动的行为，用户能够参与内容创作则说明其对产品的认可度较高。

虽然说以上四个指标都能成为北极星指标的备选指标，但它们描述的分别是内容消费者以及内容生产者，如果有一个指标能够把二者结合在一起就再完美不过了。刚好用户互动这个指标实现了这个诉求，此处的互动既包括提问者发布问题，也包括创作者回答问题，当然也包括浏览者与对问题的关注、邀请其他用户回答，以及对回答内容的点赞、喜欢、收藏和评论等行为。内容消费者的点赞、评论、转发是对内容生产者的肯定。内容社区的良性互动有利于形成和谐氛围，让用户在其中收获价值，从而拥有更高的黏性。

（2）我们到底选哪个指标作为北极星指标呢？

我们通过评价北极星指标的 4 个评价标准依次评价筛选出的 5 个候选指标，其结果如表 8-2 所示。

表 8-2　评价 5 个候选指标是否满足北极星指标的评价标准

评价标准	阅读用户数	内容阅读数	阅读时长	内容创作数	用户互动数
是否与商业模式直接相关	否	否	是	是	是
是否能够反映用户认可度	是	是	是	是	是
是否能够影响用户行为（先导性指标，而非滞后性）	否	否	是	是	是
是否简单直观、容易获得且可拆解	是	是	是	是	是

具体的分析思路不再赘述，可以参照 8.2.2 节对这几个指标逐一分析。这里的阅读时长、内容创作数以及用户互动数 3 个指标都满足北极星指标的评价标准，到底选择哪个作为北极星指标呢？

其实很多情况下，多个北极星指标共同指引业务发展也是较为常见的。阅读时长和内容创作数从内容消费和内容生产两个不同的层面反映业务问题，而用户互动数则综合了内容消费和内容生产两个层面，因为既需要有足够多的内容生产者产出足够多的优质内容，也需要有足够多的内容消费者消费内容，才会产生互动。因此如果只需要一个北极星指标，用户互动必然是最优选择；但如果需要多个北极星指标共同指导业务发展，用户互动数量可以作为主要的北极星指标，其他两个则可以作为次要的北极星指标。

2. 梳理业务流程，明确过程指标

确定了该内容社区的北极星指标为用户互动数之后，我们对业务流程进行梳理。如图 8-21 所示，在内容社区层面，平台承担了内容审核、相关推荐的职责，内容漏斗及其在该过程中需要关注的数据指标在已经在 5.2 节做过详细介绍，此处不再赘述。而在用户层面，我们可以将其大致分为三种不同类型的用户，分别是提问者、浏览者以及回答者，提问者和回答者为内容生产者，而浏览者为内容消费者，用户的三种类型是可以相互转换的。当提问者提出的问题通过审核之后就会获得展示，同时内容社区会通过一定的推荐算法将相关问题推送给可能回答该问题的用户；而回答者接收到自己专业领域的问题后，开始撰写回答内容，通过平台审核后推送给相关用户；而对于绝大多数用户来说，内容社区是一种"杀时间"的工具，用户大部分时间会以浏览者的身份存在，对于自己感兴趣的问题进行点赞、关注，或是邀请专业人士回答，或是自己回答，而看到自己喜欢的回答时，在阅读完之后，进行点赞、喜欢、评论、转发等关键行为的操作以达成用户互动。

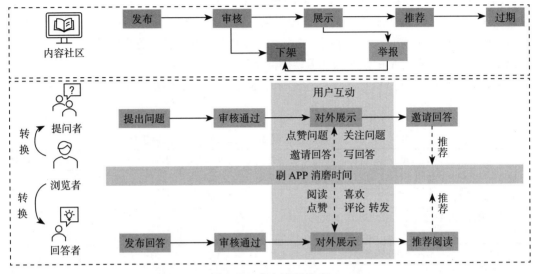

图 8-21 业务流程梳理

经过上述的分析，我们发现不只是在平台层面的内容审核存在漏斗；在用户层面，用户的互动也存在漏斗，这个漏斗的转化率是影响用户互动数的关键因素。无论对于内容生产者还是对于内容消费者来说，互动转化漏斗都是基本一致的，但是数据分析师在内容生产层面和内容消费层面关注的重点是不太一样的。内容生产者会更加关注他们的创作力、影响力、发文质量以及行为健康度，因为优质且持续的创作是带来用户互动的基础。而内容消费者则会更在意其互动数，也称作行为参与度，要达成用户互动，内容消费者需要阅读完相关的文章且对文章有一定的情感偏好。除此之外，内容消费者的浏览广度和浏览时长也是数据分析师较为关心的，因为用户浏览内容越广、浏览时间越长，用户黏性就越高，用户发生互动的概率也就越大，也可以说内容浏览广度和时长是用户互动产生的基础。因此，基于以上的过程分析，我们将该内容社区的过程指标梳理如图 8-22 所示。

3. 指标下钻分级，构建多层级数据指标体系

完成了过程指标的梳理，需要对过程指标进行下钻分级，以构建完整的数据指标体系。换句话说，明确了过程指标之后，需要对过程指标进一步拆解，从而梳理出二级指标、三级指标，以便数据异动时方便排查。图文内容社区的数据指标体系下钻分级的结果如图 8-23 所示。在内容侧，我们对内容发布量和展示量的过程指标进行了下钻分级，主要从内容主题分布和内容垂类分布来评价内容发布和展示的数量和丰富度。其实，从更准确的意义上来说，内容主题分布和内容垂类分布是分析维度。在用户侧，我们分别对内容生产者和内容消费者相关的过程指标进行下钻分级，以更好地反映过程指标。

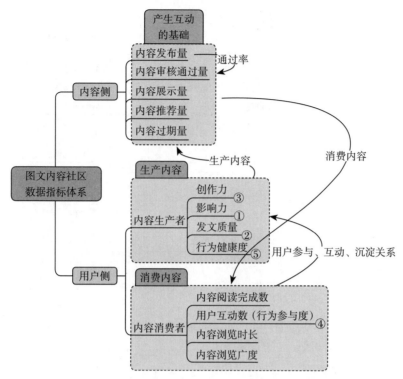

图 8-22　图文内容社区的过程指标梳理

4. 添加分析维度，构建完整的数据指标体系

最后，就到了添加分析维度的步骤了。如图 8-24 所示，该内容社区也有和其他产品同样的分析维度，例如，从用户类型层面可以分为新用户、老用户，当然也可以根据用户等级进行分类。除此之外，性别、年龄、来源渠道、区域、设备系统都是用户属性常见的分析维度；从用户行为层面来说，用户在内容社区的活跃时间是较为重要的分析维度，该维度能够反映用户的活跃规律，可以按周进行分析，即周内或周末，也可以按天进行分析，即活跃高峰时间段和工作时间段。

除了以上各类产品几乎共用的分析维度之外，内容社区还具有一些较为独特的分析维度。在内容层面上，内容的垂类、主题以及评级都是衡量内容质量以及内容丰富度的相关维度。内容垂类可以是财经、娱乐、职场、知识、影视等较大的分类；而内容主题则是某一垂类下的细分，以知识垂类为例，可以将其分为数据分析、算法、前端开发、后端开发等不同的主题；内容评级是衡量内容质量最重要的标准，运营人员和数据分析师可以根据一定的规则，例如，文章长度、内容与主题的关联度、图片质量等多层面的信息，将内容划分为不同的等级，统计各评级内容的占比即可评估图文内容质量。

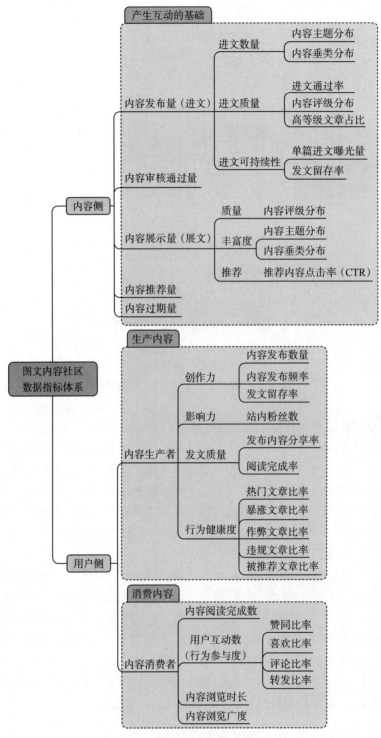

图 8-23 内容社区数据指标下钻分级

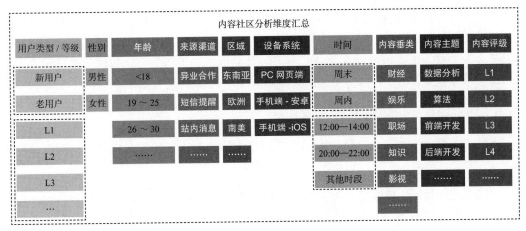

图 8-24　内容社区分析维度汇总

8.3.3　构建数据指标体系的过程总结

经过上述 4 个步骤的分析，我们为内容社区构建了一套完整的数据指标体系。首先，先根据其商业模式，梳理了业务目标，明确了北极星指标是用户互动数，这里需要注意的是产品所处的生命周期和业务目标是具有强相关性的，明确产品所处的生命周期是梳理北极星指标的关键要务；其次，我们通过梳理达成北极星指标的业务流程，从而提炼出相关的过程指标；为了使数据指标体系更加完善，我们对过程指标进行下钻分级，构建多层级的数据指标体系，以满足不同用户群体对于指标监控的需求；最后，我们汇总了分析维度，内容社区的部分分析维度和其他类型产品几乎没有什么大同小异，但是除此之外还有一些其特有的分析维度，例如内容垂类、内容主题、内容评级等。

8.4　案例：以网约车为例实践数据指标体系构建

网约车是双边市场中较为典型的业务场景，也属于交易类产品范畴。这一节内容会以网约车作为交易类产品的代表，梳理其数据指标体系，实践数据指标体系构建的方法论。

8.4.1　业务场景介绍

某网约车平台经过数十年发展成为行业龙头，目前已经处于发展成熟期。其核心业务场景如图 8-25 所示，

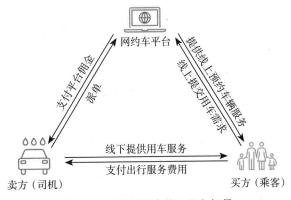

图 8-25　网约车平台核心业务场景

该网约车平台专注于为乘客提供安全高效的打车服务，为司机提供持续稳定的客源，同时平台从每笔订单中抽取一部分佣金。

网约车平台满足了司乘双方各自的需求，是双边市场中典型的交易类产品。接下来我们同样按照四个步骤梳理该网约车平台的数据指标体系。

8.4.2 4个步骤实现数据指标体系构建

这里依旧采用第 7 章中介绍的方法论，但该方法论在不同的业务场景中的应用会略有差异，下面是该方法论在网约车业务场景下的应用。

1. 明确业务目标，梳理北极星指标

经过近十年的发展，某网约车平台已经成长为行业头部平台，占据了网约车市场的半壁江山，年活跃用户数量接近 5 亿，年活跃司机数量接近 1500 万，营收及渗透率已经趋于平稳，产品进入成熟期，平台处于存量市场阶段，用户留存与商业变现是这一阶段重点关注的问题。根据业务目标以及用户价值我们汇总了商业闭环，如图 8-26 所示，用户通过便捷的出行服务提高了约车和出行的效率，也为网约车平台创造更多的订单，使平台获得更多的佣金（订单抽成）收入，而后平台再通过接单奖励等方式鼓励司机为乘客提供更好的用车服务，又通过优惠奖励等方式激励乘客创造更多的订单，从而形成正向循环。

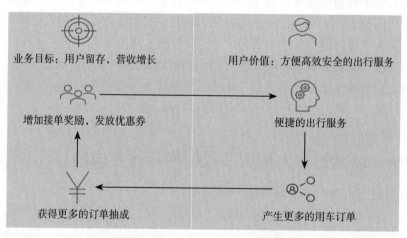

图 8-26 业务目标与用户价值的商业闭环

基于商业闭环，我们梳理出了 3 个北极星指标的候选指标，分别是网约车用车订单总量、总成交额、成交用户数。为什么这三个指标会成为北极星指标的候选指标呢？

网约车用车订单总量这一指标越高说明越多的乘客能够约到符合出行需求的网约车，网约车平台能够撮合乘客与司机之间完成订单交易，能够促进整个商业闭环的形成。

对于交易类产品来说，总成交额都会是北极星指标的备选指标之一。总成交额越高，说明网约车用车总订单量越高，或者是客单价越高，二者都能为提升营收做出贡献。

与用车订单总量一样，成交用户数越多，说明网约车平台越能够撮合更多的用户完成订单交易，从而为平台带来更多的佣金收入。

分析完这 3 个指标能够成为北极星指标候选指标的原因之后，我们具体来看一下到底选择哪个指标作为北极星指标更为合适？这里同样是参照评价北极星指标的 4 个评价标准进行，结果汇总如表 8-3 所示。

表 8-3 评价 3 个候选指标是否满足北极星指标的评价标准

评价标准	订单总量	总成交额	成交用户数
是否与商业模式直接相关	是	是	是
是否能够反映用户认可度	是	是	是
是否能够影响用户行为（先导性指标，而非滞后性）	是	是	是
是否简单直观、容易获得且可拆解	是	是	是

我们发现如果从评价北极星指标的 4 个标准出发，订单总量、总成交额以及成交用户数都满足条件，这时候就需要结合业务场景和现阶段的业务目标进行筛选。现阶段该网约车平台的目标是商业变现，3 个指标都和业务目标是直接相关的。但因为低客单价的订单和成交用户的存在使得平台抽成利润低，以至于订单总量和成交用户数越多并不意味着网约车平台的营收越多，所以这两个指标并不是北极星指标的最优选择。而在订单总量或者成交用户数相同的情况下，总成交额越高，平台获得的抽成收入也就越高，营收也就越高。因此，总成交额作为该网约车平台的北极星指标更为合适，该指标也通常称为 GMV。

对于交易类产品来说，一般都会加入一个反向指标。例如电商会加入退货率作为反向指标；此处的网约车平台我们用投诉率作为反向指标。如果在总成交额提升的同时，投诉率也随之提升，则说明用户对网约车出行的满意度是在降低的。此时数据分析师就需要分析用户投诉的原因以反馈业务方，辅助其及时调整运营策略，为用户提供安全快捷的出行服务。

2. 梳理业务流程，明确过程指标

明确了网约车平台的北极星指标为 GMV 之后，我们来梳理达成北极星指标的业务流程。对于交易类产品来说，完成一单交易需要交易双方共同配合，所以需要分别分析司乘双方的行为路径。如图 8-27 所示，从较为宏观的层面可以将业务流程总结为 4 个步骤，分别是用户下单、平台派单、行程进行以及行程结束，这 4 个步骤也是网约车平台成单的交易漏斗，只有保证每一个环节尽可能少地漏掉用户，才能够提高成单率，从而才能够提升北极星指标 GMV。

根据达成业务目标的 4 个步骤，如图 8-28 所示，我们梳理出了 4 个过程指标及其转化关系。在用户下单阶段，关注的指标是用户下单的数量，也叫作发单数；在平台派单阶段，关注的指标是网约车平台能够调度到多少可以派单的司机，也叫作举手数；搜寻到可派单司机之后，要完成网约车订单，就需要有司机接单，此时关注的指标是司机应答数量，简称应答数；当订单派发给司机之后，司机完成接驾、送驾、发送账单等一系列业务流程，从而完成订单，此时关注的指标是订单完结数量，简称完单数。

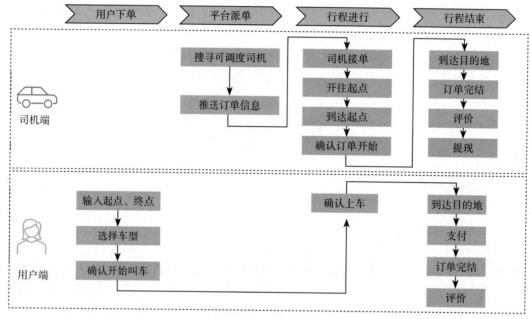

图 8-27 网约车平台业务路径梳理

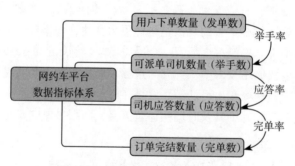

图 8-28 网约车平台过程指标梳理

3. 指标下钻分级，构建多层级数据指标体系

当然还需要对用户下单、平台派单、行程进行、行程结束这 4 个步骤的子步骤进行梳理，以提炼过程指标的过程指标。其实在图 8-27 我们已经进行了对子步骤的梳理，现在来提炼过程指标的过程指标，以构建多层级的数据指标体系，最终构建结果如图 8-29 所示。在用户下单阶段，除了用户下单数量外，询价数、成功下单数也是需要关注的指标；在行程进行阶段，除了可应答的司机数量之外，取消率和接驾体验也是较为重要的指标，取消率过高可能是由于派单机制等原因导致用户等待时长较长，因此分析用户取消的具体原因可以为产品的优化迭代提供一些有价值的参考信息，而接驾体验影响用户的留存，从而影响网约车平台收入；而在行程结束阶段，支付、评价等相关信息都较为关键，因此我们也提炼出了相关的数据指标，例如，订单金额、支付方式、好评率、差评率等。

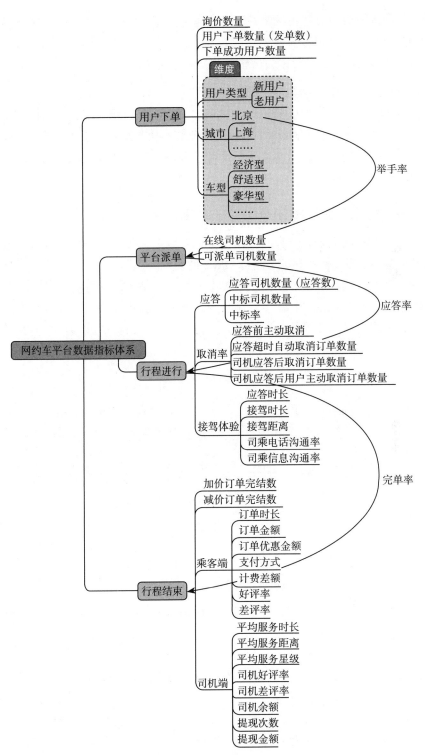

图 8-29　网约车平台多层级数据指标体系构建

当然以上梳理出来的数据指标都只是基于核心业务场景——用车交易进行梳理的，除此之外，网约车平台还有很多需要关注的数据模块，例如，增长模块、体验模块以及安全模块。这些模块感兴趣的读者可以尝试按照相同的方法进行梳理。

4. 添加分析维度，构建完整的数据指标体系

添加分析维度可以让数据指标体系变得更加完整，对于网约车平台来说，常见的分析维度跟工具类、内容类产品有一定的共通性，例如，用户类型、性别、年龄、来源渠道和区域等，但也有一定的差异，当然这些都是和业务场景以及业务过程强相关的，例如，时段、车型、品类和场景等。

8.4.3 数据指标体系如何辅助业务目标实现

梳理完用车交易这个业务流程的数据指标体系之后，接下来介绍各个数据指标之间的关系，并了解这些指标如何指导业务目标 GMV 的实现。

GMV 是网约车平台的北极星指标，也是一个能够直接影响到网约车平台营收的数据指标。GMV 减去司机分成、补贴以及其他金额就能计算出企业营收的毛利。而 GMV 又受到完单数、单均流水、发单数、应答率、完单率等多个指标的共同影响，其转化关系如图 8-30 所示。

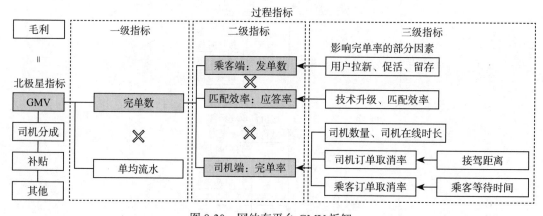

图 8-30　网约车平台 GMV 拆解

根据图 8-30 我们知道 GMV 直接受到完单数和单均流水的影响；对完单数继续进行拆解，可以将其拆解为发单数、应答率以及完单率。由此可见，只需要提升这三个指标中的任何一个，就能实现 GMV 的提升。

那么具体如何进行提升呢？当然是拆解这个数据指标的影响因素。

对于乘客端来说，用户基数越大，用户越活跃，用户留存越高，那么发单数也就会越高，所以拉新、促活、提升留存是提高发单数的运营手段。在具体的运营中，可以着重关注低频用户群体，给这个群体发放优惠券，以提升其用车频率并促进用户活跃和留存，从

而提升发单数；当然增加任务奖励活动、免费体验场景等也是促进用户活跃的好方法。

对于司机端来说，同样地，司机数量越多完单率也就越高，因此需采取运营策略使沉默司机群体转化为活跃司机群体，并激发其延长在线时长，此时可以推出一系列的冲单、签到、司机组队等活动提高司机活跃水平，从而为应答率和完单率的提高奠定基础。

影响到完单率的因素还有用户和司机的取消率，深入探究影响取消率的因素，可以发现接驾距离、等待时间等问题，这类问题都可以归因为网约车平台的技术匹配效率。在拥有一定用户规模及司机规模的前提下，匹配效率也是应答率的重要影响因素，为用户在最短的时间内匹配合适的司机是提升应答率、减少取消率的重要方法。

8.4.4 构建数据指标体系的过程总结

最后，简单回顾下构建网约车平台数据指标体系的全过程。如图 8-31 所示，首先，通过分析产品生命周期，梳理业务目标，明确网约车平台当前阶段的北极星指标是 GMV；其次，选择核心业务场景进行分析，梳理了网约车完成订单的整个业务流程，提炼关键步骤并且抽象出各个步骤的数据指标；接着，对完成订单的各个环节进行更加详细的拆解，以提炼出过程指标的过程指标；最后，添加分析维度，形成完整的数据指标体系。

8.5 案例：以社交电商为例实践数据指标体系构建

电商也是交易类产品中较为典型的业务场景，随着移动互联网的发展，电商已经从 PC 时代走向了移动电商时代，近些年崛起的社交电商又将新零售推向高潮。社交电商可以认为是电商和社交结合的产品，既有电商类产品的属性，又有社交类产品的属性。社交电商按照社交模式可以将其分为拼构型社交电商、会员制社交电商和社区型社交电商和内容型社交电商等不同的类型。这一节我们会围绕拼构型社交电商的核心业务场景，梳理其数据指标体系。

8.5.1 业务场景介绍

与传统的电商"人找货"不同，社交电商基于"货找人"，通过用户拼单、分享实现以社交媒介为"场"的全新购物模式，实现了"去中心化"，同时用户分享为平台和商家带来了低成本的流量。社交电商核心业务场景如图 8-32 所示，主动购物的用户可以通过发起拼单、单独购买以及参与拼单三种不同的模式参与购物。当用户作为团长发起拼单时，通常会分享拼单链接到各类社交媒介以邀请好友参与拼团，当用户完成拼团之后，社交电商平台将订单分配给商家以进行商品打包邮寄，用户确认收货后完成订单交易。

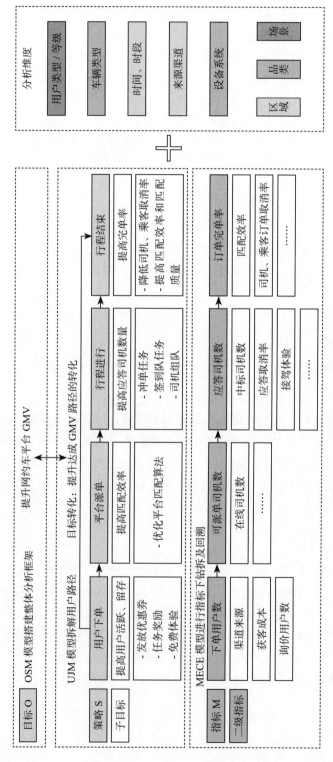

图 8-31 网约车平台数据指标体系构建过程总结

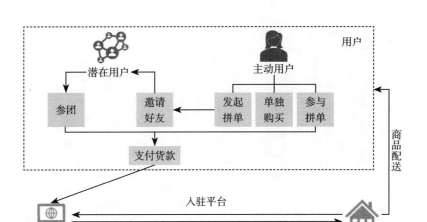

图 8-32　社交电商核心业务场景

8.5.2　4 个步骤实现数据指标体系构建

和传统的电商平台相比，社交电商的用户不仅是购物者，也是社交电商平台的推广者，因此社交电商能够借助用户的转发和推广使得用户裂变，从而实现高效且低成本的引流。基于社交电商的核心业务场景及其区别于传统电商的特点，我们同样用之前的四个步骤来梳理社交电商的数据指标体系。

1. 明确业务目标，梳理北极星指标

某社交电商深耕于下沉市场，经过多年的发展已经占据社交电商行业的头部位置，进入了发展成熟期。虽然说社交电商是电商和社交结合的产品，但是从本质上来说其本身还是电商属性多一些，通过利用用户的社交关系完成电商拼团业务，并借助用户社交关系链加速向商品传播和变现助力，其业务闭环总结如图 8-33 所示。社交电商平台的业务目标是创造更多的交易订单量，从而创造持续的营收；而用户的需求是买到更多物美价廉的优质商品。社交电商平台通过增加运营投入，严格把控商品质量，提供优惠补贴以满足用户需求，从而创造更多的交易订单，使得社交电商平台获得持续收入，进而继续投入运营，提高优惠补贴力度，以形成正向循环。

因此社交电商的主要目标还是促进商品成交，达成交易订单，获得平台分成，分析到这里其实又回归到了交易类产品的本质。由 8.4.2 节我们知道，交易类产品的北极星指标是用户总成交额（GMV），对于社交电商来说该指标也可以作为北极星指标，分析过程此处不再赘述，感兴趣的读者参考 8.4.2 节内容。

当然除了北极星指标 GMV 之外，交易类产品通常会加上反向指标，此处选择的反向指标是退货率。如果北极星指标 GMV 提升的同时反向指标退货率也得到了提升，说明虽然业务是向着较好方向发展的，但是用户的满意度是呈现下降趋势的，应该及时调整策略提升业务收入的同时提升用户满意度。

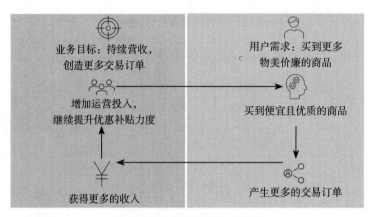

图 8-33 社交电商的业务闭环

2. 梳理业务流程，明确过程指标

确定了北极星指标为 GMV 之后，就该梳理业务流程以明确过程指标了。社交电商主要基于社交中信任关系的发现式购买，潜在用户在主动用户分享拼团邀请下产生非计划性的购买需求，从而产生更多的分享和复购以促成社交电商平台高效、低成本的用户裂变。以上几点就是社交电商与传统电商在购物路径上的不同。

基于上述分析以及 App 购物实操体验，我们将社交电商的业务流程进行梳理，其结果如图 8-34 所示，无论是主动用户还是潜在用户都需要经历产生需求、浏览商品、购买决策、体验评价以及分享复购五个不同的过程，但二者在这个过程中又有一定的差异。前者是由自身需求而引发的计划性购物，通过分享拼团链接实现砍价、成团或者佣金赚取，而后者是由于好友分享而"种草"的非计划性购物。

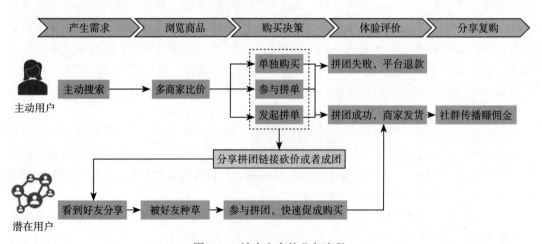

图 8-34 社交电商的业务流程

根据上述的业务过程，我们提炼出来了对应的过程指标，如图 8-35 所示，包括整个购

物链路的转化漏斗，从有购物需求直至收货、评价商品以及社群分享赚取佣金，可以根据需要按照用户维度或者订单维度对整个漏斗的数据指标进行统计。

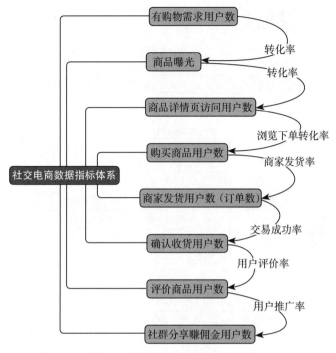

图 8-35　社交电商过程指标汇总

3. 指标下钻分级，构建多层级数据指标体系

梳理过程指标的过程指标，能让数据指标体系变得更加完整，构建结果如图 8-36 所示。在用户需求产生阶段，按照需求产生的不同方式对其分为主动搜索用户和通过好友分享而被种草的用户；在用户访问商品详情页阶段，关注访问独立访客数、页面访客数、人均页面访问数以及页面访问时长；在购买商品阶段，根据用户购买方式的不同将其分为单独购买的用户、参与拼单的用户以及发起拼单的用户，对于参与拼单的用户我们需要额外关注分享拼团的用户数以及拼团成功的用户数；对于后续的商家发货、确认收货、评价商品等环节与传统电商关注的数据指标基本是一致的；在社群分享阶段，用户分享率、用户传播系数以及传播周期都是需要重点关注的指标。

4. 添加分析维度，构建完整的数据指标体系

社交电商的分析维度和传统电商类似，在 7.5.2 节我们已经详细介绍过传统电商相关指标的分析维度，此处不再赘述，感兴趣的读者请参照 7.5.2 节内容。

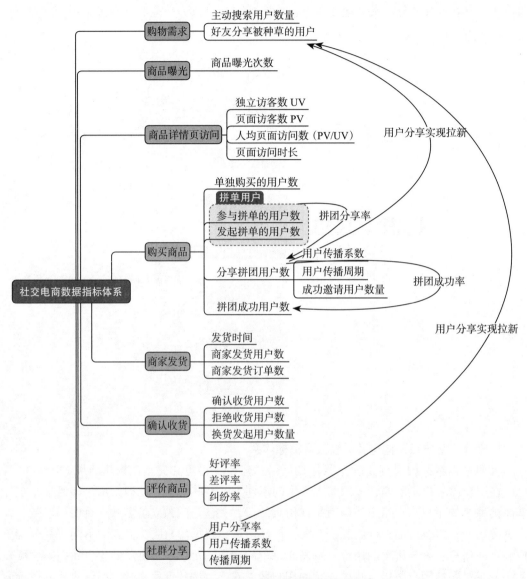

图 8-36 社交电商多层级数据指标体系构建

8.5.3 数据指标体系如何辅助业务目标实现

此时社交电商的数据指标体系基本构建完成，那么上述的数据指标体系如何辅助业务进行决策呢？

其实在 7.4.2 节我们已经详细讲解了 GMV 的全路径拆解，基于社交电商的特点我们对北极星指标 GMV 进行更加细致地拆解。结果如图 8-37 所示，根据用户购物需求产生的方式我们将曝光 UV 拆解为主动搜索 UV 和好友种草 UV，其余路径指标拆解不变。

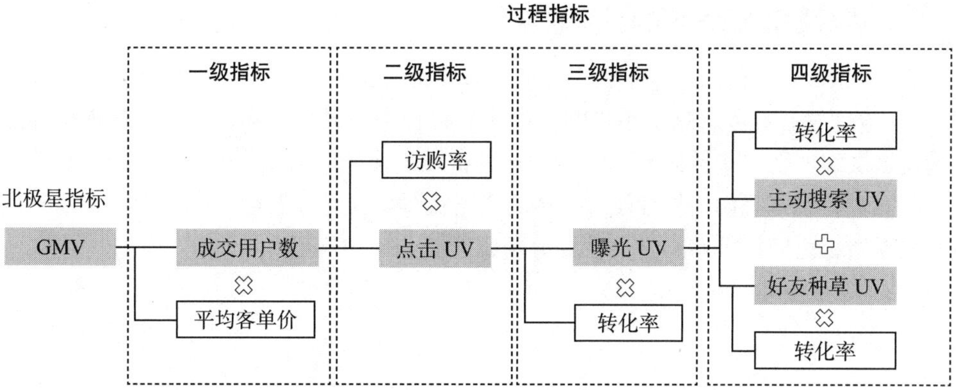

过程指标

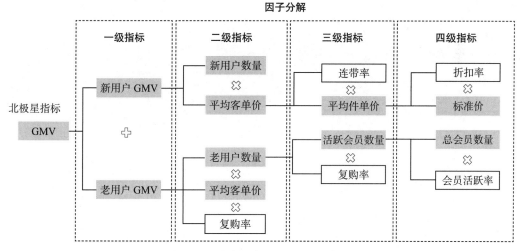

图 8-37 社交电商 GMV 的全路径拆解

除了根据达成 GMV 的路径进行数据指标的拆解，也可以根据其构成因子进行拆解，后者拆解结果如图 8-38 所示，首先按照新老用户将 GMV 拆解为新用户 GMV 和老用户 GMV；进而将新老用户 GMV 拆解为新老用户数量乘以平均客单价；而平均客单价可以继续拆解为平均件单价与连带率的乘积；平均件单价同样可以继续拆解为标准价与折扣率的乘积；同样地，老用户数量可以拆解为活跃会员数量与复购率的乘积；活跃会员又可以拆解为总会员数量与会员活跃率的乘积。

因子分解

图 8-38 社交电商 GMV 的因子拆解

梳理完北极星指标 GMV 的因子拆解模型后，各个指标之间的关系很清晰地呈现在我们眼前，当数据分析师对 GMV 相关问题进行诊断时，可以根据各个指标之间的关系进行逐级拆解，定位数据问题。

8.5.4 构建数据指标体系的过程总结

社交电商数据指标体系的构建过程同大部分交易类产品一样。社交电商的北极星指标为 GMV，梳理核心业务场景下用户购买商品的路径提炼过程指标，然后对过程指标进行拆解以构建多层级的数据指标体系，最后添加分析维度形成较为完整的数据指标体系。

与此同时，本节我们还构建了 GMV 的全路径拆解模型以及因子拆解模型，清晰地展示了各个数据指标之间的关系，方便数据分析师排查与定位问题。

第四篇 *Part 4*

数据采集和加工

本篇着重介绍数据采集和加工,包括如何通过数据埋点获取构建数据指标体系所需的原始数据,以及获取原始数据后如何通过数据加工清洗完成数据指标开发以及数据仓库建模。数据指标开发以及数据仓库建模中的大部分工作都由数据仓库开发工程师完成,作为数据分析师这部分内容仅作为拓展内容了解即可,因此本篇只会对相关内容进行概述性地介绍。

数据采集

前面几章的内容介绍了构建完整数据指标体系的方法，但是构建数据指标体系的前提是要有数据。而数据从埋点获取。这一章节会立足于数据埋点，讨论什么是数据埋点、数据埋点有哪些步骤、数据分析师如何建立统一的埋点规范以满足数据指标体系的构建等问题。

9.1 数据埋点概述

数据埋点为数据指标体系的构建提供了数据支撑，是数据指标体系构建中的关键环节。这一节通过介绍什么是数据埋点、数据埋点在数据指标体系构建中的作用、数据埋点能够采集哪些数据以及数据埋点的分类 4 个不同方面简要地介绍数据埋点。

9.1.1 什么是数据埋点

数据埋点是各大 App 和网站通过一系列的代码采集用户的操作行为的数据，供给数据分析师进行分析以指导业务决策的动作。此处，我们用一个事件模型来解释数据埋点如何记录用户的一次操作行为。如图 9-1 所示，埋点可以记录用户的操作行为，包括谁、在什么业务场景、什么时间、做了什么事情。行为发生的主体可以是访客、设备或账号；事件可以记录该事件的标识或者参数；行为发生的地点可以记录用户发生该行为的地理位置、设备环境、网络环境或业务场景等；事件发生时间可以是用户这一系列操作行为的时间，也可以是系统上报行为日志的时间。

举个例子来说，大学生小王于 2022 年 5 月 2 日 13:58 分在宿舍使用 iPad Pro 进入和平精英经典模式海岛地图与三位好友组队开启一局游戏。该事件就记录了谁在什么时间地点做了什么，基于以上的事件模型，用户的相关数据就会被记录，供给数据分析师进行用户行为分析和用户偏好研究，最终经过数据提取、指标凝练、报表展示形成可以监控业务趋势的数据指标体系。

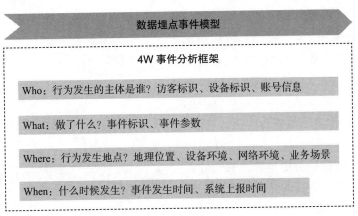

图 9-1 埋点事件模型

数据埋点对数据指标体系的构建有着重要的作用，数据分析师了解数据埋点对数据指标体系构建工作的开展大有裨益。我们简要地从数据产生的流程介绍数据埋点。

如图 9-2 所示，通过数据埋点收集用户行为数据的过程涉及三个不同的主体，分别是用户、客户端以及服务器。每当用户在客户端触发一个操作行为，客户端就会将用户的操作发送给服务器，然后服务器响应客户端的请求并返回用户相关的操作结果。

图 9-2 数据埋点上报数据的流程

用户的操作会被页面按钮背后的代码所记录，这就是数据埋点技术；而采集到的数据经过上报和一系列的数据处理流程，进入数据库形成海量的用户数据，以供数据分析师开展分析工作。

至于哪些数据会被采集到、是在客户端还是在服务器被采集到的、采集到的数据是如何实现上报的？这些问题在后续的章节中都会一一介绍。

9.1.2 数据埋点在数据指标体系构建中的作用

定义数据指标以及梳理数据指标体系是实现数据指标报表呈现的基础，统一而规范的指标定义能够让数据分析师、运营人员、产品经理以及开发人员对数据指标的定义在同一认知水平，减少沟通成本。如图 9-3 所示，在有了统一的指标定义并且梳理了数据指标体系时，对数据指标体系的构建已经完成了50%，因为数据指标体系的宏观模型已经构建出来了，接下来就是怎么去获取数据指标体系所需的数据并且在报表系统上进行展示，最终实现业务监控。而数据埋点就是获取数据指标体系所需数据的关键步骤，数据分析师根据数据指标体系所需的数据来梳理数据

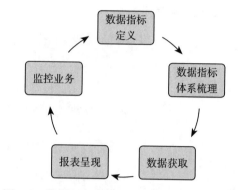

图 9-3 数据埋点在数据指标体系构建中的作用

埋点文档以获取相关数据，通过对数据的加工处理以及相关指标的统计计算，最终以数据报表形式展示相关的业务监控报表。

9.1.3 数据埋点能够采集哪些数据

9.1.1 节已经介绍了数据埋点上报的事件模型，对数据埋点能够采集到的数据已经有了初步了解，此处我们再做一个简单的小结。如图 9-4 所示，数据埋点能够采集到四类数据，包括用户的设备的硬件信息、软件信息、数据权限以及用户行为。硬件信息包括设备的型号、主板、CPU、内存、系统、屏幕分辨率等；软件信息包括横屏、竖屏、截屏、摇一摇等操作；而用户授予 App 或网站数据权限之后，相册、通讯录、位置信息等较为隐私的数据也能够采集；用户行为就更不必说，只要开发者想要记录的用户行为大部分都可以通过埋点实现。

图 9-4 数据埋点能够采集到的数据

9.1.4　数据埋点的分类

如图 9-5 所示，数据埋点根据其位置可以分为前端埋点和后端埋点，也分别叫作客户端埋点和服务器埋点。而前端埋点根据其自动化程度又可以分为代码埋点（手动埋点）、全埋点（无埋点或全自动埋点）以及可视化埋点（无痕埋点）。

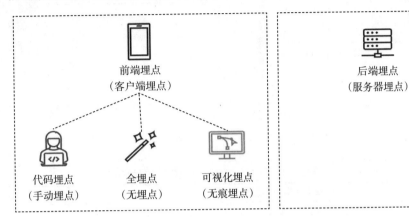

前端埋点
（客户端埋点）

后端埋点
（服务器埋点）

代码埋点
（手动埋点）

全埋点
（无埋点）

可视化埋点
（无痕埋点）

图 9-5　数据埋点的分类

前端埋点通过软件开发工具包（Software Development Kit，SDK）进行数据采集，通常会对采集到的数据进行压缩、暂存、打包上报，因此可能存在延迟或者漏报现象，这也是造成其丢数据的原因之一，所以前端埋点和后端埋点相比准确性略低。

为了方便理解以上的内容，图 9-6 展示了客户端上报数据的过程以及客户端与服务器的交互。客户端可以理解为用户的手机，当用户对客户端进行操作时，客户端通过网络发送超文本传输协议（Hypertext Transfer Protocol，HTTP）请求给服务器，同时将数据上报给服务器，从而形成客户端与服务器的交互。如果用户每操作一次，客户端就上报一次数据，对于服务器的压力无疑是巨大的，所以客户端会对用户行为数据进行暂存，在一定的时间点再统一上报给服务器，从而在一定程度上减轻服务器的压力。但是这一系列的过程都是需要网络的，如果用户中途断网了，那么积攒在客户端没有上报的数据就会丢失，称为数据丢包。对于这一现象也有客户端会有一定的应对机制，比如在用户再次登录 App 时将上次没有上报的数据统一上报给服务器。但这一应对机制对于那些不再登录 App 的用户来说，数据就会永远丢失。

通过上面的介绍，可以发现客户端上报数据的节点和用户操作的节点是不同步的，这种方式称为异步上报。

而后端埋点是通过调用应用程序接口（Application Programming Interface，API）采集信息，使用内网传输数据，基本不会存在数据丢失的情况，相比之下更能反映真实的用户行为。

接下来详细介绍几种不同方式埋点的异同和各自的优缺点，我们将其整理为表 9-1。

图 9-6 客户端上报数据的过程以及客户端与服务器的交互

表 9-1 前端埋点与后端埋点的异同和各自的优缺点[一]

对比项	前端埋点（客户端埋点）			后端埋点（服务器埋点）
	代码埋点（手动埋点）	全埋点（无埋点/全自动埋点）	可视化埋点（无痕埋点）	
定义	根据业务需求手动写代码实现埋点，通过调用埋点 SDK 函数上报埋点数据	通过在产品中嵌入 SDK，前端自动采集页面上的全部用户行为事件，后端数据计算时筛选出有用数据	只需嵌入集成采集功能的 SDK，通过可视化工具配置采集节点，前端解析配置并上报埋点数据	调用 API 完成用户行为采集、数据结构化实现，后端采集数据是内网传输数据，基本不会因为网络原因丢失数据，所以后端传输的数据可以非常真实地反映用户行为
优势	• 可以自定义属性、自定义事件 • 具有可控性 • 适用性较广	• 不需要人工介入，前期埋点成本较低 • 需求发生变化时，无需修改埋点 • 数据可溯源 • 无视新老版本之分	• 人力成本低 • 更新代价小	• 灵活准确 • 无须发布相应版本 • 数据上传及时
劣势	• 项目工程量大，周期长 • 沟通成本大	• 数据准确性不高 • 上传数据量较多	• 不支持自定义事件 • 覆盖的功能有限	• 进服务器采集，缺少前端用户行为数据环境信息， • 前端交互数据缺失
应用场景	适用于无法通过全埋点和可视化埋点准确覆盖的业务场景	无需采集事件，适用于活动页和着陆页等简单规范的页面场景，主要分析点击的业务场景	适用于用户在页面的信息与业务关联少，页面量较多且页面元素少，对行为数据的应用较少的业务场景	适用于前后端数据结合，如订单数据或者支付数据等业务场景
典型案例	友盟，百度统计	Google Analytics，GrowingIO，神策数据，WMDA	Mixpanel，TalkingData	

一 参见李渝方撰写的《数据分析之道——用数据思维指导业务实战》。

前面的介绍中提到了 SDK 和 API，那么它们有什么区别和联系呢？

SDK 是软件开发工具包，而 API 是应用程序接口。如图 9-7 所示，比如 SDK 集成了数据埋点相关的功能，如果软件 B 想要做数据埋点，但又不想重新开发数据埋点的功能，可以选择调用软件 A 的数据埋点相关功能，此时软件 A 将自己的埋点相关功能进行打包，即集成 SDK，并通过一个接口，即 API，让软件 B 进行调用。做一个形象的比喻，SDK 好比是一杯封了口的奶茶，外界想要喝到它就需要一根吸管，而 API 就是这一根吸管。

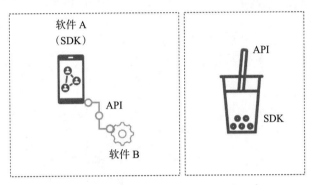

图 9-7　SDK 与 API 的区别与联系

9.2　数据埋点的实现步骤

前面介绍了数据埋点的定义、分类和上报方式，对数据埋点有了初步的认识，现在可以正式开始数据埋点工作了。3.2.1 节我们讨论过 DAU 按照 open_id、device_id 或用户唯一标识 UID 进行统计会得到不同的结果。同样地，如果同一事件的触发条件、埋点方式以及上报方式不一样也会造成数据统计结果不一致。所以数据埋点作为数据的重要来源，是实现数据指标口径统一的关键环节，数据分析师能够在数据指标体系构建环节节省一定的工作量并提升工作效率。这一节我们会介绍数据埋点的流程以及实现数据埋点的几个步骤。

9.2.1　数据埋点流程介绍

数据埋点作为数据指标体系构建的前置工作，需要多部门的协作，数据分析师在该项工作中承担了重要的角色。数据埋点的流程如图 9-8 所示，在数据分析师拿到数据指标体系构建的需求之后，需要确认数据指标体系中需要用到的数据指标以及计算各个指标需要用到的底层数据，对数据指标的计算有初步的感知；其次，数据分析师根据相关的数据指标需要用到的字段设计出合理的埋点方案，在这一步骤中确认事件与变量、触发时机和上报机制，还要统一字段名和表结构，以及明确优先级；完成埋点方案设计之后数据分析师需要和业务方以及程序开发工程师反复讨论修改和完善埋点方案；最终确认方案后交付程序开发工程师按照相关方案进行埋点，为后续数据指标体系构建提供相关的数据支持。

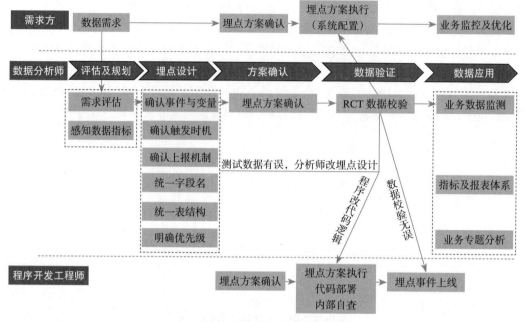

图 9-8　数据埋点的流程

9.2.2　实现数据埋点设计的 6 个步骤

数据埋点是数据指标体系的数据来源，数据埋点设计得好能极大地方便数据指标体系的构建，也能从源头上统一数据指标口径，减少数据分析师的解释成本，提升工作效率。这一部分内容我们会详细地介绍数据埋点设计的 6 个步骤。

1. 确认事件与变量

确认事件是指产品功能或者是用户的操作行为，而变量是指描述该事件的属性或者关键指标。其实事件和变量在指标规划和数据指标体系梳理阶段我们就有了一定的雏形，例如，用户注册就是我们所说的注册事件，而用户注册数量就是我们所说的变量。在 7.3 节，我们已经通过 AARRR 模型以及 UJM 模型厘清了用户生命周期和行为路径，抽象出的每一个步骤都是事件，而从事件中抽象出的指标就是变量。

2. 确认触发时机

前面我们说过不同的触发时机对于数据统计是有影响的，不同的触发时机代表不同的数据统计口径，因此触发时机是影响数据准确的重要因素。明确触发时机是统一数据口径的重要环节，也是保证数据指标可比性、统一性的重要过程。以用户注册为例，数据分析师是以用户点击注册按钮为触发条件，还是以用户填写完成注册资料为触发条件呢？前者为触发条件的用户注册数量肯定多于后者，但是其转化率可能低于后者。同样地，对于用户付款来说，是以用户点击付款界面作为触发条件，还是以付款成功作为触发条件进行埋点呢？二者口径不同，数据肯定会有一定差异，因此明确事件触发时机非常重要。

明确事件的触发时机能够从数据源头上减少指标口径的统计差异，并减少数据分析师的解释成本。

3. 确认上报机制

不同的上报机制对数据准确性的影响我们在 9.1 节已经说过，客户端上报数据和服务器上报数据各有优劣。作为数据分析师需要考虑业务场景和实际情况调整数据上报方式，以获得较为准确的埋点数据。

4. 统一字段名

统一字段名也是数据埋点工作中重要的一环，有条件的数据分析师可以使用企业内部统一的埋点管理系统和指标管理系统进行埋点管理和字段管理，没有条件的数据分析师也可以使用 wiki 进行统一管理。数据分析师需要尽可能地确保同一变量在所有数据表格中的命名都是统一的，例如，对于消费金额这个字段，数据分析师希望所有的表只要出现消费金额都用 Amount 字段，不要出现 money、payment 等其他字段。

建立公司内部或者团队内部的命名规范是非常必要的，可以采用"动词 + 名词"或者"名词 + 动词"的规则来命名，比如"加入购物车"事件，就可以命名为 addToCart。

一般通过埋点获得的指标都是原子指标，还有一些指标需要通过原子指标进行计算才能获得，我们称之为派生指标。对于派生指标的命名规范，我们会在第 10 章进行详细介绍。

5. 统一表结构

统一数据表结构，可以方便团队内部进行数据的管理和复用，建议团队内部形成一套统一的数据结构规范。例如，将表分为不同的层级，第一层记录用户的基础信息，包括 UID、地区、昵称等；第二层记录用户行为信息。

6. 明确优先级

数据埋点是数据指标体系构建的前置工作，埋点完成后数据分析师可以利用埋点获得的数据进行数据指标体系的构建。但也有轻重缓急，数据分析师可以根据数据指标体系构建的优先级区分数据埋点工作的优先级，确保能在有限的时间和资源下发挥最大效用。

9.3　案例：以用户注册转化为例实践数据埋点方案设计

讲完数据埋点的实践步骤之后，我们会基于前面提到的 AARRR 模型，以用户注册转化为例实践数据埋点方案。

9.3.1 实现用户注册转化埋点方案设计的 6 个步骤

用户注册转化几乎是每一个 App 在起步时期必做的分析项目，在 8.1 节我们已经梳理了用户注册转化相关的数据指标体系，要实现数据指标体系的最终落地，我们需要对使用到的数据指标进行埋点，接下来我们详细介绍该案例的数据埋点应该怎么做。同样地，此处会按照 9.2 节介绍的 6 个步骤实现数据埋点方案设计。

1. 通过 AARRR 模型拆解用户生命周期，确认需要埋点的事件和变量

如图 9-9 所示，根据 AARRR 模型，用户的整个生命周期会经历用户获取、激活、留存、付费以及推广等多个不同的阶段，对应数据分析师关注的事件分别是用户获取、用户激活、用户留存、用户付费以及用户推广。到此，我们明确了需要进行埋点的相关事件。

那么事件的变量又是什么呢？事件的变量就是该事件相关的数据指标，每个阶段需要关注的数据指标我们已经在第 3 章和第 4 章做过详细的介绍，这里我们讨论要实现对各个环节所需的数据指标的监控应该怎样来进行数据埋点，对指标介绍不再赘述。

图 9-9　AARRR 模型拆解用户生命周期

此处我们以用户获取事件为例说明要获得该事件所需的变量需要做哪些数据埋点。3.1 节已经分析过，在用户获取阶段数据分析师和业务部门关心的是用户获取的数量和质量、各渠道成本、质量成本等相关指标，为了能够计算和监控这些指标，数据分析师就需要在埋点阶段将所需的数据点位都埋进去。如表 9-2 所示，我们设计了用户获取事件的相关埋点，根据这些埋点数据无论是以 UID 还是 open_id 或是 device_id 为统计的最小单元，都能够计算出用户获取的数量以及各渠道用户获取数量。如果关联广告成本相关的数据表，还能计算出各渠道的用户成本，以衡量各渠道用户质量，为后续计算投入产出比作铺垫。

表 9-2 用户获取事件的数据埋点文档设计

事件名称	事件说明	变量英文名	事件属性说明	属性值类型	属性值示例	上线版本	优先级
user_acquisition	用户获取事件	UID	用户唯一编号	int	320130658	1.1	p0
		region	地区	string	CN		
		city	城市	string	BJ		
		nikename	昵称	string	稳住，别动		
		device_id	设备 ID	string	550e8400-e29b-41d4-a716-446655440000		
		channel_id	来源渠道	int	1. 微信 2. B 站 3. 知乎 ……		
		open_id	外部用户标识符	string	598e840046d290mc680mc		
		network	网络	string	WiFi		
		register_ts	用户注册事件	bigint	1651572489		
		ts	时间戳	bigint	1651572489		
		memory	手机内存	int	1024		
		……					

同理，用户激活事件、留存事件、付费事件以及推广事件都可以按照上述的方法，对计算相关数据指标所需的字段进行梳理，完成初步的埋点文档设计。当然，对于用户激活事件和用户留存事件我们只需要记录用户基础信息和用户登录时间就能进行计算。

2. 明确事件的触发时机

如表 9-2 所示，我们已经明确了事件和变量，之后就需要确定事件的触发时机，即什么时候认为用户获取成功了、什么时候认为用户被激活了。其实在第 3 章和第 4 章介绍的数据指标规划阶段，当确定了数据指标的定义和口径之后，相关行为事件的触发时机也是明确的。当然不同的业务场景下，指标的定义不尽相同，数据分析师可以选择适合自己业务场景的指标口径，进而选择合适的触发时机。此处，我们选择一些较为通用的触发时机进行介绍。如图 9-9 所示，总结了各个不同事件的触发时机，我们认为当用户完成注册资料填写时，该用户就获取成功了；当用户注册后首次登录时，该用户就激活了；当用户注册后再次登录时该用户就算留存了；当用户完成支付时，该用户就成为付费用户；当用户完成分享时，就算该用户参与了推广。

3. 明确事件的上报机制

明确上报机制，确认是实时上报还是异步上报，是客户端上报还是服务器上报。

4. 统一字段命名规范

业务数据集内同一变量在所有数据表中的名称保持统一，例如，UID 表示用户唯一标号，region 表示用户的所在地区，city 表示用户的所在城市。字段命名规范我们会在第 10 章详细介绍。

5. 统一数据表结构

不同的数据团队其数据表结构规范不同，数据分析师须根据自己团队内部的规范和业务场景的需求在公司内部统一数据表结构。

6. 明确优先级

根据数据指标体系的优先级，为每一个对应的埋点需求标上优先级。

9.3.2 用户注册转化埋点方案汇总

经过上述的 6 个步骤，我们将用户注册转化示例的埋点方案汇总如图 9-10 所示，它粗略地展示了每一个事件和变量，以及埋点的 6 个步骤。其中，在用户注册时获取到的用户基础信息，比如 UID、region、city、device_id、network 等信息可以作为用户的公共属性带到用户登录事件、用户留存事件等其他事件中，以便后续使用。

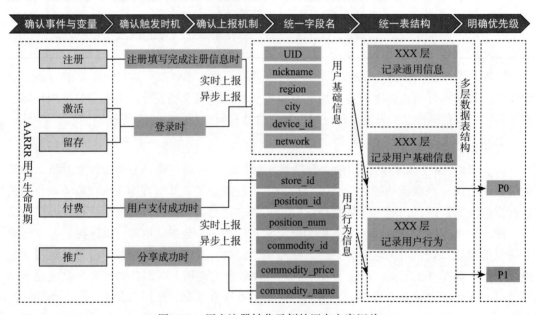

图 9-10 用户注册转化示例的埋点方案汇总

最终，我们按照上述的方法将每一个事件所需的字段按照一定格式汇总到一起，形成初步的埋点文档，如表 9-3 所示。当然有条件的数据分析师直接在埋点系统和字段管理系统中完成，更便于版本管理和埋点更新。

完成数据埋点文档后，还需要与需求方、程序开发人员共同梳理一遍埋点文档，不断修改完善，直到三方达成统一意见，然后等待程序开发人员完成数据埋点，最终应用于数据指标体系构建。

表 9-3 用户注册转化事件埋点文档

事件名称	事件说明	触发条件	变量英文名	事件属性说明	属性值类型	属性值示例	上线版本	优先级
user_acquisition	用户获取事件	用户注册时	UID	用户唯一标号	int	320130658	1.1	p0
			province_id	省份 ID	int	1. BJ 2. SH 3. CQ 4. SZ ……		
			city_id	城市 ID	int	1. BJ 2. SH 3. CQ 4. SZ ……		
			nikename	昵称	string	稳住，别动		
			device_id	设备 ID	string	550e8400-e29b-41d4-a716-44665544000		
			channel_id	来源渠道	int	1. 微信 2. B 站 3. 知乎 ……		
			platform	平台	string	1. Android 2. iOS 3. PC		
			advertising_id	广告 ID	string			
			memory	手机内存	int	1024		
			open_id	外部用户标识符	string	598e840046d290mc680mc		
			network	网络	string	WiFi		
			register_ts	用户注册时间戳	bigint	1651572489		
			event	事件名称	string	1. 曝光 2. 点击 3. 下载 4. 注册		
			cost	获客成本	bigint	2.4		
			ts	时间戳	bigint	1651572489		

（续）

事件名称	事件说明	触发条件	变量英文名	事件属性说明	属性值类型	属性值示例	上线版本	优先级
user_login	用户激活/留存事件	用户登录时	用户注册时获取的基础信息					
			login_ts	用户登录时间戳	bigint	1651572489		
user_pay	用户付费事件	用户支付时	用户注册时获取的基础信息					
			pay_ts	支付时间戳	bigint	1651572489		
			order_id	订单 ID	bigint	3287654237		
			pay_order_id	支付订单 ID	bigint	876543 8752		
			pay_status	交易状态	int	1. 未付款 2. 已付款 3. 已退款		
			store_id	商店 ID	int	4512379		
			commodity_id	商品 ID	int	6378291		
			commodity_price	商品价格	int	128		
			commodity_num	商品数量	int	5		
			buy_fee	购买金额	int	456		
user_share	用户推广事件	用户分享成功时	用户注册时获取的基础信息					
			share_ts	分享的时间戳	bigint	1651572489		
			share_channel	分享的渠道	int	1. 微信 2. B 站 3. 知乎 ……		
			store_id	分享的店铺 ID	int	4512379		
			commodity_id	分享的商品 ID	int	6378291		

第 10 章 *Chapter 10*

数据指标开发与数据仓库建模

通过数据埋点我们获得了用户原始数据，完成了数据指标体系构建的第一步——数据采集。但仅有用户的原始数据是不够的，还需要对这些原始数据进行一定的加工处理，构建一定的数据治理规范，从而在业务层面实现数据指标口径一致、算法统一，在技术层面实现数据机密分级以及权限管控。

数据治理规范包括数据指标体系规范以及数据仓库（简称数仓）模型设计，其中大部分工作都是由数据仓库开发工程师完成，作为数据分析师对这部分内容仅作为拓展内容简单了解即可，因此本章也只会对相关内容进行概述。而对于部分用户数据量级较小的初创企业来说，构建数据指标体系是可以省略数据治理这一步骤的。如何通过用户原始数据构建数据指标体系将会在第 11 章进行介绍。

10.1 数据指标体系规范

随着业务规模的不断扩大，数据体量会变得越来越大，数据指标也会变得越来越多。如果不对数据指标进行规范化管理，可能造成具有相同名称的指标在各部门的定义不一样，进而引发取值定义不清晰、指标修改成本大等问题，解决以上问题需要一套数据指标体系规范。这一节会以阿里 OneData 作为理论支撑，介绍构建数据指标体系规范的意义以及各类指标的命名规范。

10.1.1 构建数据指标体系的理论支撑

多个有关联的数据指标根据一定的规则组织起来形成能够反映业务发展变化的评价标

准就是数据指标体系。数据指标体系用于监控业务发展变化，衡量业务健康水平。而数据指标统计口径一致是相同指标在不同业务模块之间对比的前提，同时数据指标可管理、可追溯、避免重复建设是数据指标体系建设的重要原则。

1. 阿里 OneData 体系介绍

那么如何做到数据指标口径统一、管理溯源方便呢？阿里提出的 OneData 体系为数据指标体系的建设提供了理论指导。如图 10-1 所示，OneData 体系一共分为 3 个层级，分别是业务线、指标规范以及模型设计，这个体系的落地需要运营人员、数据分析师及数据开发人员等多个岗位配合。

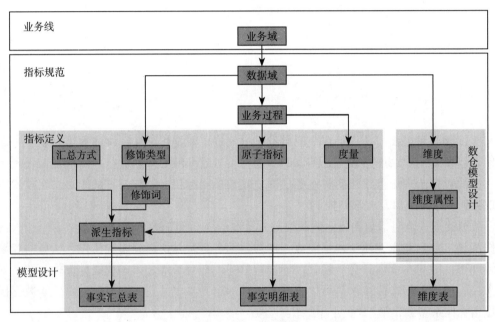

图 10-1　OneData 体系

首先是业务线模块，几乎每一家互联网公司都会有多个业务线，每个业务线相互独立，其数据指标重叠性较小，所以区分业务线能够让指标管理目标以及数据指标体系更加清晰。其次是指标规范模块，该模块可以分为指标定义部分以及数仓模型设计部分，前者主要由数据分析师完成，第 3 ~ 6 章我们已经完成了数据指标设计并统一了各指标定义，而后者由数仓开发人员完成。最底层同样属于数仓模型设计部分，该部分主要是计算各类数据指标的数据源，并形成维度表、事实明细表以及事实汇总表。

2. 术语解释

OneData[⊖]体系涉及很多的名词术语，大部分在 1.1 节以及第 6 章已进行介绍，此处我

⊖ 参见阿里巴巴数据技术及产品部撰写的《大数据之路：阿里巴巴大数据实践》。

们再简单回顾一下。

- ❑ 数据域：是联系较为紧密的数据主题集合，需要抽象提炼并且长期维护和更新。通常需要根据业务情况进行划分，在划分时既需要涵盖当前所有的业务需求，又需要新的业务需求进入后以无影响的方式包含进已有的数据域和拓展新的数据域。
- ❑ 业务过程：是指一个不可拆分的行为事件，例如用户注册、用户登录等。
- ❑ 时间周期：用来明确数据统计的时间范围或者时间点，例如 3 天、7 天、30 天等。
- ❑ 修饰类型：是对修饰词的一种抽象划分，从属于某一个业务域。
- ❑ 修饰词：指除了统计维度以外对指标业务场景的限定抽象，修饰词从属于一种修饰类型。
- ❑ 度量和原子指标：度量和原子指标是同样的概念，都是对某一业务事件行为的度量，是业务定义中不可再分的指标，是具有明确的业务含义的名词，例如在线时长、消费金额、消费次数、分享次数等。
- ❑ 维度属性：维度是度量的环境，用来反映业务的一类属性，这类属性的集合构成一个维度，也可以称为实体对象。在数据分析中，可供分析的维度很多，第 6 章介绍了部分常用的分析维度，例如，时间维度可以是年、月、日、时、分、秒等，空间维度可以是大洲、区域、国家、省、市等。
- ❑ 派生指标：是对原子指标业务统计范围的圈定，例如，留存率是一个原子指标，而新用户三日留存率是一个派生指标，是对留存率这个原子指标的业务统计范围的圈定。1.1 节做过详细介绍，此处不再赘述。

10.1.2　各类数据指标的命名规范

1.1 节已经介绍了原子指标、修饰词、派生指标等多个概念之间的关系，同时在第 3 ～ 5 章的指标定义中也介绍了很多原子指标，并统一了这些原子指标的定义。原子指标在数据指标体系中的命名也是有一定规范的，原子指标加上修饰词构成派生指标，其中的修饰词和派生指标也有一定的命名规范。

在指标命名时，一般会使用英文简写，其次是英文全称，如果英文名太长可以考虑用汉语拼音首字母命名，具体规范如下。

1. 原子指标命名规范

原子指标必须挂靠在某个业务过程之下，无论是中文名还是英文名的命名都可以使用动作 + 度量的命名规则。通常我们会定义原子指标的词根，遇到相关的指标都按照统一的词根进行命名，表 10-1 汇总了部分常用的基础指标词根。

表 10-1　常用的基础指标词根[⊖]

基础指标词根	英文全称	词根
数量类	count	cnt
金额类	amount	amt
比率 / 占比类	ratio	ratio

　⊖　该表及表 10-2 ～表 10-4，参见阿里巴巴数据技术及产品部撰写的《 大数据之路：阿里巴巴大数据实践》

2. 时间周期修饰词命名规范

时间周期修饰词是对指标统计时间范围的限定，一般采用缩写或简称的形式，可以根据自己公司业务范围和具体使用场景设定统一的规范。

此处列举一些常用时间周期修饰词，如表 10-2 所示。

表 10-2　常用的时间周期修饰词

中文名	英文名	中文名	英文名
最近 1 天	1d	自然月	cm
最近 3 天	3d	自然季度	cq
最近 7 天	7d/1w	截至当日	td
最近 14 天	14d/2w	年初截至当日	sd
最近 30 天	30d/1m	零点截至当前	tt
最近 60 天	60d/2m	财年	fy
最近 90 天	90d/3m	最近 1 小时	1h
最近 180 天	180d/6m	准实时	ts
180 天以前	bh	未来 7 天	flw/f7d
自然周	cw	未来 4 周	f4w

3. 派生指标命名规范

派生指标由原子指标、修饰词、汇总方式 3 个部分构成，所以其命名规范也是由原子指标的命名规范、修饰词的命名规范、汇总方式的命名规范组成，但不同类型的派生指标在命名时也会有一定的差异。

派生指标分为事务型指标、存量型指标和复合型指标，按照特性不同，有的必须新建原子指标，有的可以在其他类型原子指标的基础上增加修饰词形成派生指标，具体命名规范如表 10-3 所示。

表 10-3　不同类型派生指标的命名规范

指标类型	指标定义	示例	命名规范
事务型指标	对业务活动进行衡量的指标	新增用户数	在原子指标的基础增加修饰词
存量型指标	对实体对象某些状态进行统计的指标	注册用户总数	在原子指标的基础增加修饰词
复合型指标	在事务型指标和存量型指标的基础上复合而成的指标	网约车下单 – 派单转化率	部分需要创建新的原子指标 部分可以在事务型或存量型原子指标的基础上增加修饰词

（1）复合型指标的命名细则

复合型指标存在多种不同类型，表 10-4 梳理了各类复合型指标的命名细则。

表 10-4 复合型指标的命名细则

复合型指标类型	命名细则	示例		
比率型	创建原子指标，例如留存率	新注册用户次日留存率 原子指标为"留存率"，时间周期为"次日"，修饰类型为"用户类型"，修饰词为"新用户"		
比例型	创建原子指标，例如百分比、占比	近一周百度渠道来源新用户占比 原子指标为"新用户占比"，时间周期为"近一周"，修饰类型为"来源渠道"，修饰词为"百度渠道"		
变化量型	不创建原子指标，增加修饰词	新用户近一周付费金额较上一周变化量		
变化率型	创建原子指标	近一周百度渠道来源新用户留存率较上一周变化率		
统计型（均值、分位数等）	不创建原子指标，增加修饰词	在修饰词类型"统计方法"下面增加修饰词 	修饰词	英文缩写
---	---
人均	per capita
日均	daily
行业平均	industry average
商品平均	commodity average
90 分位数	90th quantile
70 分位数	70th quantile
周累计	wtd			
排名型	创建原子指标，同时选择对应的修饰词	排名型派生指标常用的修饰词 | 修饰类型	修饰词	英文缩写
---	---	---
统计方法	降序	desc
	升序	asc
排名名次	排名前 10	top10
	排名后 10	tail10
排名范围	行业	industry
	省份	province
	……				

（2）案例分析

介绍完各类指标的命名规范之后，我们通过一个实际案例来说明指标中英文的命名规范。

"近一天来源于 Facebook 渠道的付费用户数"是一个派生指标，其英文字段名为 pay_user_1d_fb，如图 10-2 所示，我们对其中英文命名进行拆解，"近一天"是该指标的时间周期修饰词，其英文缩写为 1d；"来源于 Facebook 渠道"是该指标的来源渠道修饰词，英文缩写为 fb；"付费用户数"是该指标的原子指标，其英文名为 pay_user。

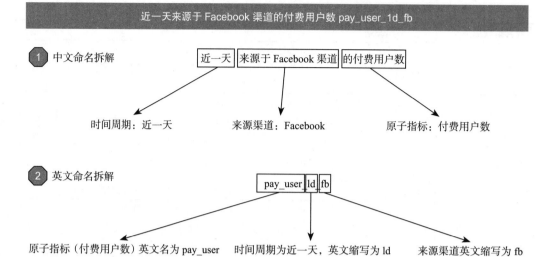

图 10-2　派生指标的拆解

10.1.3　用户规模、行为以及业务数据指标的中英文命名规范

下面我们根据 10.1.2 节介绍的数据指标命名规范对第 3 ～ 5 章介绍的数据指标进行统一的命名，但其中一些派生指标在业界有统一的简称，对这类指标我们将沿用统一的简称。

1.用户规模指标

我们对用户获取、用户新增、用户活跃、用户留存 4 个不同模块的数据指标进行中英文命名，具体规范如表 10-5 所示。

表 10-5　用户规模指标中英文命名规范

模块	中文名	英文名	指标类型	模块	中文名	英文名	指标类型
用户获取	每千次展示成本	CPM	派生指标	用户新增	新增用户	DNU	原子指标
	每次点击成本	CPC	派生指标	用户活跃	日活跃用户	DAU	派生指标
	每次下载成本	CPD	派生指标		周活跃用户	WAU	派生指标
	每次观看成本	CPV	派生指标		月活跃用户	MAU	派生指标
	每次安装成本	CPI	派生指标	用户留存	次日留存率	R2	派生指标
	每次行动成本	CPA	派生指标		3 日留存率	R3	派生指标
	点击率	CTR	原子指标		7 日留存率	R7	派生指标
	转化率	CVR	原子指标				
	安装率	IR	原子指标				
	注册转化率	RR	派生指标				

2.用户行为指标

用户行为指标的中英文命名规范如表 10-6 所示。

表 10-6　用户行为指标的中英文命名规范

模块	中文名	英文名	指标类型
使用类	使用次数	use_num	原子指标
	使用时长	use_time	原子指标
	使用间隔	use_interval	原子指标
访问类	访问人数	visit_cnt	原子指标
	访问次数	visit_num	原子指标
	转化率	conversion_rate	原子指标
	页面访问深度	page_access_depth	原子指标
	弹出率	bounce_rate	原子指标
付费类	付费用户	pay_user	原子指标
	用户付费转化率	user_payment_conversion_rate	派生指标
	用户月付费转化率	user_monthly_payment_conversion_rate	派生指标
	活跃付费用户数	active_pay_user	派生指标
	用户总成交额	GMV	派生指标
	复购率	repurchase_rate	原子指标
	平均每用户收入	ARPU	派生指标
	平均每付费用户收入	ARPPU	派生指标
	生命周期价值	LTV	派生指标
用户传播	用户分享率	user_share_rate	原子指标
	K 因子	K_factor	原子指标

3. 业务数据指标

业务数据指标的中英文命名规范如表 10-7 所示。

表 10-7　业务数据指标的中英文命名规范

模块	中文名	英文名	指标类型
工具类	使用（活跃）用户数量	active_user_cnt	派生指标
	会员（付费）用户数量	pay_user_cnt	派生指标
	使用频次	use_num	原子指标
	使用间隔	use_interval	原子指标
	广告曝光量（收益）	impression	原子指标
	广告点击量（收益）	click	原子指标
	会员付费（增值服务）金额	payment	原子指标
	功能达成率	function_achieving_rate	派生指标
内容类—内容生产	发布内容分享率	content_share_rate	派生指标
	阅读观看完成率	read（visit）_finished_rate	派生指标
	内容发布数量	content_published_num	派生指标
	发布频率	article_publication_frequency	派生指标
	发文留存率	retention_rate	派生指标
	行为健康度	behavior_heath_rate	派生指标
内容类—内容消费	浏览数	browse_num	原子指标
	浏览广度	browse_breadth	原子指标
	浏览时长	browse_time	原子指标
	用户参与度	user_engagement	原子指标

（续）

模块	中文名	英文名	指标类型
内容类—生命周期	内容发布量	content_published_num	派生指标
	内容审核通过量	content_moderation_passed_num	派生指标
	内容展示量	content_impression_num	派生指标
	内容推荐量	content_referral_num	派生指标
	内容过期量	content_expiration_num	派生指标
社交类	关系密度	relationship_density	原子指标
	互动量	engagement_num	原子指标
	发布量	publishing_num	原子指标
交易类	交易总金额	GMV	派生指标
	页面详情转化率	conversion_rate	派生指标
	客单价	ATV　average transaction value	派生指标
	复购率	repurchase_rate	原子指标
游戏类	次日、3 日、7 日留存率	R2/R3/R7	派生指标
	付费率	pay rate	原子指标
	平均每用户收入	ARPU	派生指标
	平均每付费用户收入	ARPPU	派生指标
	生命周期价值	LTV	派生指标
	用户成本	CAC	派生指标
	投入产出比	ROI	派生指标

10.2　数据仓库模型设计

　　了解了以阿里 OneData 体系作为理论支撑的数据指标体系规范后，我们继续来学习数据仓库模型的设计。这一节会主要介绍数据仓库的定义、数仓模型的层次及意义以及数仓表的命名规范，从而理解通过埋点获取原始数据后如何对原始数据进行加工处理使得数据指标口径能够统一。

10.2.1　数据仓库介绍

　　在介绍数仓模型之前，我们先来了解什么是数据仓库以及数据仓库与数据库的异同。

1. 什么是数据仓库

　　数据仓库英文名为 Data Warehouse ，可简称为 DW。数据仓库之所以被称为"仓库"，是因为它本身就是一个存放数据的空间，既不生产数据，也不消费数据，只是对数据进行不同粒度的加工处理后开放给外部应用。

　　如图 10-3 所示，我们汇总了数据从获取、加工到应用的整个过程中数据仓库的至关重要的作用。下游丰富的数据源为数据仓库提供了数据来源，其中也包括我们在第 9 章介绍的通过数据埋点获得的数据；原始数据通过不同粒度的处理后形成不同的数仓模型；最终开放给不同的用户以支持即时查询、报表展示、数据分析和挖掘以及相关的算法研究等应用。

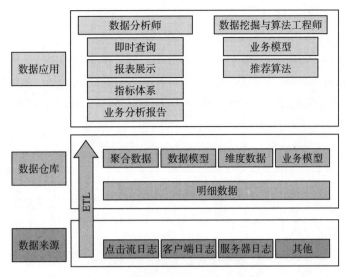

图 10-3　数据仓库在数据流中的作用

综上所述，数据仓库承接了下游的原始数据以及上游的各类应用场景，是一个中间集成化的数据管理平台。

2. 数据仓库和数据库的区别与联系

数据库想必大家都很熟悉，那么数据仓库和数据库有什么区别和联系呢？

首先需要明确的一点是数据仓库并非为了取代数据库而出现。简而言之，数据库是为了捕获数据而设计，其特点是面向应用进行组织，各业务系统可能是相互分离的；而数据仓库则是为分析数据而设计的，会依照分析需求、维度、指标等有意引入冗余进行设计，其特点是面向主题的，也就是 10.1 节介绍的数据域（主题域），即某一模块下所涉及的分析对象。

综上所述，数据库与数据仓库的区别就是操作型处理（On-Line Transaction Processing，OLTP）和分析型处理（On-Line Analytical Processing，OLAP）的区别，前者主要解决操作响应时间、完整性以及并发支持等相关问题，传统的关系型数据库 MySQL、Oracle 等都属于 OLTP；而后者主要支持各个数据域（主题域）下的数据分析需求。但值得注意的是，数据仓库只是"仓库"，而不是所谓的"大型数据库"，它是以大量数据库为前提，在此基础上对原始数据进行加工处理，进而满足后续的数据挖掘以及辅助决策需要。

10.2.2　数据仓库模型层次

数据仓库建模是一套从规范定义、模型设计、数据服务，再到数据可管理、可追溯、可复用的方法论。为了满足不同业务场景下对于不同数据粒度的需求，数据仓库会分为不同的层级结构以存放对应粒度的数据表格。下面我们一起来了解下数据仓库模型层次、分层的意义以及各层级下数仓表的命名规范。

1.数据仓库模型层次介绍

基于维度建模理论以及阿里 OneData 理论的指导，数仓模型一般分为三个层次，如图 10-4 所示，分别是操作数据层（Operational Data Store，ODS）、公共维度模型层（Common Dimension Model，CDM）、应用数据层（Application Data Service，ADS），其中公共维度模型层又可以细分为明细数据层（Data Warehouse Detail，DWD）和汇总数据层（Data Warehouse Summary，DWS）[⊖]。

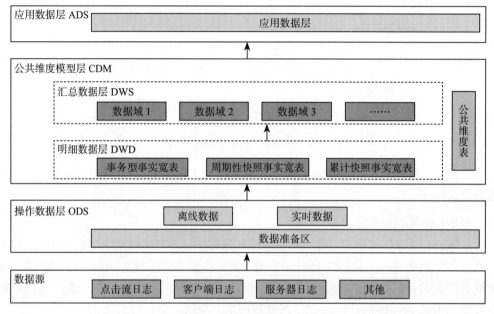

图 10-4 数仓模型层次介绍

ODS 分为数据准备区、离线数据、实时数据三个不同的部分，其作用是几乎毫无处理地存放操作系统数据，实现数据同步、清洗以及保存历史数据。

CDM 基于维度建模理论，以建立企业数据的一致性维度，为后续数据指标体系构建提供数据基础，其主要作用是存放明细数据、维度数据以及汇总数据。

其中 DWD 以业务过程为建模驱动，基于业务过程构建最细粒度的明细层事实表，同时可以结合具体业务场景加入重要维度字段做适当的冗余以形成宽表化处理。DWD 的数据宽表大致可以分为事务型事实宽表、周期性快照事实宽表以及累计快照事实宽表三大类型。

DWS 以数据域（主题域）为建模驱动，基于 DWD 的明细数据构建公共粒度的汇总指标事实表。

⊖ 参见阿里巴巴数据技术及产品部撰写的《 大数据之路：阿里巴巴大数据实践》，以及 Ralph Kimball 和 Margy Ross 共同撰写的《数据仓库工具箱》。

ADS 是基于 CDM 以及 ODS 加工而成的，用于存放数据产品个性化的统计指标数据。

但值得注意的是，数据仓库分层没有绝对的规范，以上只是参考维度建模以及阿里 OneData 总结出来的业界常用的分层规范。在实际应用中，只要符合当下业务场景的都是最合适的数据仓库分层。

2. 数据仓库分层的意义

到这里大家可能会有一个疑问，为什么数仓模型要分那么多层级，到底有什么意义呢？

其实从前面的介绍中不难看出，从原始数据到最终的应用数据层，数据经过了很多遍的加工和处理，一个好的数仓模型层次可以屏蔽原始数据的影响，使数据结构更加清晰；同时各层级间存在紧密的依赖关系，方便追溯数据的关系，使得数据关系具有条理；当然这样做还能减少重复开发，使得数据指标口径在最底层就得到了统一，为后续数据分析师开展指标监控相关的工作提供了极大的便利。

3. 数仓表命名规范

数仓模型拥有多个层级，每个层级又会产生许多张表，对每张表进行规范的命名能够减少使用成本以及维护成本。各个字段的命名规则请参考 10.1 节内容，数仓表的命名规则一般为：前缀 / 数仓层级 + 数据域 / 主题域 + 业务类型 + 自定义表名 + 后缀 / 更新方式。

数仓分层就是前面介绍的 ODS、DWD、DWS、ADS 等不同的层级，主要用来明确数据表的统计粒度；数据域 / 主题域主要用来限定数仓表所涵盖的实体对象；业务类型用来限定数仓表所属的业务线；自定义表名一般会尽可能多地描述该表的信息；更新周期则会详细说明该表更新的频率和方式。

以上介绍的只是业界较为常用的数仓表命名规范，实际应用中也可以按照自身情况选择适合自己业务特点的命名方式。

（1）数据仓库层次命名规范

数据仓库层次命名规范如表 10-8 所示。

表 10-8　数据仓库层次命名规范

数仓层级	命名规范	备注
公共维度	dim	维度表，数仓维度明细数据
ODS	ods	事实表，数据仓库原始数据表
DWD	dwd	事实表，数据仓库明细表
DWS	dws	事实表，数据仓库轻度汇总表
ADS	ads	事实表，数据仓库应用表
	mid	中间表，临时存储中间数据的表
	tmp	临时表，可随时删除的表

（2）数据域 / 主题域命名规范

数据域 / 主题域命名规范如表 10-9 所示，此处仅列举部分常用的数据域 / 主题域，实际应用过程中可结合自身业务特点进行数据域 / 主题域的划分和命名，只要做到全局统一即可。

表 10-9 数据域 / 主题域命名规范

数据域 / 主题域	命名规范	备注
用户域	user	以用户为维度的数据集合
行为域	act	以用户行为为基础的数据集合
金融域	fin	以资金、结算为基础的数据集合
交易域	trd	以交易购买行为为基础的数据集合
店铺域	shp	以店铺信息为维度的数据集合
游戏玩法域	gmp	以游戏玩法为基础的数据集合
……	……	……

（3）后缀 / 更新方式的命名规范

后缀主要是说明数仓表的更新方式，从时间周期上来说，可以是日、周、月等；从更新方式上来说，可以是全量更新，也可以是增量更新，其命名规范如表 10-10 所示。

表 10-10 后缀 / 更新方式的命名规范

后缀	命名规范	备注	后缀	命名规范	备注
日	d	每日更新	增量	i	增量更新
周	w	每周更新	全量	f	全量更新
月	m	每月更新			

10.2.3 数据仓库建模方法及实施流程概述

数仓建模方法以及实施流程是数仓工程师的工作职责，作为数据分析师对该部分内容有大致的了解即可，它们能够帮助数据分析师对数据指标体系构建有更加全面的理解。

1. 数据仓库建模方法

数据仓库建模的方法多种多样，常见的有范式建模法（Third Normal Form，3NF）、维度建模法（Dimensional Modeling）以及实体建模法（Entity Modeling）[一]。

范式建模法将企业数据模型分为主题域模型和逻辑模型两个层次，其中主题域模型可以理解为业务模型，而逻辑模型则是主题域模型在关系型数据库上的实例化。

维度建模法是一种服务于决策分析需求的建模方法，主要按照事实表和维度表来构建数据仓库模型，较有代表性的模型有星型模型（Star-schema）和雪花模型（Snow-schema）。

实体建模法将业务过程划分为实体、事件、说明三个不同部分，通过模型说明它们之间的关系。

具体方法以及实操过程此处不再详细说明，感兴趣的读者可以参考《数据仓库工具箱》以及《大数据之路：阿里巴巴大数据实践》。

○ 参见阿里巴巴数据技术及产品部撰写的《大数据之路：阿里巴巴大数据实践》。

2. 数据仓库模型设计实施流程

数据仓库建模的流程如图 10-5 所示，主要分为数据调研、业务过程及统计指标梳理、数据仓库模型设计、代码开发及部署运维等几个阶段。

数据仓库是面向主题（通过对数据进行综合、归类并分析利用后可抽象出对应主题）的应用。数据仓库模型设计除横向的分层外，通常也需要根据业务情况进行纵向的数据域划分。数据域是联系较为紧密的数据主题的集合，是对业务对象高度概括的概念层次归类，目的是便于数据的管理和应用。

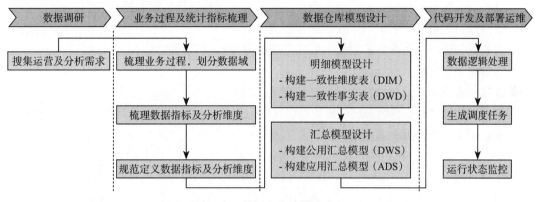

图 10-5　数据仓库建模的流程

其中数据调研、业务过程及统计指标梳理这两个流程可以参考第 3 章到第 8 章的内容，这两个流程使数据指标在理论层面上实现了口径一致；数据仓库模型设计使数据指标在现实层面实现了口径一致；在后续使用 BI 工具对报表进行展示时可以直接调用数据仓库模型构建出的各类事实表和维度表。

10.3　案例：以用户注册转化为例实践数据指标体系规范设计

数据调研、业务过程和数据指标梳理、数据仓库模型设计、代码开发以及部署运维是数据仓库建模的关键步骤，10.1 节和 10.2 节从理论层面介绍了数据指标开发规范以及数据仓库模型设计。在数据仓库模型设计部分，我们需要基于数据埋点获得原始数据并对其进行梳理和数仓建模，通过数据仓库模型设计从数据底层构建数据指标开发规范，以实现数据指标在企业层面的口径统一，从而完成 OneData 构建。

这一节我们以用户注册转化为例实践数据指标体系规范设计，并详细地介绍具体的做法，但作为数据分析师这一部分只需要简单地了解。

10.3.1　数据调研，明确需求

对业务进行全面的调研并且确定数据仓库的目标与需求是构建数据仓库的前提。因此

在构建数据仓库之前，需对具体业务进行梳理，明确相关团队的目标及需求，并沉淀相关文档中较为重要的环节。

7.2.1 节介绍了梳理数据指标体系时明确业务目标的两种方法，在数据仓库建模中数据调研以及明确需求的方法也大同小异。而两者的不同是，前者是数据分析师基于运营人员等业务方的需求出发进行梳理；而后者是数仓工程师基于数据分析师的分析需求出发进行梳理。

因此在数仓建模之前，数仓工程师的数据调研和明确需求可以从以下两个方面进行：

❑ 围绕数据分析师的分析需求和业务运营的业务目标进行沟通和提炼。

❑ 对现有的数据报表进行系统梳理和研究分析。

在数据调研以及明确需求阶段，数仓工程师需要对以下问题做到心中有数。

❑ 需求需要哪些数据指标？

❑ 这些数据指标是根据哪些维度、粒度汇总的？

❑ 明细数据层和汇总数据层应该如何设计？公共维度层如何设计？是否有公共的指标？

❑ 数据是否需要冗余或者沉淀到汇总数据层中？

8.1 节梳理了用户注册转化实例的数据指标体系，还梳理了相关的数据指标，基本的数据需求已经明确。如图 10-6 所示，我们对业务目标和数据需求做一个简单的汇总，在该实例中可以分为五个不同的业务过程，各个过程的业务目标和数据需求不尽相同。

以用户新增这一业务过程为例，业务目标是以低成本获取大量优质的用户，数据需求是广告投放成效分析以及广告成本分析。而数据分析师的需求是统计所有渠道新增用户的数量。对于这个具体需求来说，此时需要考虑的是根据什么（维度）汇总、汇总什么（度量）、统计范围是什么以及按照什么粒度进行统计，其中渠道是维度，数量是度量，范围是新用户，粒度是用户唯一编号（可以是 UID、open_id、device_id 等多种粒度，详见 3.1 节内容）。

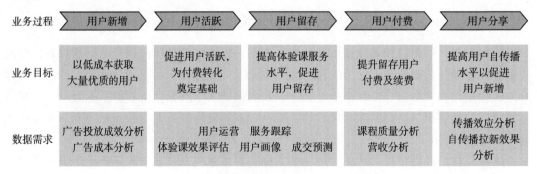

图 10-6　需求汇总

除此之外，明细数据和汇总数据的设计、公共层报表及数据是否需要沉淀到汇总表中等因素也可以考虑。

10.3.2　业务过程及统计指标梳理

在 8.1 节梳理了数据指标体系后，我们已经明确了整个数据指标体系的框架，包括其中的各个业务过程及其相关数据指标，这里我们再按照数仓建模的流程进行简单梳理。

1. 梳理业务过程

业务过程可以划分为一个个不可再分的行为事件，通常情况下埋点可以获得大部分业务所需的数据，为了理清数据之间的关系和流向，数据仓库工程师需要理解业务过程。

业务过程可以是单个业务事件，也可以是某个事件的状态。在 8.1 节，基于 AARRR 模型将用户注册转化划分为注册、激活、留存、付费、推广五个不同的业务过程。在数据仓库建模部分，划分业务过程的同时需要考虑如下几个问题：

- ❏ 每个业务过程会产生哪些数据、数据的内容是什么、这些数据以什么样的形式存放在什么数据库中？
- ❏ 数据在什么情况下更新，更新的逻辑是什么？
- ❏ 每个业务过程事件分析的粒度是什么？需要预判事件细分的程度和范围，从而选择合适的粒度，进而构思维度表的设计。

2. 划分数据域

数据域是指面向业务分析，将业务过程或者维度进行抽象的集合。明确业务过程之后，可以根据业务分析和决策的需求划分数据域。在划分数据域时，既需要涵盖当前所有的业务需求，又需要在新的业务进入时可以被包含进已有的数据域或扩展新的数据域。数据域划分的规则可以按照用户企业部门划分，也可以按照业务过程或者业务板块中的功能模块进行划分。

在用户注册转化实例中，我们按照业务过程的紧密程度将其划分为用户域和行为域，如表 10-11 所示。其中，用户的新增、活跃、留存是用户的属性，将其归类到用户域；而用户付费、分享是用户行为，将其归类到行为域。

表 10-11　用户注册转化实例划分数据域

数据域	业务过程
用户域	用户新增、用户活跃、用户留存
行为域	用户付费、用户分享

3. 梳理数据指标，明确指标定义

梳理数据指标以及明确定义相关指标是数据仓库建模前的重要步骤，指标的定义及命名规则可以参考 10.2 节相关内容。

除此之外，在定义数据指标时还有一些需要注意的事项。

- ❏ 明确原子指标的统计口径和计算逻辑。定义业务过程之后可以创建原子指标，原子指标 = 业务过程 + 度量。
- ❏ 派生指标可以选择多个修饰词，由具体的派生指标语义决定。
- ❏ 派生指标归属一个原子指标，继承原子指标的数据域，与修饰词的数据域无关。

此处简单回顾各个业务过程关注的数据指标和相关的分析维度，具体细节整理如图 10-7 所示。

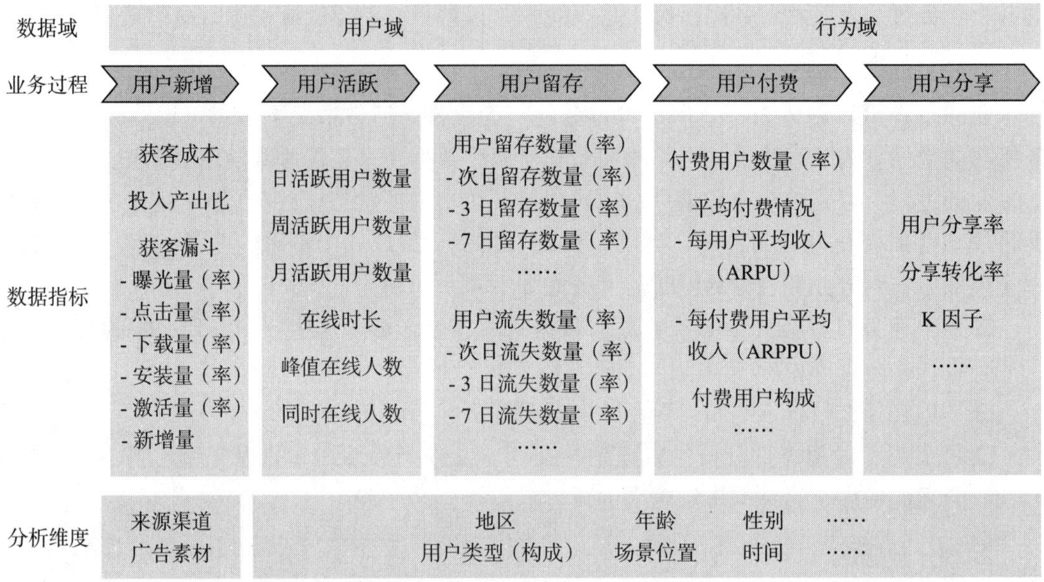

数据域	用户域			行为域	
业务过程	用户新增	用户活跃	用户留存	用户付费	用户分享
数据指标	获客成本 投入产出比 获客漏斗 - 曝光量（率） - 点击量（率） - 下载量（率） - 安装量（率） - 激活量（率） - 新增量	日活跃用户数量 周活跃用户数量 月活跃用户数量 在线时长 峰值在线人数 同时在线人数	用户留存数量（率） - 次日留存数量（率） - 3 日留存数量（率） - 7 日留存数量（率） …… 用户流失数量（率） - 次日流失数量（率） - 3 日流失数量（率） - 7 日流失数量（率） ……	付费用户数量（率） 平均付费情况 - 每用户平均收入 （ARPU） - 每付费用户平均 收入（ARPPU） 付费用户构成 ……	用户分享率 分享转化率 K 因子 ……
分析维度	来源渠道 广告素材	地区 用户类型（构成）		年龄 性别 …… 场景位置 时间 ……	

图 10-7 用户注册转化实例中业务过程、数据指标以及分析维度

在第 3 章、第 4 章的内容中我们已经介绍了各个指标的多种计算口径，但在此处需要对图 10-6 中所有的数据指标的计算口径、统计粒度、命名方式做统一的梳理，为后续的数仓建模奠定良好的数据基础。最终梳理结果如表 10-12 所示。

表 10-12 用户注册转化实例数据指标梳理

数据域	业务过程	指标中文名	指标英文名	指标定义
用户域	用户新增	获客成本	CAC	新增用户的总投入 / 新增用户总数
		投入产出比	ROI	LTV/CAC
		曝光量	impression_cnt	广告曝光的次数
		点击量（率）	click_cnt	广告点击次数
		下载量（率）	download_cnt	App 下载次数（人数）
		安装量（率）	install_cnt	App 安装次数（人数）
		激活量（率）	activation_user	首次打开 App 的用户数量
		新增量（率）	new_user	新用户数量
	用户活跃	日活跃用户数量	DAU	每天活跃用户数量
		周活跃用户数量	WAU	每周活跃用户数量
		月活跃用户数量	MAU	每月活跃用户数量
		在线时长	onlinetime	用户使用 App 的时长
		同时在线人数	CCU	同时使用 App 的人数
		峰值在线人数	PCU	同时使用 App 的峰值人数

（续）

数据域	业务过程	指标中文名	指标英文名	指标定义
用户域	用户留存	次日留存数量（率）	R2	第 2 天留存的用户数 / 第一天新增（活跃）用户数
		3 日留存数量（率）	R3	第 3 天留存的用户数 / 第一天新增（活跃）用户数
		7 日留存数量（率）	R7	第 7 天留存的用户数 / 第一天新增（活跃）用户数
		次日流失数量（率）	C2	第 2 天流失的用户数 / 第一天新增（活跃）用户数
		3 日流失数量（率）	C3	第 3 天流失的用户数 / 第一天新增（活跃）用户数
		7 日流失数量（率）	C7	第 7 天流失的用户数 / 第一天新增（活跃）用户数
行为域	用户付费	用户付费率	pay_rate	付费用户数 / 新增（活跃）用户数
		每用户平均收入（ARPU）	ARPU	付费总金额 / 新增（活跃）用户数
		每付费用户平均收入（ARPPU）	ARPPU	付费总金额 / 新增（活跃）付费用户数
	用户分享	用户分享率	user_share_rate	转发分享的用户数 / 新增（活跃）用户数
		分享转化率	share_conversion_rate	成功转化人数 / 分享次数
		K 因子	K_factor	（分享次数 / 分享人数）×（成功转化人数 / 分享次数）

4. 定义数据维度与构建总线矩阵

梳理统计维度是数据指标体系构建的重要环节，在数据仓库建模的环节需要结合业务过程定义维度。例如，用户域的用户新增业务主要涉及来源渠道、广告素材、地域三个维度。

通过来源渠道可以定义的维度为渠道 ID 和渠道名称。

通过广告素材可以定义的维度为广告素材 ID、广告素材名称、广告素材组 ID、广告素材组名称。

通过地域可以定义的维度为城市 ID、城市名称、省份 ID、省份名称。

在维度建模部分，需要保证在企业级数据仓库中维度的唯一性。例如，渠道 ID 这个维度，在各个业务过程中有且只允许有一种维度定义，且传达的信息是一致的。

其他业务过程的维度此处不再一一分析，具体信息已经罗列在图 10-7 中。

根据数据域、业务过程以及相关的维度信息，我们可以构建总线矩阵，即明确业务过程与哪些维度相关，并且定义每个数据域下的业务过程和维度。如表 10-13 所示，我们总结了用户注册转化实例的总线矩阵，定义了广告渠道、地域、性别、年龄、用户类型、场景位置、商品等维度。

表 10-13　用户注册转化实例总线矩阵

数据域		一致性维度																		
		渠道ID	渠道名称	广告素材ID	广告素材名称	广告素材组ID	广告素材组名称	城市ID	城市名称	省份ID	省份名称	性别	年龄	用户类型	场景位置	商品ID	商品名称	商品类型	商品金额	……
用户域	用户新增	Y	Y	Y	Y	Y	Y	Y	Y	Y	Y	Y	Y	N	N	N	N	N	N	……
	用户活跃	Y	Y	Y	Y	Y	Y	Y	Y	Y	Y	Y	Y	Y	N	N	N	N	N	……
	用户留存	Y	Y	Y	Y	Y	Y	Y	Y	Y	Y	Y	Y	Y	Y	N	N	N	N	……
	用户付费	Y	Y	Y	Y	Y	Y	Y	Y	Y	Y	Y	Y	Y	Y	Y	Y	Y	Y	……
行为域	用户分享	Y	Y	Y	Y	Y	Y	Y	Y	Y	Y	Y	Y	Y	Y	N	N	N	N	……

注：Y 代表涉及此项内容；N 代表不涉及此项内容。

10.3.3　数据仓库模型设计

完成数据调研，指标统计及分析维度梳理之后，就到了数据仓库模型设计阶段了。主要包括公共维度汇总层（DIM）、明细数据层（DWD）、汇总数据层（DWS）的模型设计。

下面我们以用户注册转化实例实践数仓模型设计。

1. ODS 数据引入

ODS 主要存放从业务系统中获取的原始数据，从严格意义上来讲 ODS 并不属于数仓建模的范畴，但是为了使数据流更加完整我们还是简单介绍一下 ODS 数据引入层数仓表设计。

在用户注册转化实例中，我们通过数据埋点获得了用户注册详情信息、用户登录详情信息、用户付费详情信息以及用户分享详情信息，每个事件的埋点字段参考 9.3 节的表 9-3，一共 4 张 ODS 表：

❑ 记录用户注册信息：user_acquisition
❑ 记录用户登录信息：user_login
❑ 记录用户付费信息：user_pay
❑ 记录用户分享信息：user_share

ODS 设计也有自己的规范，包括 ODS 表命名、数据同步任务命名、数据产出、生命周期管理以及数据质量规范等，这里不一一进行介绍，感兴趣的读者可以参考相关书籍。

此处只提供 ODS 建表示例，代码如下。

```
CREATE TABLE IF NOT EXISTS ods_user_acquisition_di
(
    uid             int         COMMENT '用户唯一编号',
    province_id     int         COMMENT '省份 ID',
    city_id         int         COMMENT '城市 ID',
    nikename        string      COMMENT '昵称',
    device_id       string      COMMENT '设备 ID',
    channel_id      int         COMMENT '来源渠道',
    platform        string      COMMENT '平台 1 Android 2 iOS 3 PC',
    advertising_id  string      COMMENT '广告 ID',
    memory          int         COMMENT '手机内存',
    open_id         string      COMMENT '外部用户标识符',
    network         string      COMMENT '网络',
    event           string      COMMENT '事件名称',
    dt              bigint      COMMENT '事件发生时间',
    cost            string      COMMENT '获客成本'
    )
COMMENT '用户注册 ODS'
PARTITIONED BY (ds  STRING COMMENT '格式: YYYYMMDD')
LIFECYCLE 400;
CREATE TABLE IF NOT EXISTS ods_ user_login_di
```

```
(
    uid                 int         COMMENT '用户唯一编号 ',
    province_id         int         COMMENT '省份 id',
    city_id             int         COMMENT '城市 id',
    nikename            string      COMMENT '昵称 ',
    device_id           string      COMMENT '设备 id',
    channel_id          int         COMMENT '来源渠道 ',
    platform            string      COMMENT '平台 1 Android 2 iOS 3 PC',
    advertising_id      string      COMMENT '广告 id',
    memory              int         COMMENT '手机内存 ',
    open_id             string      COMMENT '外部用户标识符 ',
    network             string      COMMENT '网络 ',
    event               string      COMMENT '事件名称 ',
    dt                  bigint      COMMENT '事件发生时间 '
    cost                string      COMMENT '获客成本 '
    )
COMMENT '用户登录 ODS'
PARTITIONED BY（ds  STRING COMMENT '格式: YYYYMMDD'）
LIFECYCLE 400;

CREATE TABLE IF NOT EXISTS ods_user_pay_di
(
    uid                 int         COMMENT '用户唯一编号 ',
    province_id         int         COMMENT '省份 ID',
    city_id             int         COMMENT '城市 ID',
    nikename            string      COMMENT '昵称 ',
    device_id           string      COMMENT '设备 ID',
    channel_id          int         COMMENT '来源渠道 ',
    platform            string      COMMENT '平台 1 Android 2 iOS 3 PC',
    advertising_id      string      COMMENT '广告 ID',
    memory              int         COMMENT '手机内存 ',
    open_id             string      COMMENT '外部用户标识符 ',
    network             string      COMMENT '网络 ',
    register_dt         bigint      COMMENT '用户注册时间 ',
    pay_dt              bigint      COMMENT '支付时间戳 ',
    store_id            int         COMMENT '商店 ID',
    commodity_id        int         COMMENT '商品 ID',
    commodity_price     int         COMMENT '商品价格 ',
    commodity_num       int         COMMENT '商品数量 ',
    order_id            bigint      COMMENT '订单 ID',
    pay_order_id        int         COMMENT '支付订单 ID',
    pay_status          bigint      COMMENT '交易状态 1. 未付款 2. 已付款 3. 已退款 ',
    buy_fee             bigint      COMMENT '购买金额 '
)
COMMENT '用户付费 ODS'
PARTITIONED BY (ds  STRING COMMENT '格式: YYYYMMDD')
```

```
LIFECYCLE 400;
CREATE TABLE IF NOT EXISTS ods_user_share_di
(
    uid              int        COMMENT '用户唯一编号',
    province_id      int        COMMENT '省份ID',
    city_id          int        COMMENT '城市ID',
    nikename         string     COMMENT '昵称',
    device_id        string     COMMENT '设备ID',
    channel_id       int        COMMENT '来源渠道',
    platform         string     COMMENT '平台 1 Android 2 iOS 3 PC',
    advertising_id   string     COMMENT '广告ID',
    memory           int        COMMENT '手机内存',
    open_id          string     COMMENT '外部用户标识符',
    network          string     COMMENT '网络',
    share_dt         bigint     COMMENT '分享的时间',
    share_channel    int        COMMENT '分享的渠道',
    store_id         int        COMMENT '分享的商店ID',
    commodity_id     int        COMMENT '分享的商品ID'
)
COMMENT '用户分享ODS'
PARTITIONED BY (ds  STRING COMMENT '格式: YYYYMMDD')
LIFECYCLE 400;
```

2. 公共维度汇总层

基于维度建模的理念，公共维度汇总层是由维度表构成的，旨在建立企业的一致性维度。在 10.3.2 节我们已经梳理了用户域中用户新增业务过程的维度信息，除此之外，还会涉及用户信息、商品等多维度。

从用户角度可以定义以下维度：用户 ID、昵称、省份、城市、类型（包括新用户、老用户）、性别、年龄、设备 ID、设备操作系统、设备内存、广告 ID、来源渠道、付费标签。

从商品角度可以定义以下维度：商品 ID、商品名称、商品价格、商品类型 ID、商品类型名称、商品状态（0 表示正常，1 表示用户删除，2 表示下架，3 表示从未上架）。

完成维度定义之后，可以对维度继续进行补充，进而生成维度表，维度表的设计也需要遵守一定的规则，感兴趣的读者可以参考相关书籍，此处不再介绍。

公共维度汇总层（DIM）维表命名规范：dim_{业务板块名称 /pub}_{维度定义 }[_{自定义命名标签 }]，其中，pub 是与具体业务板块无关或各个业务板块公用的维度。

对于时间维度，举例如下。

❑ 用户注册转化实例中的渠道全量维表：dim_user_channel
❑ 用户注册转化实例中的广告全量维表：dim_user_advertising
❑ 用户注册转化实例中的地域全量维表：dim_public_area
❑ 用户注册转化实例中的用户信息全量维表：dim_public_user

❑ 用户注册转化实例中的商品全量维表：dim_user_item
本实例中，最终的建表语句如下。

```
CREATE TABLE IF NOT EXISTS dim_user_channel
(
    channel_id      int         COMMENT '渠道ID',
    channel_name    string      COMMENT '渠道名称'
)
COMMENT '渠道全量维表'
PARTITIONED BY (ds STRING COMMENT '日期分区，格式yyyymmdd')
LIFECYCLE 3600;

CREATE TABLE IF NOT EXISTS dim_user_advertising
(
    advertising_id              int     COMMENT '广告素材ID',
    advertising_name            string  COMMENT '广告素材名称',
    advertising_campaign        int     COMMENT '广告素材组ID',
    advertising_campaign_name   string  COMMENT '广告素材名组称'
)
COMMENT '广告素材全量维表'
PARTITIONED BY (ds STRING COMMENT '日期分区，格式yyyymmdd')
LIFECYCLE 3600;
CREATE TABLE IF NOT EXISTS dim_public_area
(
    city_id         string  COMMENT '城市code',
    city_name       string  COMMENT '城市名称',
    province_id     string  COMMENT '省份code',
    province_name   string  COMMENT '省份名称'
)
COMMENT '公共区域维表'
PARTITIONED BY (ds STRING COMMENT '日期分区，格式yyyymmdd')
LIFECYCLE 3600;

CREATE TABLE IF NOT EXISTS dim_public_user
(

    uid             int     COMMENT '用户唯一编号',
    nikename        string  COMMENT '昵称',
    province_id     int     COMMENT '省份ID',
    city_id         int     COMMENT '城市ID',
    user_type       int     COMMENT '用户类型',
    gender          int     COMMENT '用户性别',
    age             int     COMMENT '用户年龄',
    device_id       string  COMMENT '设备ID',
    platform        string  COMMENT '平台 1 Android 2 iOS 3 PC',
    memory          int     COMMENT '手机内存',
    advertising_id  string  COMMENT '广告ID',
    channel_id      int     COMMENT '来源渠道',
```

```
    pay_tag              int           COMMENT '付费标签'
)
COMMENT ' 公共用户全量维表 '
PARTITIONED BY (ds STRING COMMENT ' 日期 ,yyyymmdd');
CREATE TABLE IF NOT EXISTS dim_public_commodity
(
    commodity_id         int           COMMENT '商品 ID',
    commodity_name       int           COMMENT '商品名称 ',
    commodity_price      int           COMMENT '商品价格 ',
    cate_id              bigint        COMMENT '商品类目 ID',
    cate_name            string        COMMENT '商品类目名称 ',
    commodity_status     bigint        COMMENT '商品状态 _0 正常 1 用户删除 2 下架 3 未上架 '
)
COMMENT ' 商品全量维表 '
PARTITIONED BY (ds STRING COMMENT ' 日期 , yyyymmdd');
```

3. 明细数据层

明细数据层（DWD）是基于具体的业务特点构建的最细粒度的明细层事实表，在构建时可以将某些重要的维度属性字段做适当的冗余，即宽表化处理。DWD 的相关表格也有一定的设计原则，此处不再过多介绍，感兴趣的读者可以参考相关书籍。

DWD 的命名规范可以参考如下规则：dwd_{业务板块 /pub}_{数据域缩写 }_{业务过程缩写 }[_{ 自定义表命名标签缩写 }] _{单分区增量全量标识 }，其中 pub 表示数据包括多个业务板块的数据。单分区增量全量标识通常为：i 表示增量，f 表示全量。

在用户注册转化实例中，DWD 层主要由两个表构成：

❑ 新用户事实信息表：dwd_user_new_di

❑ 活跃用户事实信息表：dwd_user_active_di

建表语句如下：

```
CREATE TABLE IF NOT EXISTS dwd_user_new_di
(
    uid             int     COMMENT '用户唯一编号 ',
    province_id     int     COMMENT '省份 ID',
    city_id         int     COMMENT '城市 ID',
    nikename        string  COMMENT '昵称 ',
    device_id       string  COMMENT '设备 ID',
    channel_id      int     COMMENT '来源渠道 ',
    platform        string  COMMENT '平台 1 Android 2 iOS 3 PC',
    advertising_id  string  COMMENT '广告 ID',
    memory          int     COMMENT '手机内存 ',
    open_id         string  COMMENT '外部用户标识符 ',
    network         string  COMMENT '网络 ',
    register_ts     bigint  COMMENT '用户注册时间戳 ',
    ts              bigint  COMMENT '时间戳 '
)
```

```
COMMENT '新用户事实信息表'
PARTITIONED BY (ds  STRING COMMENT '格式: YYYYMMDD')
LIFECYCLE 400;


CREATE TABLE IF NOT EXISTS dwd_user_active_di
(
    uid                 int       COMMENT '用户唯一编号',
    province_id         int       COMMENT '省份ID',
    city_id             int       COMMENT '城市ID',
    nikename            string    COMMENT '昵称',
    device_id           string    COMMENT '设备ID',
    channel_id          int       COMMENT '来源渠道',
    platform            string    COMMENT '平台 1 Android 2 iOS 3 PC',
    advertising_id      string    COMMENT '广告ID',
    memory              int       COMMENT '手机内存',
open_id                 string    COMMENT '外部用户标识符',
    network             string    COMMENT '网络',
    onlinetime          bigint    COMMENT '在线时长',
    register_ts         bigint    COMMENT '用户注册时间戳',
    ts                  bigint    COMMENT '时间戳',
    login_ts            bigint    COMMENT '用户登录时间戳'
)
COMMENT '活跃用户事实信息表'
PARTITIONED BY (ds  STRING COMMENT '格式: YYYYMMDD')
LIFECYCLE 400;
```

4. 汇总数据层

汇总数据层（DWS）是以分析主题作为建模驱动的，针对原始明细粒度数据的聚合汇总，它是基于应用和产品的指标需求构建的公共粒度的指标汇总事实表。例如，最终分析目的是统计每天每个地区每个渠道的流失（C2/C3/C7/C14/C30/C60）、留存用户（R2/R3/R7/R14/R30/R60）数量，因此，可以基于时间、地区、渠道等多个维度构建用户的流失标签和留存标签。DWS 也有一定的设计原则和相关规范，这里不再过多介绍，感兴趣的读者参考专业书籍。

DWS 命名规范：dws_{业务板块缩写 /pub}_{数据域缩写}_{数据粒度缩写}[_{自定义表命名标签缩写}]_{统计时间周期范围缩写}。例如，dws_user_churn_ret_1d_f（用户流失以及留存标签每日更新的全量信息表）。

建表语句如下：

```
CREATE TABLE IF NOT EXISTS dws_user_churn_ret_1d_f
(
    uid                 int       COMMENT '用户唯一编号',
    province_id         int       COMMENT '省份ID',
    city_id             int       COMMENT '城市ID',
    nikename            string    COMMENT '昵称',
```

```
    device_id          string     COMMENT '设备 ID',
    channel_id         int        COMMENT '来源渠道 ',
    platform           string     COMMENT '平台 1 Android 2 iOS 3 PC',
    advertising_id     string     COMMENT '广告 ID',
    memory             int        COMMENT '手机内存 ',
    open_id            string     COMMENT '外部用户标识符 ',
    network            string     COMMENT '网络 ',
    register_ts        bigint     COMMENT '用户注册时间戳 ',
    ts                 bigint     COMMENT '时间戳 ',
    is_C2              boolean    COMMENT '是否次日流失用户 ',
    is_C3              boolean    COMMENT '是否 3 日流失用户 ',
    is_C7              boolean    COMMENT '是否 7 日流失用户 ',
    is_C14             boolean    COMMENT '是否 14 日流失用户 ',
    is_C30             boolean    COMMENT '是否 30 日流失用户 ',
    is_C60             boolean    COMMENT '是否 60 日流失用户 ',
    is_R2              boolean    COMMENT '是否次日留存用户 ',
    is_R3              boolean    COMMENT '是否 3 日留存用户 ',
    is_R7              boolean    COMMENT '是否 7 日留存用户 ',
    is_R14             boolean    COMMENT '是否 14 日留存用户 ',
    is_R30             boolean    COMMENT '是否 30 日留存用户 ',
    is_R60             boolean    COMMENT '是否 60 日留存用户 '
)
COMMENT '用户流失以及留存标签每日更新的全量信息表 '
PARTITIONED BY (ds  STRING COMMENT '格式: YYYYMMDD')
LIFECYCLE 400;
```

5. 应用数据层

数据应用层（ADS）是最终面向分析的数据，可以将 DWS 的数据再次进行聚集并使用。

例如，我们最终的分析目的是分析新用户的流失率和留存率，此处就可以根据 DWS 统计出的用户流失和留存标签进行统计汇总。

建表语句如下：

```
CREATE TABLE IF NOT EXISTS ads_user_retention_churn
(
    province_id        int        COMMENT '省份 ID',
    city_id            int        COMMENT '城市 ID',
    nikename           string     COMMENT '昵称 ',
    device_id          string     COMMENT '设备 ID',
    channel_id         int        COMMENT '来源渠道 ',
    platform           string     COMMENT '平台 1 Android 2 iOS 3 PC',
    advertising_id     string     COMMENT '广告 ID',
    memory             int        COMMENT '手机内存 ',
    open_id            string     COMMENT '外部用户标识符 ',
    network            string     COMMENT '网络 ',
    register_ts        bigint     COMMENT '用户注册时间戳 ',
    new_user_cnt       int        COMMENT '新用户数量 ',
    C2_cnt             int        COMMENT '次日流失用户数量 ',
```

```
    C3_cnt              int         COMMENT '3 日流失用户数量',
    C7_cnt              int         COMMENT '7 日流失用户数量',
    C14_cnt             int         COMMENT '14 日流失用户数量',
    C30_cnt             int         COMMENT '30 日流失用户数量',
    C60_cnt             int         COMMENT '60 日流失用户数量',
    R2_cnt              int         COMMENT '次日留存用户数量',
    R3_cnt              int         COMMENT '3 日留存用户数量',
    R7_cnt              int         COMMENT '7 日留存用户数量',
    R14_cnt             int         COMMENT '14 日留存用户数量',
    R30_cnt             int         COMMENT '30 日留存用户数量',
    R60_cnt             int         COMMENT '60 日留存用户数量'
)
COMMENT '用户流失以及留存数量信息表'
PARTITIONED BY (ds  STRING COMMENT '格式: YYYYMMDD')
LIFECYCLE 400;
```

10.3.4 数据仓库建模流程梳理

构建用户流失以及留存数量信息表的模型流程梳理结果如图 10-8 所示（图中只展示部分流程），从埋点获取用户注册、登录信息表作为 ODS 原始数据，对原始数据进行加工处理清洗得到 DWD 的注册、登录明细数据，统计用户流失以及留存标签形成轻度汇总数据表，最终对留存、流失用户进行数量统计，形成最终面向分析的应用数据层数据表。

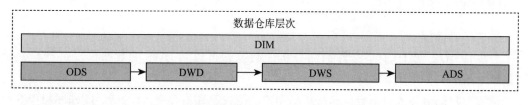

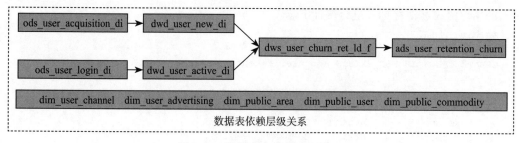

图 10-8 数据仓库建模流程梳理

由数据仓库的人员处理好原始数据以及中间表模型之后，数据分析师就可以进行数据指标体系构建了。

第五篇 *Part 3*

数据指标体系应用

本篇介绍数据指标体系的应用，包括使用BI工具实现数据指标体系的构建以及数据指标体系如何在实际场景下指导数据异动分析。本篇内容会手把手教学BI工具的安装、BI工具各个子模块的使用方法。通过实际案例讲解数据指标体系的构建，并介绍数据指标体系如何监控业务异动，定位异动原因，以及如何计算指标异动对大盘的贡献度。

BI 工具实现数据指标体系构建

数据埋点为数据指标体系构建提供了数据源，数据仓库建设为数据指标口径统一奠定了基础，BI 报表是展示数据指标体系的工具。接下来通过实际案例讲解如何使用 BI 工具构建一套完整的数据指标体系。

11.1 Superset 概述

BI 展示指将有关联的一系列数据指标通过 BI 工具进行展示，形成监控体系以及时发现业务问题是数据指标体系构建中必不可少的环节，这一节会介绍几款常用的 BI 工具，以方便读者在实际应用中进行选择。

11.1.1 常见的 BI 工具介绍

Tableau、PowerBI、Superset、FineBI 是业内较为常用的几款 BI 工具，下面我们对这几款 BI 工具进行简单介绍。

1. Tableau

Tableau 是国际著名的 BI 工具，拥有极强的数据可视化能力，通过"拖拉拽"实现自助式数据展示。缺点是价格较贵，不过有 15 天试用期，感兴趣的读者可以自行下载体验。

2. PowerBI

PowerBI 是微软出品的 BI 工具，能够兼容多种数据源，支持数据集建模、分析以及可视化，同时支持自定义开发，但软件需要付费使用。

3. Superset

Superset 是一款开源的、轻量级的现代 BI 工具，能够兼容多种数据源，支持多种图表展现形式以及自定义仪表盘，并且可以对其功能进行二次开发以满足更多的分析需求。其官网如图 11-1 所示，Superset 作为免费的开源软件，受到了广泛的关注，它提供轻量级的数据查询和可视化方案，是中小企业 BI 工具的不二之选。

图 11-1　Superset 官网

4. FineBI

FineBI 是帆软出品的商业 BI 工具，支持丰富的数据源链接以进行多源数据整合，使用者可以创建自助数据集以实现自主分析，同时拥有 Spider、高性能引擎，能够以轻量级的架构实现大体量数据的抽取、计算和分析。FineBI 拥有较为强大的自助分析功能，但软件依然需要付费使用。

11.1.2　Superset 下载安装

Superset 的安装跟设备操作系统、Python 版本以及 Superset 版本有强相关关系，此处使用的操作系统为 Mac OS X、Python 版本为 Python 3.9.15、Superset 版本为 Superset 1.4.2。

Superset 下载安装方法在官网有详细的介绍，此处我们使用 Anaconda 创建虚拟环境来安装 Superset。

1. 下载 Anaconda

进入 Anaconda 官网下载设备操作系统对应的 Anaconda 版本，如图 11-2 所示，并在安装时将 Anaconda 添加到环境变量中。

2. 创建 Superset 虚拟环境

安装完 Anaconda 之后，创建一个安装 Superset 的虚拟环境，具体的方法如图 11-3 所示，单击 Environments 按钮，然后再单击 Create 按钮，输入虚拟环境名称和 Python 版本即可，此处虚拟环境名称为 superset，选择的 Python 版本为 3.9.15。

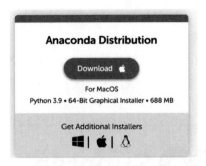

图 11-2　Anaconda 下载页面

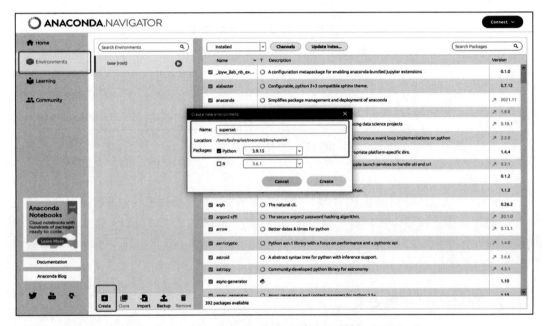

图 11-3　Anaconda 创建虚拟环境

3. 安装 Superset

接下来就可以安装 Superset 了，如图 11-4 所示，首先我们进入 shell 终端，通过如下代码激活 Superset 虚拟环境。

查看都有哪些虚拟环境命令：

```
conda env list
```

激活 Superset 虚拟环境命令：

```
source activate Superset
```

更新 pip 库命令：

```
pip install --upgrade setuptools pip
```

图 11-4　Mac 的 shell 终端

安装 Superset 命令：

```
pip install apache-Superset==1.4.2
```

如图 11-5 所示，看到 "Successfully installed" 就是 Superset 安装成功。

```
Successfully uninstalled apache-superset-2.0.0
Successfully installed Flask-JWT-Extended-3.25.1 Flask-Login-0.4.1 Flask-OpenID-1.3.0 Jinja2-2.11.3 PyJWT-1.7.1 WTForms-2.3.3 Werkzeug-1.0.1 amqp-2.6.1 apache-superset-1.4.2 cachelib-0.1.1 celery-4.4.7 ch
arset-normalizer-2.0.12 click-7.1.2 defusedxml-0.7.1 flask-1.1.4 flask-appbuilder-3.4.5 flask-wtf-0.14.3 itsdangerous-1.1.0 kombu-4.6.11 pandas-1.2.5 pyarrow-4.0.1 pyparsing-2.4.7 python3-openid-3.2.0 req
uests-2.26.0 vine-1.3.0
```

图 11-5　成功安装 Superset

执行 "pip install apache-Superset==1.4.2" 命令后若是报错找不到 python-geohash，则通过如下方法解决。

用如下命令安装 python-geohash 的依赖环境。

```
pip install geohash
```

依赖环境安装完成后，若是安装 Superset 依然会报错，那么主要原因是无法进行 import geohash 操作，可以通过以下方法解决该问题。

首先查看有哪些虚拟环境：

```
conda env list
```

找到 Superset 虚拟环境路径的方法如下：command+shift+g 前往 Superset 虚拟环境路径下，搜索 geohash 文件夹，把 Geohash 文件夹重命名为 geohash，然后修改该目录下的 __init__.py 文件，把 from geohash 改为 from .geohash，后面的不要改，重新导入即可继续安装 Superset。

4. 配置 apache-Superset

通过如下命令行实现数据库初始化：

```
# 初始化数据库
Superset db upgrade
```

如图 11-6 所示，初始化成功。

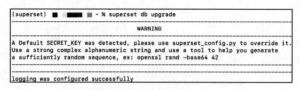

图 11-6 初始化数据库

在初始化过程中会遇到一些 Bug，可以参照如下过程进行调试。

若是遇到如下错误：

```
Error: Could not locate a Flask Application. Use the 'flask --App' option,
    'FLASK_App' environment variable, or a 'wsgi.py' or 'App.py' file in the
    current directory.
```

则是因为一开始创建的 Superset 不是管理员用户，执行以下命令即可解决。

```
export FLASK_App=Superset
```

若是遇到如下错误：

```
ImportError: cannot import name 'soft_unicode' from 'markupsafe'
```

则是因为 markupsafe 包的版本不匹配，此时需要将 markupsafe 2.1.1 降级为 markupsafe2.0.1，方法如下。

```
pip uninstall markupsafe
python -m pip install markupsafe==2.0.1
```

若是遇到如下错误：

```
ModuleNotFoundError: No module named 'werkzeug.wrAppers.etag'
```

则是因为 werkzeug 包的版本不匹配，此时需要将 werkzeug 2.2.2 降级为 werkzeug2.0.1，具体命令如下。

```
pip install werkzeug==2.0.1
```

通过如下命令行实现用户初始化：

```
# 初始化用户
Superset fab create-admin
```

此时可以按照图 11-7 所示的界面，依次设置用户名和密码等账户信息。

通过如下命令行实现例子加载：

```
# 加载例子
 Superset load_examples
```

图 11-7　设置用户名和密码

若是出现如图 11-8 所示的界面，则说明例子加载成功。

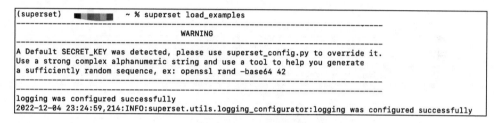

图 11-8　例子加载成功

在 load_examples 过程中会遇到一些 Bug，主要原因是 Superset 的数据集存放在 github 上，直接下载或会超时，可以参照如下过程进行调试。

1）进入 Superset 官网点击 github 链接下载数据集，然后解压 examples-data-master。

2）通过终端进入 examples-data-master 文件夹，通过"python -m http.server"命令行构建一个 HTTP 服务以获得一个四位数的端口号，然后在浏览器地址栏输入 http:// 计算机 ip: 端口号，即可看到 examples-data-master 目录，如图 11-9 所示。

Directory listing for /examples–data–master/

- .DS Store
- airports.csv.gz
- bart–lines.json.gz
- birth france data for country map.csv
- birth names.json.gz
- birth names2.json.gz
- countries.json.gz
- datasets/
- energy.json.gz
- flight data.csv.gz
- multiformat time series.json.gz
- NOTICE
- paris iris.json.gz
- random time series.json.gz
- README.md
- san francisco.csv.gz
- sf population.json.gz
- tutorial flights.csv
- unicode utf8 unixnl test.csv

图 11-9　构建 HTTP 服务

3）更改 Superset 中 site-packages/Superset/examples/helpers.py 里面的数据读取路径。首先注释掉之前的读取路径：

```
#BASE_URL = "https://github.com/apache-Superset/examples-data/blob/master/"
```

然后把读取路径更新为 BASE_URL = "http:// 计算机 ip: 端口号 /examples-data-master/"。

4）保存上述配置之后，重新使用 Superset load_examples 命令行加载数据集。

通过如下命令进行权限初始化，若是出现如图 11-10 所示界面，则说明权限初始化成功。

```
# 初始化权限
Superset init
```

```
(superset)              ~ % superset init
-------------------------------------------------------------------
                         WARNING
-------------------------------------------------------------------
A Default SECRET_KEY was detected, please use superset_config.py to override it.
Use a strong complex alphanumeric string and use a tool to help you generate
a sufficiently random sequence, ex: openssl rand -base64 42
-------------------------------------------------------------------

logging was configured successfully
```

图 11-10 权限初始化成功

5. 启动

使用如下指令启动 Superset。

```
Superset run -p 8088 --with-threads --reload --debugger
```

如图 11-11 所示，将方框中的网址复制进浏览器，输入用户名及密码即可登录。

最终，若是出现如图 11-12 所示界面，就说明已进入 Superset 页面，可以开始全新的 BI 报表旅程了。

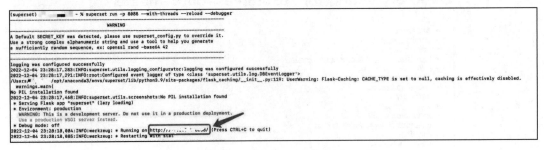

图 11-11 Superset 启动成功

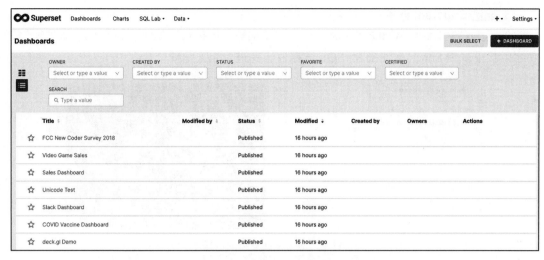

图 11-12　Superset 成功登录页面

11.1.3　Superset 连接 MySQL 数据库

Superset 是数据可视化的工具，将 Superset 连接到自己的数据库是使用 Superset 的第一步。Superset 只默认提供了 SQLite 的数据库连接配置，但日常数据分析师常用的是 MySQL 数据库，MySQL 数据库的连接操作主要有以下几个步骤。

1. 安装 MySQL 数据库

想要用 MySQL 连接 Superset 首先需要有一个 MySQL 数据库，放在本地或者云服务器都可以。进入 MySQL 官网下载安装 MySQL 数据库即可，为了方便对数据库进行管理，同时也可以再安装一个 Navicat Premium，具体过程此处不再赘述。

2. 安装 MySQL 驱动包

Superset 提供了各类数据库的驱动和配置信息[⊖]，MySQL 的驱动包安装方式如表 11-1 所示。

表 11-1　MySQL 的驱动包安装方式

数据库	安装包	连接字符串
MySQL	pip install mysqlclient	mysql://\<UserName\>:\<DBPassword\>@\<Database Host\>/\<Database Name\>

官方提供的 MySQL 驱动包安装方式不支持 Python3 的环境，此处换成 PyMySQL 驱动包，在 Superset 的安装环境中，通过如下代码安装 MySQL 驱动，安装完成后重启 Superset。

```
pip install PyMySQL
```

　⊖　参见 Superset 官网。

3. 配置 Superset 连接

如图 11-13 所示，驱动安装完成后单击"添加数据库按钮"就能看到 MySQL 的连接按钮了，接下来为 Superset 连接 MySQL 数据库，并进行相关配置。

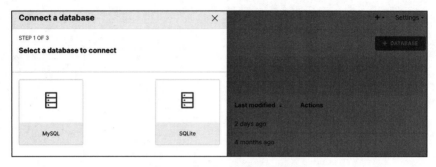

图 11-13　Superset 支持的数据库

配置方式如图 11-14 所示，填写自己 MySQL 的端口号、账号、密码以及想要连接的数据库名等信息后即可进行连接。

图 11-14　Superset 连接 MySQL 参数配置

如图 11-15 所示，再次单击数据库按钮就可以看到 MySQL 数据库了。

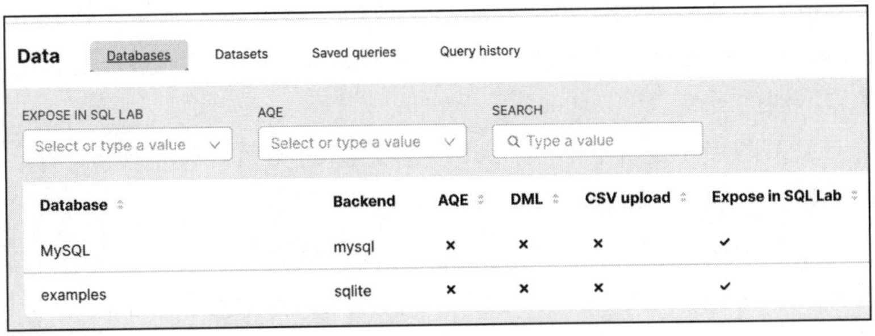

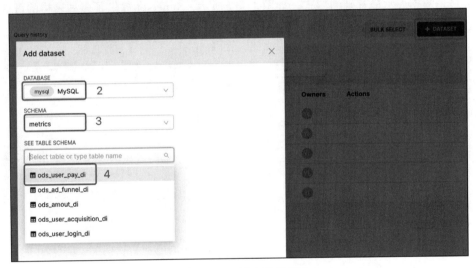

图 11-15　Superset 连接的数据库

4. 从 MySQL 导入数据集

MySQL 连接完成后就可以导入需要用到的数据集，方式如图 11-16 所示，单击"添加数据集按钮"，选择数据源为 MySQL，数据库为 metrics，再选择需要导入的表名即可。

图 11-16　从 MySQL 导入数据集到 Superset

11.2　Superset 的图表功能及基本操作

上节成功地安装了 Superset 并且连接了数据库，本节详细介绍 Superset 支持的图表并对这些图表进行逐一演示和说明。

11.2.1　Superset 图表功能分类

Superset 提供了丰富的数据可视化组件，能够支持近 60 种图表，可以满足数据分析师不同的可视化需求。Superset 支持的图表类型包括关系图、分布图、时间序列图、事件流、

KPI 图、局部图、整体图、排序图以及表格等 9 种不同类型的图表。

❑ 表格：表格可以展示详细的明细数据，包括数据透视表、时间序列表等多种形式。

❑ KPI 图：KPI 图主要展示业务核心 KPI 指标，包括大数图、大数趋势图、子弹图、仪表盘等不同的类型。

❑ 关系图：关系图展示的是两个或多个变量之间的关系，包括了热力图、气泡图、流图（桑基图、漏斗图、和弦图）等。

❑ 分布图：分布图展示的是指标在多维度下的分布情况，包括条形图、直方图、水平图、箱线图、饼图、树状图、热力图、树形图、多层环形饼图（旭日图）、词云图、玫瑰图、平行坐标图以及雷达图等多种形式。

❑ 时间序列图：时间序列图展示的是数据指标随时间变化的趋势，适用于监控数据指标的长期趋势，包括时间序列折线图、时间序列面积图、时间序列条形图等。

11.2.2 表格

表格是数据展示最基础的形式，如图 11-17 所示，Superset 提供了多种表格的可视化形式，包括表（Table）、透视表（Pivot Table）、时间序列表（Time-series Table）等。

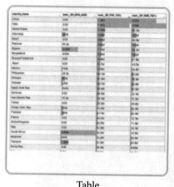
Table

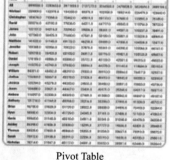
Pivot Table

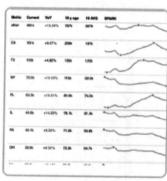
Time-series Table

图 11-17 Superset 表格展现形式

此处基于出生人口数据集 "birth_names"，展示表格以及透视表的用户，以统计不同州各个姓氏的出生人口数为例，具体代码统计逻辑如下。

```
SELECT name AS name,
    state AS state,
    sum (num) AS births_cnt
FROM birth_names
GROUP BY name,
    state
```

1. 表格

如图 11-18 所示，运行代码后，"EXPLORE" 数据集通过表格的形式进行展示，可视化类型选择表格 Table，列名选择姓氏 name、州 state、出生人口数 births_cnt 进行展示。

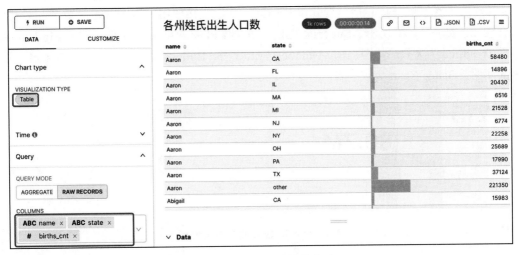

图 11-18　常规表格操作方式

2. 透视表

表格能够展示不同字段的详细信息，而透视表可以将多个信息沿 X 轴和 Y 轴进行汇总组合。如图 11-19 所示，我们将图 11-18 的表格转化为透视表，旨在统计不同省份各姓氏的出生人口数量，设置可视化类型为透视表，列为省、观测指标为出生人口数、分组为姓氏即可。

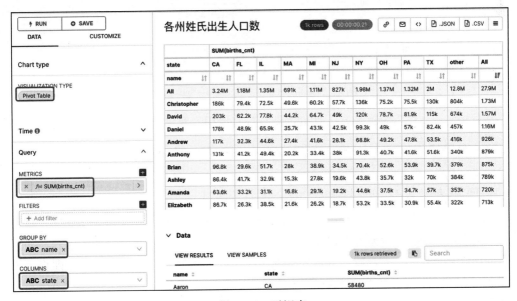

图 11-19　透视表

11.2.3 KPI 图

KPI 图是直接监控核心指标变化趋势的图，一般直接使用大数图或者大数图和趋势图结合使用。如图 11-20 所示，Superset 提供了五类 KPI 图的可视化方式，其中 Big Number with Trendline 为大数趋势图、Big Number 为大数图、Bullet Chart 为子弹图、Funnel Chart 为漏斗图、Gauge Chart 为仪表盘。

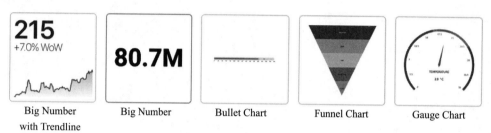

Big Number　　　　Big Number　　　Bullet Chart　　　Funnel Chart　　　Gauge Chart
with Trendline

图 11-20　Superset 提供的 KPI 图

消息发送次数是社交类产品核心指标之一，此处我们以 message 数据集为例，用 KPI 图展示核心指标消息发送次数及其随时间的变化趋势。

1. 大数趋势图

首先，如图 11-21 所示，单击 SQL Lab 菜单下的 SQL Editor 创建一个 SQL 编辑窗口。

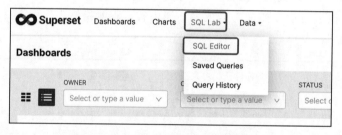

图 11-21　Superset 创建 SQL 编辑窗口

然后按照统计逻辑编辑 SQL，此处需要统计每天用户发出的消息总数，SQL 逻辑如下：

```
SELECT DATE (ts, -strftime ('%w', ts) || ' days') AS dt,
    COUNT(*) AS count
FROM messages
GROUP BY DATE (ts, -strftime('%w', ts) || ' days')
```

具体操作步骤如图 11-22 所示，在 SQL 编辑窗口运行 SQL 并单击 EXPLORE，重命名数据集，然后会跳转到数据可视化界面。

如图 11-23 所示，进入数据可视化界面之后，我们需要调整字段的格式，即将字段 dt 设置为时间序列，单击 Edit dataset，进入 COLUMNS 子菜单下，将 dt 后面的 Is temporal 勾选即可。

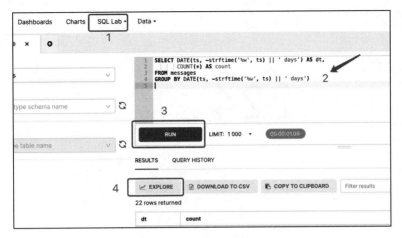

图 11-22　SQL 编辑及运行

图 11-23　字段格式调整

接着就进入了数据可视化环节，如图 11-24 所示，选择可视化类型为大数趋势图，即 Big Number with Trendline，时间轴选择 dt 字段，时间周期选择"Day"粒度，选择动态聚合方式对人数进行求和，最后单击 RUN 运行数据集即可得到 KPI 图。

KPI 图展示的方式还包括仪表盘、大数图、子弹图等，具体的实现方式不再一一说明，展示结果可参照下面要介绍的内容。

2. 仪表盘

仪表盘的制作仅需在大数趋势图的基础上将图标类型更换为仪表盘 Gauge Chart 即可，如图 11-25 所示。

图 11-24 大数趋势图

图 11-25 仪表盘

3. 大数图

仪表盘的制作仅需在大数趋势图的基础上将图标类型更换为大数图 Big Number 即可，如图 11-26 所示。

图 11-26　大数图

4. 子弹图

仪表盘的制作仅需在大数趋势图的基础上将图标类型更换为子弹图 Bullet Chart 即可，如图 11-27 所示。

图 11-27　子弹图

11.2.4　关系图

关系图种类较多，如图 11-28 所示，Superset 提供了至少 8 种关系图的可视化方法，本节主要介绍热力图（Heatmap）、和弦图（Chord Diagram）、气泡图（Bubble Chart）、桑基图（Sankey Diagram）以及实体关系图（Graph Chart），其他如事件流（Event Flow）、日历热力图（Calendar Heatmap）以及配对样本 t 检验表（Paired t-test Table）等，感兴趣的读者可自行研究。

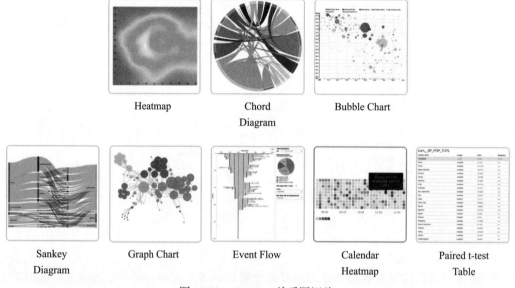

Heatmap　　　　Chord Diagram　　　　Bubble Chart

Sankey Diagram　　Graph Chart　　Event Flow　　Calendar Heatmap　　Paired t-test Table

图 11-28　Superset 关系图汇总

1. 热力图

关系图常用来刻画两个或者多个变量之间的关系，例如，运动消耗与体重变化之间的关系。在 Superset 中，可以使用热力图（Heatmap）来刻画变量之间的关系，此处以用户来源渠道数据集（users_channels）为研究对象，该数据集记录了用户的来源渠道，想要展示用户来源渠道的交叉关系可以使用 Superset 绘制热力图。

具体操作如下，新建一个 SQL 编辑窗口，然后按照展示需求写 SQL 逻辑，此处研究的是来源渠道的交叉关系。SQL 逻辑如下：

```
SELECT   a.name AS channel_1
    , b.name AS channel_2
     , COUNT(*) AS cnt
FROM users_channels a
JOIN users_channels b
ON a.user_id = b.user_id
GROUP BY   a.name
     , b.name
HAVING a.name <> b.name
```

SQL 逻辑写完之后的效果，如图 11-29 所示，单击 RUN 按钮即得到数据，接下来单击 EXPLORE 按钮，进入图 11-30 所示界面，对数据集进行重命名并且保存数据。

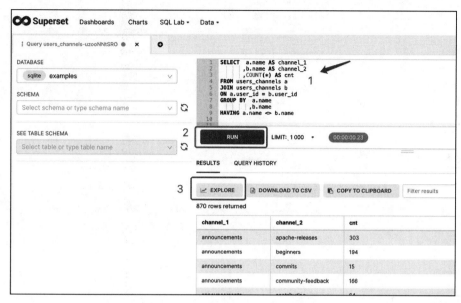

图 11-29　Superset 中 SQL 编辑

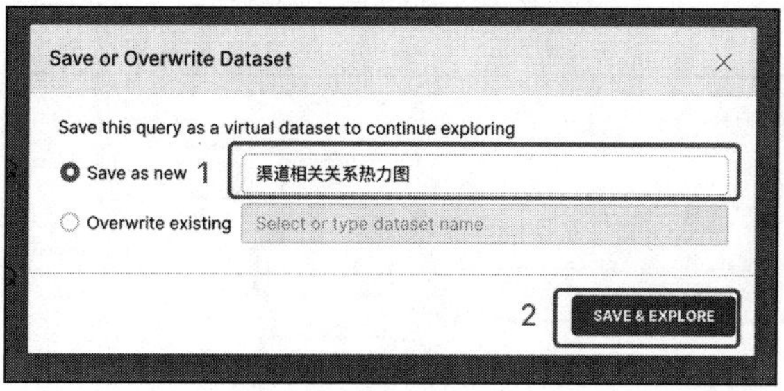

图 11-30　数据集重命名

然后会进入热力图编辑界面，如图 11-31 所示，可视化类型选择 Heatmap，X 轴为 channel_1，Y 轴为 channel_2，指标动态聚合方式为 SUM，然后单击 RUN，此时数据可视化完成，可以根据自己的喜好调整热力图的颜色。

指标动态聚合方式的配置方法如图 11-32 所示，单击 METRIC，选择 SIMPLE，列选择在 SQL 中计算出来的指标 cnt，聚合方式选择 SUM 即可。

2. 和弦图

同样的数据集和取数逻辑，用户来源渠道的交叉关系还可以用和弦图进行展示。如图 11-33 所示，设置可视化类型为 Chord Diagram，数据源和目标分别是 channel_1 和 channel_2，动态聚合指标为 cnt，聚合方式为求和 SUM。

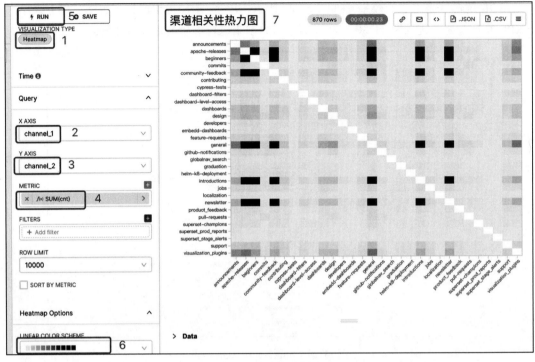

图 11-31 热力图编辑界面

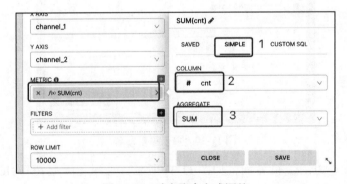

图 11-32 动态聚合方式调整

3. 气泡图

气泡图与散点图相似，但气泡图能够展示 3 个变量之间的关系，第三个变量表示大小。此处使用世界人口健康数据集（wb_health_population）进行展示，旨在研究变量 SP_RUR_TOTL_ZS、SP_DYN_LE00_IN 的变化与 SP_POP_TOTL 的关系，底层代码如下所示。

```
SELECT year, country_name AS country_name,
    region AS region,
    sum ("SP_POP_TOTL") AS "sum__SP_POP_TOTL",
```

```
    sum ("SP_RUR_TOTL_ZS") AS "sum__SP_RUR_TOTL_ZS",
    sum ("SP_DYN_LE00_IN") AS "sum__SP_DYN_LE00_IN"
FROM wb_health_population
WHERE country_code NOT IN ('TCA', 'MNP','DMA','MHL','MCO', 'SXM',
          'CYM','TUV', 'IMY','KNA','ASM','ADO',
          'AMA', 'PLW')
GROUP BY country_name,year,
    region;
```

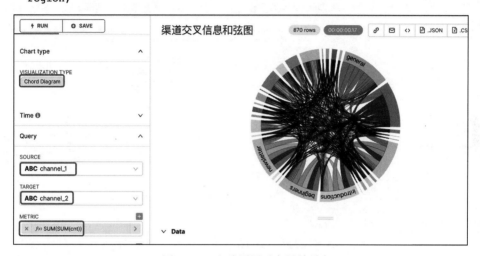

图 11-33　和弦图展示变量关系

如图 11-34 所示，在 Superset 中创建跑数窗口，梳理取数逻辑，运行代码。

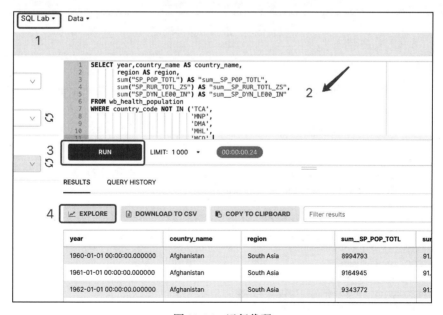

图 11-34　运行代码

数据可视化的具体操作如图 11-35 所示，选择可视化类型为气泡图即 Bubble Chart，系列设置为 region，实体设置为 country_name，country_name 包含于 region，即同一 region 下的不同 country_name 在气泡图中会展示为同一色系下的不同颜色；X 轴为 SP_DYN_LE00_IN，Y 轴为 SP_RUR_TOTL_ZS，气泡大小为 SP_POP_TOTL。

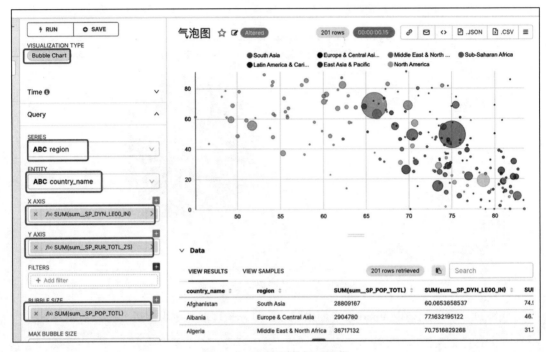

图 11-35 气泡图数据可视化

4. 桑基图

桑基图又称桑基能量分流图或桑基能量平衡图，左边的分支是能量的来源，右边的分支是能量的去向，宽度代表能量的大小。此处我们以 FCC 2018 Survey 数据集为例，展示从事软件开发的人员的通勤时间的分布，代码逻辑如下。

```
SELECT CASE
        WHEN is_first_dev_job = 0 THEN 'No'
        WHEN is_first_dev_job = 1 THEN 'Yes'
        ELSE 'No Answer'
    END AS first_time_developer,
    communite_time AS communite_time,
    COUNT (*) AS count
FROM "FCC 2018 Survey"
WHERE is_software_dev = 1
    AND communite_time != 'NULL'
GROUP BY  first_time_developer,
        communite_time
```

运行代码后，对数据集进行可视化，如图 11-36 所示，可视化类型为桑基图，即 Sankey Diagram，来源为第一次从事软件开发工作 first_time_developer，目标为通勤时间 communite_time，观测指标为 count。

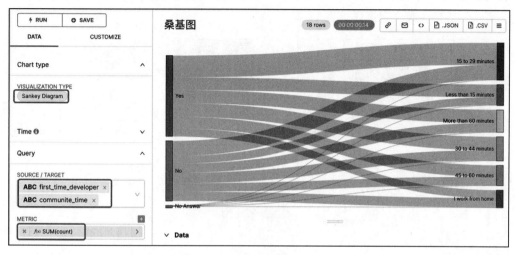

图 11-36　桑基图

5. 实体关系图

同理，桑基图也可以转化为实体关系图，如图 11-37 所示，其可视化方法仅需将图表类型调整为 Graph Chart，其余的设置与桑基图一致，每一个圆圈代表一个实体，线条代表两个实体之间存在关系，线条的粗细代表实体之间的关系强弱。

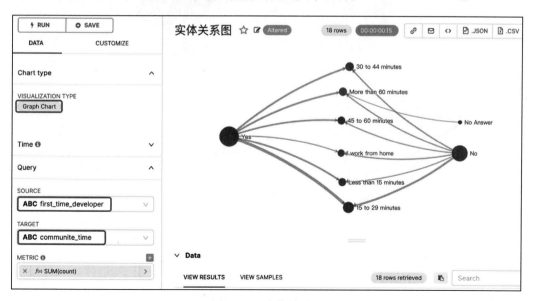

图 11-37　实体关系图

11.2.5 分布图

分布图是数据可视化中较为常用的数据可视化类型，如图 11-38 所示，Superset 提供了丰富的分布图可视化组件，包括数值型数据的分布可视化，也包括文本型数据的分布可视化。各类图表的中英文对照详见表 11-2。

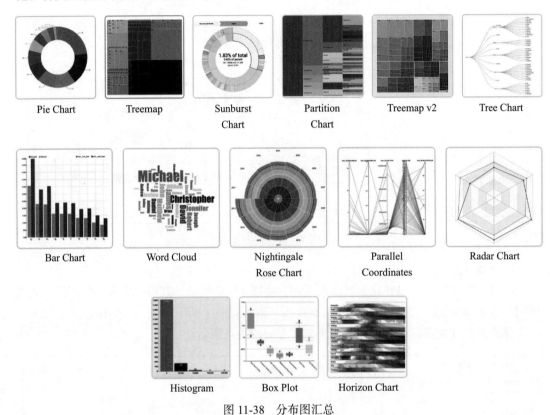

| Pie Chart | Treemap | Sunburst
Chart | Partition
Chart | Treemap v2 | Tree Chart |

| Bar Chart | Word Cloud | Nightingale
Rose Chart | Parallel
Coordinates | Radar Chart |

| Histogram | Box Plot | Horizon Chart |

图 11-38　分布图汇总

表 11-2　各类图表的中英文对照

英文	中文	英文	中文
Pie Chart	饼图	Word Cloud	词云图
Treemap	树状图	Nightingale Rose Chart	南丁格尔玫瑰图
Sunburst Chart	旭日图	Parallel Coordinates	平行坐标系图
Partition Chart	分区图	Radar Chart	雷达图
Treemap v2	树状图（新版）	Histogram	直方图
Tree Chart	树形图	Box Plot	箱型图
Bar Chart	条形图	Horizon Chart	水平线图

本节主要介绍条形图、堆叠条形图、箱型图、饼图、旭日图、树状图、词云图一共 7 种分布图的可视化方法。

1. 条形图

条形图能够展示观测指标在不同维度下的分布情况，此处以游戏影像销售数据集（video_game_sales）为例进行说明，旨在统计不同类型的游戏影像在全球的销售额，代码逻辑如下。

```
SELECT year as year,
    genre AS genre,
    sum (global_sales) AS "global sales"
    FROM video_game_sales
    WHERE  year is NOT NULL
    GROUP BY genre,
        year
```

运行代码后对数据集进行可视化，如图 11-39 所示，选择可视化类型为 Bar Chart，观测指标为全球销售额 global sales，聚合方式为求和，观测系列为类型。

图 11-39　条形图

2. 堆叠条形图

在游戏销售数据分析中，我们除了想知道各个类型的游戏影像在全球的销售状况之外，还想知道它们在全球各个地区的销售情况，这时候就可以用到堆叠条形图，它是条形图的一种代码逻辑如下所示。

```
SELECT year as year,
    genre AS genre,
    sum (na_sales) AS "North America",
    sum (eu_sales) AS "Europe",
    sum (jp_sales) AS "Japan",
    sum (other_sales) AS "Other"
FROM video_game_sales
GROUP BY genre,year
ORDER BY "North America" DESC
LIMIT 50000
OFFSET 0;
```

完成 SQL 业务逻辑后，如图 11-40 所示，单击 RUN 运行代码，然后单击 EXPLORE 选项卡，进行数据可视化。

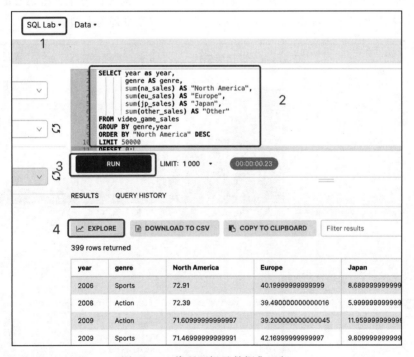

图 11-40 代码逻辑及数据集运行

在数据可视化之前，我们把 year 字段设置为时间序列，设置方法如图 11-41 所示，即单击 Edit dataset 命令进入 COLUMNS 选项卡并勾选 Is temporal 选项。

最后到了数据展示环节，如图 11-42 所示，我们选择可视化类型为 Bar Chart，时间列为 year，观测指标为地区的销量，聚合方式为 SUM，序列值类别为 genre，然后单击 RUN 按钮即可完成数据可视化。

为了使图表更为美观，如图 11-43 所示，可以进入定制化页面 CUSTOMIZE，设置条形图为堆叠条形图。

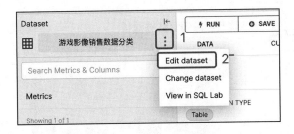

图 11-41　设置字段为时间格式

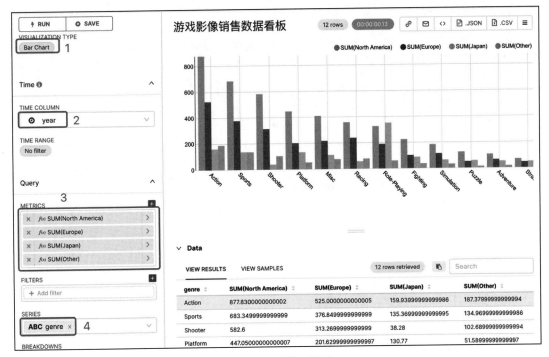

图 11-42　数据可视化

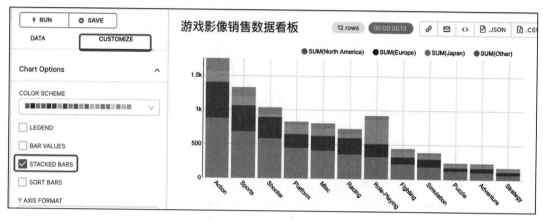

图 11-43　设置堆叠条形图

3. 箱型图

在研究数据分布时，除了集中趋势的度量外，数据的分散性和变异性也是需要关注的，而箱型图正好满足了数据分析师的这个需求。箱型图又称为箱线图，是一种表示数据分散性和变异性的图形，它能够通过五个数字描述数据的分布情况，即最小值、第一分位、中位数、第三分位数、最大值，不仅可以展示数据的分布情况，还可以展示数据离群值。

此处以 FCC 2018 Survey 为例，通过箱型图统计学历与收入之间的关系，代码如下。

```
SELECT time_start AS time_start,
        school_degree AS school_degree,
        sum (last_yr_income) AS "SUM (last_yr_income)"
FROM "FCC 2018 Survey"
WHERE is_software_dev = 1
    AND last_yr_income <= 200000
GROUP BY time_start,
        school_degree
```

如图 11-44 所示，运行代码并且进入 EXPLORE 选项卡进行数据可视化。

如图 11-45 所示，选择可视化类型为 Box Plot，观测指标为 last_yr_income，指标聚合方式为 SUM，观测系列设置为 school_degree。

如图 11-46 所示，为了显示全横轴坐标，进入定制化页面 CUSTOMIZE，选择 X 轴旋转角度为 45 度。

图 11-44　代码逻辑及运行

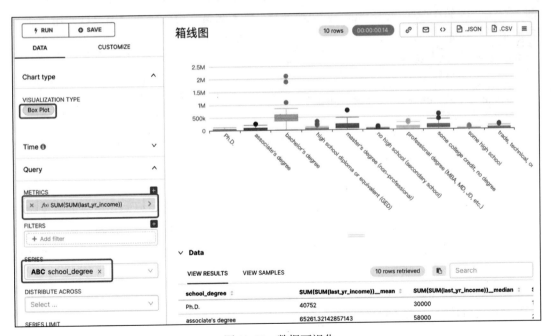

图 11-45　数据可视化

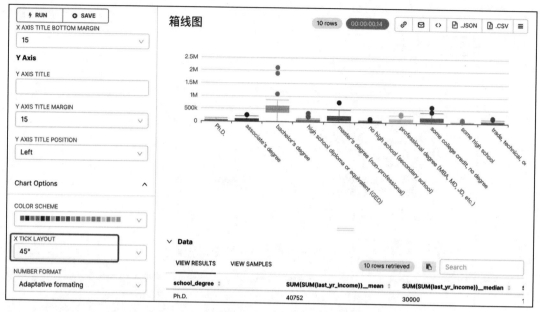

图 11-46　定制化设置

4. 饼图

饼图能够展示同一维度下不同值下的数据分布情况，是展示局部与整体占比的可视化图形首选，例如在 FCC 2018 Survey 数据集中，想要知道学历的分布情况可以使用饼图进行展示，代码如下。

```sql
SELECT school_degree AS school_degree,
    count (ID) AS "user_cnt"
FROM "FCC 2018 Survey"
WHERE school_degree is NOT  NULL
GROUP BY school_degree
```

运行代码后，如图 11-47 所示，选择可视化类型为 Pie Chart，观测指标为 " user_cnt"，指标聚合方式为 SUM，分组方式为 school_degree。

5. 旭日图

旭日图是多个饼图的组合，可以认为是饼图的一种，饼图只能展示一层数据的比例情况，而旭日图可以展示多层数据的比例情况，同时还能展示数据之间的层级结构。在旭日图中，每个圆环表示一个层级的数据结构，距离圆心越近的圆环级别越高，越往外级别越低，分类越细。

此处通过 wb_health_population 数据集为例，通过统计不同区域各个国家的总人口数量以及乡村人口数量，详细说明旭日图的可视化方法，代码如下。

```sql
SELECT region AS region,
    country_name AS country_name,
    sum ("SP_POP_TOTL") AS "sum_SP_POP_TOTL",  ---总人口数量
```

```
        sum ("SP_RUR_TOTL") AS "Rural Population"    ---乡村人口数量
FROM wb_health_population
GROUP BY region,
        country_name
```

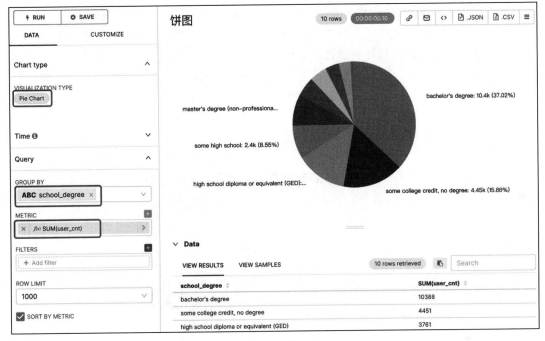

图 11-47　饼图可视化

如图 11-48 所示，调整标签显示方式为展示类别、数值以及百分比。

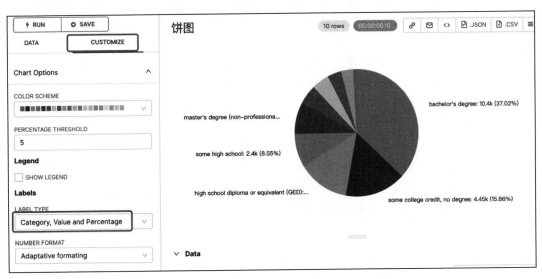

图 11-48　饼图定制化设置

运行代码后，"EXPLORE"数据集进行可视化，可视化类型选择旭日图 Sunburst Chart，层级信息分别选择地区 region 以及国家名称 country_name，其中地区作为第一展示层级，国家名称作为第二展示层级，一级指标为总人口数量 sum__SP_POP_TOTL，二级指标为乡村人口数量 Rural Population，单击运行即可生成旭日图，如图 11-49 所示。

那么如何解读旭日图呢？图 11-49 中，靠近圆心的第一层级为区域，第二层级国家，也就相当于这个旭日图是两层环状饼图，第一层是区域人口数占比，第二层是国家人口数占比。彩色图例区域的第一层展示的是印度人口数量占所有区域人口总数的 16.60%，第二层展示的是印度人口数量占南亚人口数量的 76.60%，且印度的乡村人口数量占总人口数量的 74.05%。

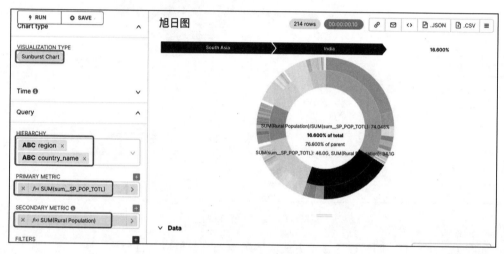

图 11-49　旭日图

6. 树状图

旭日图的本质是树状图，可以认为旭日图是极坐标下的矩形树状图，它既能像饼图一样表现局部与整体的占比，又能像树状图一样体现数据的层级关系。下面用同样的数据集来绘制树状图，代码逻辑和旭日图逻辑一样，运行代码后，如图 11-50 所示，选择数据可视化类型为树状图 Treemap，观测指标选择世界总人口数量 sum_SP_POP_TOTL，分组为区域 region 和国家 country_name，单击运行，即可绘制树状图。

虽然说旭日图和树状图承载着相同的功能，但是二者还是有一些区别的，旭日图适用于层级比例较多的数据集，而树状图适用于层级比例较少的数据集。例如在图 11-50 中，由于国家维度数据较多，部分国家名字是显示不全的，而旭日图就能解决这个问题。

7. 词云图

以上的分布图，无论是堆叠条形图、箱型图、饼图、旭日图还是树状图展示的都是数值型数据的分布情况，对于文本类型的数据其分布情况就可以用词云图进行展示。此处以

birth_names 为例，展示男孩名字的分布情况，代码如下。

```sql
SELECT name AS name,
    SUM (num) AS sum_num
FROM birth_names
WHERE gender = 'boy'
GROUP BY name
```

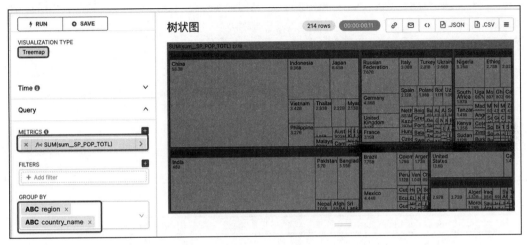

图 11-50　树状图

运行代码后，如图 11-51 所示，选择数据可视化类型为词云图 Word Cloud，展示系列为名字 name，观测指标为出现的次数 total_cnt，聚合方式为求和 SUM。

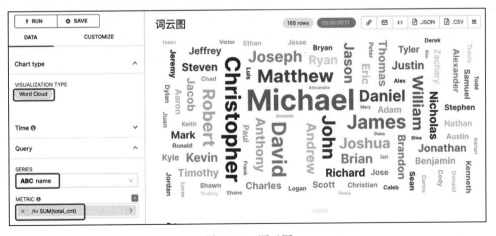

图 11-51　词云图

11.2.6　时间序列图

时间序列图用于观察数据指标随时间变化的趋势，如图 11-52 所示，Superset 提供了多种时间序列图图表，各类时间序列图的中英文对照图表 11-3 所示。

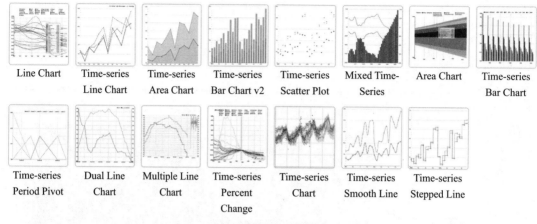

图 11-52 时间序列图

表 11-3 时间序列图中英文对照

英文	中文
Line Chart	线图
Time-series Line Chart	时间序列折线图
Time-series Area Chart	时间序列面积图
Time-series Bar Chart v2	时间序列条形图（新版）
Time-series Scatter Plot	时间序列散点图
Mixed Time-Series	混合时间序列
Area Chart	面积图
Time-series Bar Chart	时间序列条形图
Time-series Period Pivot	时间序列周期透视图
Dual Line Chart	双折线图
Multiple Line Chart	多折线图
Time-series Percent Change	时间序列百分比变化
Time-series Chart	时间序列图
Time-series Smooth Line	时间序列平滑折线图
Time-series Stepped Line	时间序列阶梯折线图

此处以销售数据集 cleaned_sales_data 为例，说明各类时间序列图表的使用方法。想要统计各个交易规模下的销售额随时间变化的趋势，其代码如下。

```
SELECT DATE (order_date, -strftime ('%d', order_date) || ' days', '+1 day') AS dt,
    deal_size AS deal_size,
    sum (sales) AS "Sales"
FROM cleaned_sales_data
GROUP BY deal_size,
    DATE (order_date, -strftime ('%d', order_date) || ' days', '+1 day')
ORDER BY "Sales" DESC
```

运行代码后，如图 11-53 所示，通过 Edit Dataset 设置 dt 字段为时间序列，接着就可以对数据进行可视化了，此处主要展示时间序列条形图、时间序列面积图。

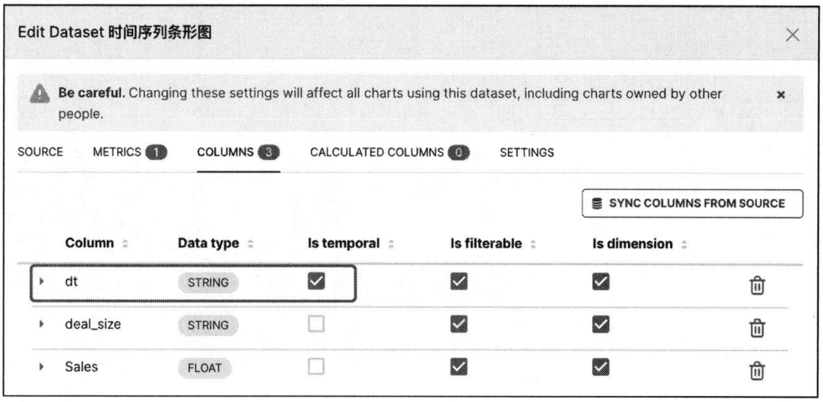

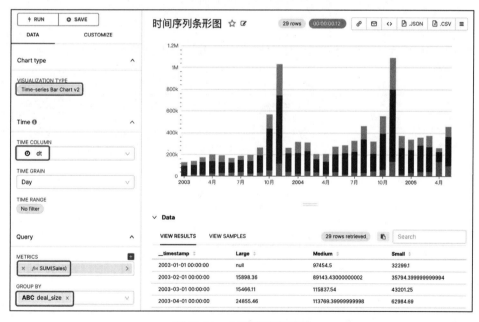

图 11-53　数据字段格式设置

1. 时间序列条形图

如图 11-54 所示，设置数据可视化类型为时间序列条形图 Time-series Bar Chart v2，时间列为 dt，观测指标为销售量 Sales，动态聚合方式为 SUM，分组方式设置为销售规模 deal_size。

图 11-54　时间序列条形图

2. 时间序列面积图

如图 11-55 所示，想要展示为时间序列面积图仅需将可视化类型调整为 Time-series Area Chart 即可。

图 11-55　时间序列面积图

3. 时间序列折线图

如图 11-56 所示，想要得到时间序列折线图仅需将可视化类型调整为 Time-series Line Chart 即可。

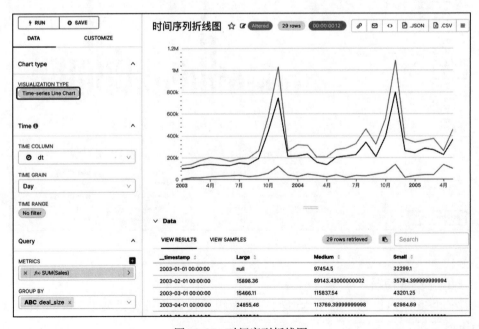

图 11-56　时间序列折线图

4. 时间序列光滑折线图

如图 11-57 所示，想要展示为时间序列光滑折线图仅需将可视化类型调整为 Time-series Smooth Line 即可。

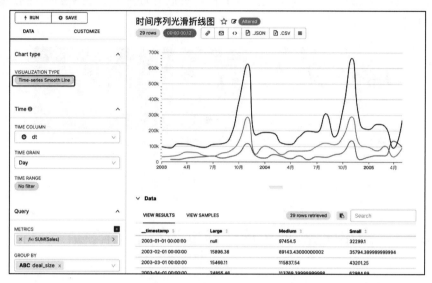

图 11-57　时间序列光滑折线图

5. 时间序列阶梯折线图

如图 11-58 所示，想要展示为时间序列阶梯折线图仅需将可视化类型调整为 Time-series Stepped Line 即可。

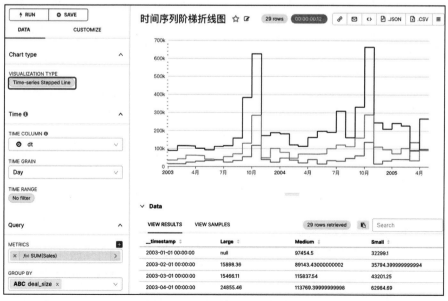

图 11-58　时间序列阶梯折线图

11.2.7 地理空间图

Superset 提供了地理空间可视功能，包括国家地图、世界地图，还有一些基于 deck.gl 的地理空间图表，如图 11-59 所示。此处，我们不对地图的使用做详细展示，感兴趣的读者可以自行研究。

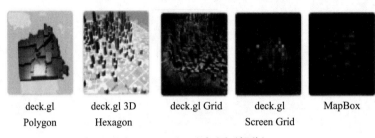

deck.gl
Polygon   deck.gl 3D
Hexagon   deck.gl Grid   deck.gl
Screen Grid   MapBox

图 11-59　地理空间图（部分）

11.3　案例：使用 Superset 构建数据指标监控看板

11.3.1 用户获客漏斗分析

漏斗分析是能够科学反映用户行为状态以及从起点到终点各阶段用户转化率情况的重要分析模型，是一套流程式数据分析。它也是互联网行业常用的数据分析模型，数据分析师们经常将漏斗模型运用于流量监控、用户转化等场景中，以此来辅助运营人员的决策。在获客阶段，用户转化漏斗是分析的重点，本节会详细介绍如何使用 Superset 实现获客漏斗数据监控。

1. 漏斗分析方法

漏斗分析可以直观地呈现用户行为步骤以及各步骤之间的转化率，通过分析各个步骤之间的转化率，可以为运营人员提供决策的辅助意见，减少"漏掉"的用户数量，还可以提升业务规模，提高业务成交量。

以获客转化为例，用户从广告曝光到注册成为新用户有一个转化路径，可以把这个转化路径看成一个漏斗，因为每一个步骤都会漏掉一批用户。如果想要提升注册的用户比例，毫无疑问需要减少每个步骤漏掉的用户，分析用户在每一关键步骤漏掉的原因，针对每一个原因对产品进行逐一改进，从而提升用户转化率。

2. Superset 实现获客漏斗监控

通过第 9 章和第 10 章我们得到了用户获客漏斗数据表 ods_ad_funnel_di，其中包括各渠道、广告组等维度下的每日曝光、点击、下载、注册等相关字段，此处基于相关数据进行获客漏斗监控和分析。

（1）用户注册转化漏斗

用户注册转化漏斗主要分析用户从看到广告到点击广告、下载 App、注册成为新用户整个过程的转化情况，代码如下。

```
SELECT dt, event, COUNT(DISTINCT  uid)user_cnt
FROM metrics.ods_ad_funnel_di
WHERE dt>='2023-04-01'
group by dt, event
```

运行代码后进行数据展示，如图 11-60 所示，图表可视化类型为漏斗图为"Funnel Chart"，聚合指标为用户数量"user_cnt"，聚合方式为求和"SUM"。

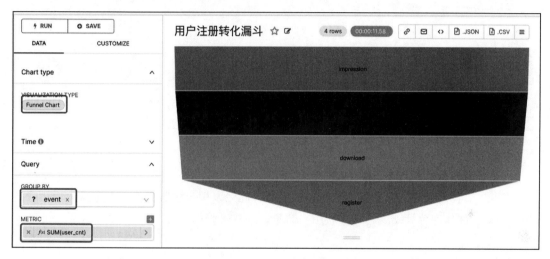

图 11-60　用户注册转化漏斗图

鼠标移至图 11-60 界面所示位置可以看到用户从点击广告到下载 App 的转化率为 97.89%，从下载 App 到注册成为新用户的转化率为 97.97%，各转化步骤下约漏掉 2% 的用户，转化率已经很不错了，提升空间不是很大。

（2）各渠道注册转化情况

除了整体的漏斗转化情况，各个渠道维度下的用户转化漏斗也是需要关注的，代码如下。

```
SELECT dt, event, COUNT(DISTINCT  uid)user_cnt
FROM metrics.ods_ad_funnel_di
WHERE dt>='2023-04-01'
GROUP BY  dt, event
```

运行代码后进行数据展示，如图 11-61 所示，我们将各渠道注册转化情况图表的可视化类型选择为透视表 Pivot Table，并选择聚合指标为用户数量 user_cnt，聚合方式为求和 SUM，通过事件类型 event 进行分组，以渠道 channel_id 为列。

图 11-61 各渠道注册转化透视表

（3）新增用户人数及新用户成本

在 3.2 节我们介绍了定义新用户的多个细节，此处以用户注册节点作为定义新增用户的节点，以 UID 作为统计维度，计算新用户数量，计算代码如下。

```
SELECT dt,
       COUNT (DISTINCT uid) user_cnt
    FROM metrics.ods_ad_funnel_di
    where event='register'
    group by dt
    order by dt asc
```

对于新用户数量，我们选择大数趋势图进行展示，如图 11-62 所示，选择可视化类型为"Big Number with Trendline"，"dt"为时间列，聚合指标为用户数量"user_cnt"，聚合方式为求和"SUM"即可。

对于新用户，我们不仅关注其数量，也关注其来源渠道以及渠道成本，因此分渠道计算新增用户数量及其成本，代码如下。

```
SELECT dt, channel_id,
COUNT (DISTINCT  uid) user_cnt, sum (cost) sum_cost
FROM metrics.ods_user_acquisition_di
GROUP BY  dt, channel_id
```

如图 11-63 所示，我们对渠道新增用户数量以及用户成本使用透视表的形式进行可视化。

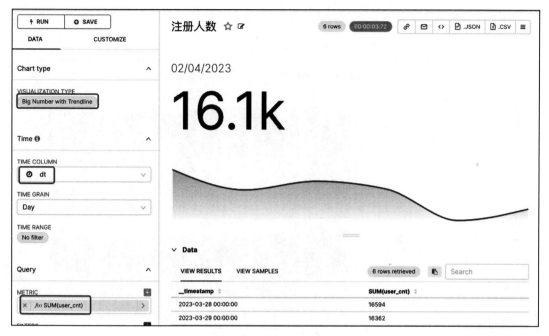

图 11-62　新用户数量

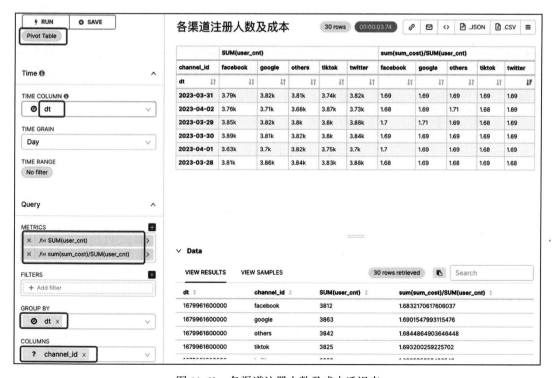

图 11-63　各渠道注册人数及成本透视表

为了提升数据的可读性，可以考虑将渠道注册人数以堆叠条形图的方式进行展示，如图 11-64 所示。

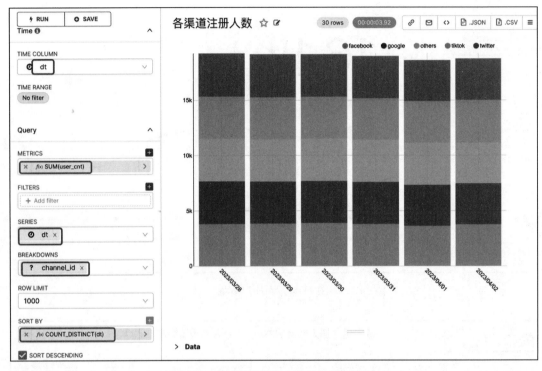

图 11-64 各渠道注册人数的堆叠条形图

11.3.2 用户活跃及留存分析

活跃和留存是用户分析的重要模块，同期群分析是用户分析的重要方法，本节内容我们会介绍如何通过 Superset 构建用户活跃留存数据指标体系以及如何搭建用户留存的同期群分析模型。

1. 同期群分析方法

同期群分析（Cohort Analysis）是用户分群的细分类型，是一种横纵结合的分析方法，在横向上分析同期群随着周期推移而发生的变化，在纵向上分析在生命周期相同阶段的群组之间的差异。用户所分的群组可以是同一天注册的用户，也可以是同一天登录的用户，当然也可以是同一天第一次发生付费行为的用户，要观测的指标可以是这群用户在一定周期内的留存率、付费率等。例如，分析 70 后、80 后、90 后在 20 岁、30 岁、40 岁、50 岁的收入各是多少；分析每一天的新注册用户或者活跃用户在之后 n 天的留存率等。

2. Superset 实现用户活跃留存监控

前面介绍了活跃、留存分析中的同期群分析方法，此处通过 Superset 演示如何对用户活跃以及用户留存进行监控。

（1）用户活跃分析

用户活跃分析主要用于监控用户活跃状态，常用的监控指标有活跃用户数量、在线时长、同时在线人数（CCU）以及峰值在线人数（PCU），此处仅展示活跃用户人数，代码如下。

```
SELECT    dt,
        COUNT (DISTINCT uid) user_cnt
    FROM metrics.ods_user_login_di
    group by dt
    order by dt asc
LIMIT 10
```

数据展示形式如图 11-65 所示，可视化方式选择为大数趋势图，通过求和的方式对数据指标活跃用户数量进行聚合。

图 11-65　活跃用户数据展示

（2）用户留存分析

此处主要采用同期群分析方法进行用户留存监控，以某活跃用户 n 天的留存率变化为例进行说明，代码如下。

```
SELECT dt,
    COUNT (distinct uid) user_cnt,
    COUNT (DISTINCT  case when datediff (login_dt, dt)=1 then uid else null
        end)/COUNT (distinct uid)  R2,
    COUNT (DISTINCT  case when datediff (login_dt, dt) =2 then uid else null
```

```
        end) /COUNT (distinct uid)  R3,
    COUNT (DISTINCT  case when datediff (login_dt, dt)=6 then uid else null end)
        /COUNT (distinct uid)  R7
FROM metrics.ods_user_retetion_di
group by dt
```

数据展示形式如图 11-66 所示，我们以每天活跃的用户作为一个群体，即以一天为周期对用户进行分群，观察每一个群体在后续 *n* 天的留存变化情况。

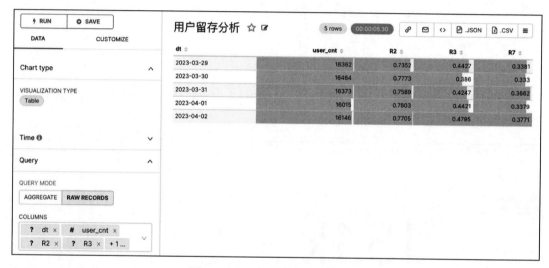

图 11-66 用户留存的同期群分析

横轴是周期，以一天为一个周期，分析从第 1 个周期到第 7 个周期的用户留存率；纵轴是同期群，以一天来划分不同的分组，每一个日期都确定一个同期群。

有了同期群，我们就可以从横向和纵向进行比较。从横向上，可以看到同一个用户群在之后 *n* 天的留存率变化；而在纵向上，可以看到不同群组在第 *n* 天后的留存率，可以比较群组用户的黏性。

11.3.3 用户付费分析

用户付费分析是数据分析中的重要环节，用户的付费情况与用户的买量成本结合分析能够较好地衡量用户质量，并且可以对未来的产品收入进行预测。本节主要介绍用户付费分析中的几个常用监控指标，包括付费率、ARPU、ARPPU 和 ROI，同时根据用户付费情况建立 RFM 模型以监控不同用户付费群体的跃迁情况。

1. Superset 实现付费指标监控

用户付费率、每用户平均付费金额（ARPU）、每付费用户平均付费金额（ARPPU）以及投入产出比（ROI）是付费环节的重要监控指标，此处我们对以上指标进行监控，代码如下。

```
SELECT dt, channel_id,
COUNT (DISTINCT CASE WHEN daily_pay<>0 then uid else null end) pay_user,
COUNT (DISTINCT uid) user_cnt,
SUM (cost) sum_cost,  -- 用户买量成本
SUM (daily_pay) sum_daily_pay, -- 当日付费金额
SUM (total_amount) sum_total_amount -- 用户累计付费金额
FROM metrics.ads_pay_info_di
GROUP BY dt, channel_id
```

运行代码后，如图 11-67 所示，我们在 Superset 前端进行相关指标的动态聚合计算，按照各个指标的定义进行计算即可。

$$用户付费率 = 付费用户 / 总用户数$$
$$ARPU = 当日用户付费总金额 / 当日活跃用户数$$
$$ARPPU = 当日用户付费总金额 / 当日付费用户数$$
$$ROI = 用户累计付费金额 / 用户买量成本$$

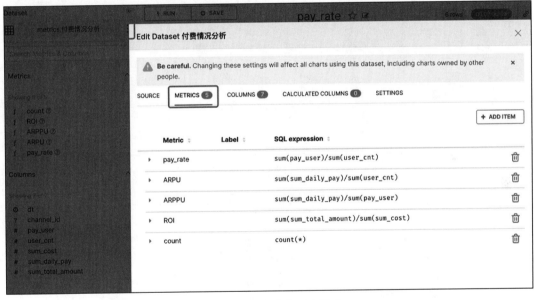

图 11-67　数据指标动态聚合

完成数据指标的定义之后即可对其进行可视化展示，如图 11-68 所示，对于不区分维度的数据指标我们选择大数趋势图进行展示，对于区分渠道维度的数据指标我们选择折线图进行展示，具体细节不再赘述。

2. 案例：Superset 实现 RFM 模型构建

RFM 模型是用户价值分类常用的模型，本节介绍通过 Superset 实现 RFM 模型的构建。

（1）RFM 模型介绍

RFM 模型是美国数据库营销研究所提出的用户分群模型，如图 11-69 所示，最近一次

消费（Recency）、消费频率（Frequency）、消费金额（Monetary）是该模型的 3 个重要指标（维度）。

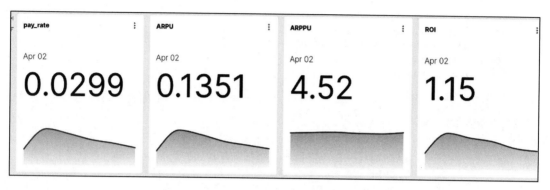

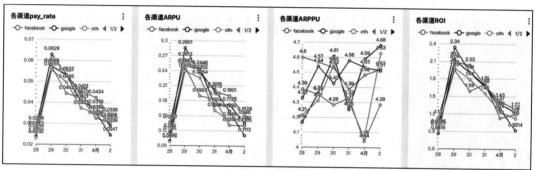

图 11-68 付费指标数据可视化

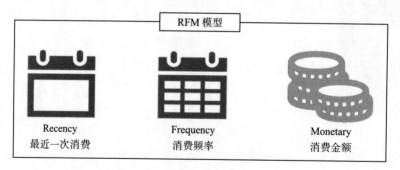

图 11-69 RFM 模型

R、F、M 3 个指标分别代表了用户的忠诚度、活跃度以及付费情况，根据 RFM 的数值，对每个维度进行一次二分可以将用户分为 8 个类别：

❑ 重要价值用户：R 低，F 高，M 高，该类用户无论忠诚度、活跃度或付费金额都是极高的，是为产品创造营收的主要用户群体。

❑ 重要召回用户：R 低，F 低，M 高，该类用户忠诚度和付费金额较高，但是付费频率低，应辅以适当的运营活动提高用户付费频率。

❏ 重要发展用户：R 高，F 高，M 高，该类用户忠诚度不够，需要加大力度发展和转化。

❏ 重要挽留用户：R 高，F 低，M 高，该类用户忠诚度不够且付费频率低，是比较容易流失的用户群体，应当重点运营以防用户流失。

除了以上类别之外的其余 4 个类别，这里不再一一列举说明。在实际的工作场景中，数据分析师可以根据自己的需求，将用户分为 n 个不同的群组。

（2）RFM 模型构建

RFM 模型构建主要分为维度数据探索、维度价值划分以及建模 3 个步骤，下面会详细介绍各个步骤的操作细节。

1）维度数据探索

ods_user_pay_di 记录了用户每次消费的时间、订单号、消费金额等多个维度的付费信息，基于上述信息构建 RFM 模型所需的 3 个维度，代码如下。

```
SELECT CustomerID,
ROUND (SUM (TotalAmt), 2) Monetary,
COUNT (DISTINCT InvoiceNo) Frequency,
MIN (date_sub) Recency
FROM
(
SELECT CustomerID, TotalAmt, InvoiceNo , datediff (Max_Date, InvoiceDate) date_sub
FROM metrics.ods_user_pay_di
WHERE TotalAmt>=0
) a
```

构建完 RFM 模型所需的 3 个维度之后，我们通过如下代码观察各个维度上的数据分布情况，其中付费金额（Monetary）数据极差较大，此处缩小 100 倍后展示数据分布。

```
SELECT Recency,
--Frequency,
--ceil (Monetary/100) Monetary_100,
COUNT (DISTINCT CustomerID) user_cnt
FROM
(
SELECT
CustomerID,
ROUND (SUM (TotalAmt), 2) Monetary,
COUNT (DISTINCT  InvoiceNo) Frequency,
MIN (date_sub) Recency
FROM
(
SELECT CustomerID, TotalAmt, InvoiceNo, datediff (Max_Date, InvoiceDate) date_sub
FROM  metrics.ods_user_pay_di
WHERE TotalAmt>=0
)a
GROUP  BY CustomerID
)c
GROUP BY Recency
```

---Frequency
---Monetary_100,

  各维度下的数据分布如图 11-70~ 图 11-72 所示,从各个维度的数据分布我们可以看出,最近一次消费距今的时间(R)数据分布不集中,消费频率(F)主要集中于 5 次以下,消费金额(M)主要集中于小额消费,但长尾用户较多。

RFM_ 最近一次消费

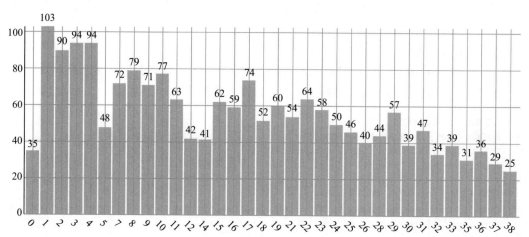

图 11-70   Recency 数据分布

RFM_ 消费频率

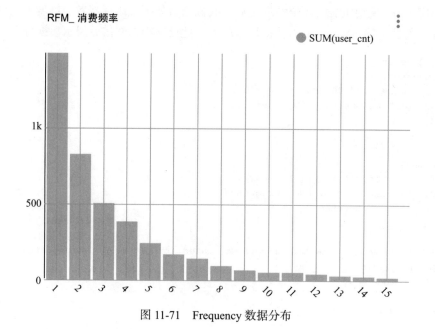

图 11-71   Frequency 数据分布

RFM_ 消费金额

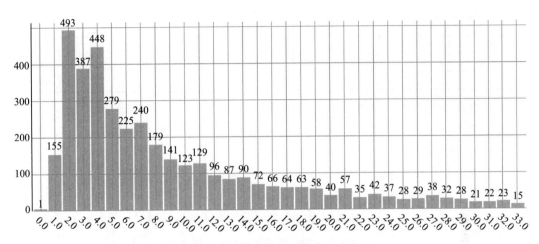

图 11-72　Monetary 缩小 100 倍数据分布

　　构建完数据集之后，就需要考虑如何对用户进行分类的问题了。在实际建模过程中，我们可以通过阈值对维度值进行分类，即每个维度设定一个阈值，按照阈值将维度值分为两类，阈值可以是该维度下的平均值、中位数或者行业标准，此处选择平均值，其代码如下所示。

```
SELECT AVG (Recency)   AVG_Recency,
    AVG (Frequency) AVG_Frequency,
    AVG (Monetary)  AVG_Monetary
FROM
(
SELECT
CustomerID,
ROUND (SUM (TotalAmt), 2) Monetary,
COUNT (DISTINCT  InvoiceNo) Frequency,
MIN (date_sub) Recency
FROM
(
SELECT CustomerID, TotalAmt, InvoiceNo, datediff (Max_Date, InvoiceDate) date_sub
FROM  metrics.ods_user_pay_di
WHERE TotalAmt>=0
)a
GROUP  BY CustomerID
)c
```

2）维度价值划分

　　有了各个维度下的平均值之后，可以制定各维度下的阈值划分标准，如表 11-4 所示，当用户在该维度下的数值高于阈值，则赋值为 1，反之为 0。

表 11-4 RFM 模型维度值划分标准

RFM 模型维度值划分标准				
	阈值（平均值）	高于阈值	低于阈值	Tips
Recency	92.04	1	0	
Frequency	4.27	1	0	阈值可以是平均值、中位数、行业标准等
Monetary	2053.79	1	0	

通过阈值划分后的各个维度的业务价值如下。

❑ 最近一次消费距今的时间（Recency）：数值越小，对于业务价值越大，即低于阈值的用户价值较高。

❑ 消费频率（Frequency）：数值越大，对于业务价值越大，即高于阈值的用户价值较高。

❑ 消费金额（Monetary）：数值越大，对于业务价值越大，即高于阈值的用户价值较高。

以上 3 个维度通过一次二分即 2^3 可以组合成 8 种不同类型的用户，如表 11-5 所示。

表 11-5 三个维度组合下的 8 种不同类型的用户

用户分类	R	F	M
重要价值用户	0	1	1
重要发展用户	1	1	1
重要挽留用户	1	0	1
潜在流失用户	1	0	0
一般维持用户	1	1	0
潜力用户	0	1	0
重要召回用户	0	0	1
新用户	0	0	0

3）RFM 建模

按照上述的分析思路，我们通过如下代码构建 RFM 模型，实现用户价值标签的划分。

```sql
SELECT  CustomerID,
CASE WHEN tag='011' THEN 'value'        -- 重要价值用户
    WHEN tag='111' THEN 'develop'       -- 重要发展用户
    WHEN tag='101' THEN 'detainment'    -- 重要挽留用户
    WHEN tag='100' THEN 'churn'         -- 潜在流失用户
    WHEN tag='110' THEN 'ordinary'      -- 一般维持用户
    WHEN tag='010' THEN 'potential'     -- 潜力用户
    WHEN tag='001' THEN 'recall'        -- 重要召回用户
    WHEN tag='000' THEN 'new'           -- 新用户
    end  user_label

FROM
(
SELECT
CustomerID,
Recency,
```

```
Frequency,
Monetary,
IF (Recency>92.04, 1, 0) R,
IF (Frequency>4.27, 1, 0) F,
IF (Monetary>2053.79, 1, 0) M,
concat (IF (Recency>92.04, 1, 0), IF (Frequency>4.27, 1, 0), IF (Monetary>2053.79,
    1, 0)) tag
FROM
(SELECT
CustomerID,
ROUND (SUM (TotalAmt), 2) Monetary,
COUNT (DISTINCT  InvoiceNo) Frequency,
MIN (date_sub) Recency
FROM
(
SELECT CustomerID, TotalAmt, InvoiceNo, datediff (Max_Date, InvoiceDate) date_sub
FROM  metrics.ods_user_pay_di
WHERE TotalAmt>=0
)a
GROUP  BY CustomerID)b
)c
```

最后，统计各个类型的用户的分布情况并使用 Superset 进行展示，代码如下。

```
SELECT user_label, COUNT (DISTINCT CustomerID) user_cnt
FROM
(
SELECT  CustomerID,
CASE WHEN tag='011' THEN 'value'        -- 重要价值用户
    WHEN tag='111' THEN 'develop'       -- 重要发展用户
    WHEN tag='101' THEN 'detainment'    -- 重要挽留用户
    WHEN tag='100' THEN 'churn'         -- 潜在流失用户
    WHEN tag='110' THEN 'ordinary'      -- 一般维持用户
    WHEN tag='010' THEN 'potential'     -- 潜力用户
    WHEN tag='001' THEN 'recall'        -- 重要召回用户
    WHEN tag='000' THEN 'new'           -- 新用户
    end  user_label
FROM
(
SELECT
CustomerID,
Recency,
Frequency,
Monetary,
IF (Recency>92.04, 1, 0) R,
IF (Frequency>4.27, 1, 0) F,
IF (Monetary>2053.79, 1, 0) M,
concat (IF (Recency>92.04, 1, 0), IF (Frequency>4.27, 1, 0), IF
    (Monetary>2053.79, 1, 0)) tag
FROM
(SELECT
```

```
CustomerID,
ROUND (SUM (TotalAmt), 2) Monetary,
COUNT (DISTINCT  InvoiceNo) Frequency,
MIN (date_sub) Recency
FROM
(
SELECT CustomerID, TotalAmt , InvoiceNo , datediff (Max_Date, InvoiceDate) date_sub
FROM  metrics.ods_user_pay_di
WHERE TotalAmt>=0
)a
GROUP  BY CustomerID)b
)c
)d
GROUP  BY user_label
```

最终展示结果如图 11-73 所示，用户有了数据标签，接下来就需要运营人员介入，针对不同的用户群体做不同的用户运营策略；通过 Superset 监控用户群体类别变迁可以衡量运营策略的效果。例如，新用户较多，需要通过一定的运营策略留住新用户并且提高用户的复购率；其次是潜在流失用户较多，需要通过一定的活动刺激，防止用户流失；如果实施一定的运营策略之后，新用户和潜在流失的用户群体规模变小，而重要价值用户群体规模变大，则说明运营策略起到了一定的效果。

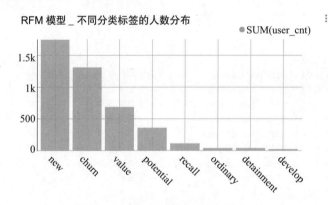

图 11-73 不同分类标签的人数分布

11.3.4 数据指标监控看板搭建

前面我们基于用户转化漏斗，分别构建了用户获客漏斗、活跃、留存以及付费相关的数据指标，对上述的指标看板进行分类汇总即可完成最终的看板搭建。

如图 11-74 所示，我们将监控看板的结构划分为两大部分，其一是用户的获取、活跃以及留存部分，监控获客成本、活跃人数以及用户留存相关指标；其二是用户付费部分，如图 11-75 所示，监控用户付费率、ARPU、ARPPU、ROI 相关指标以及 RFM 模型用户标签变化情况。

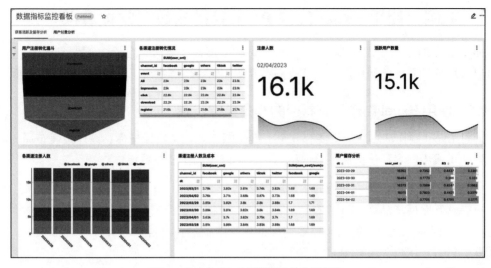

图 11-74　获客、活跃及留存分析模块

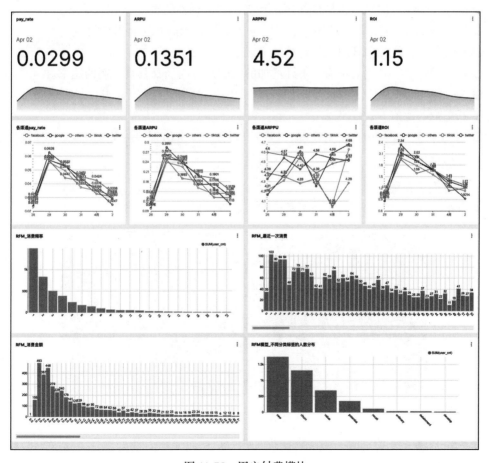

图 11-75　用户付费模块

11.4 案例：使用 Excel 代替 BI 工具搭建数据监控看板

如果所在的公司还没有 BI 工具，却想要做数据监控看板该怎么办呢？别着急，Excel 也可以实现数据看板的制作。这一节我们会介绍用 Excel 搭建动态看板的 6 个关键步骤。

11.4.1 使用 Excel 制作动态看板的 6 个关键步骤

通过 Excel 制作动态看板主要有 6 个关键步骤，即定义监控指标、设计报表布局、制作筛选器、生成中间表计算指标、数据指标可视化以及制作监控看板。

1. 定义监控指标，明确数据分析及展示要素

每一款互联网产品都有自己的生命周期，AARRR 模型诠释了产品生命周期，这个模型也是数据分析师定义产品的核心监控指标的理论依据。在这份核心 KPI 动态报表中，会用到活跃、付费、用户分组等相关的指标。

- ❑ DAU（Daily Active User）：日活跃用户数量，去重统计每天登录的用户数。
- ❑ DAU 构成：将 DAU 拆解成新用户和老用户两种不同类型。
- ❑ NU（New User）：每日新用户数量，去重统计每天的新注册用户数。
- ❑ 每日营收：统计每日用户付费总金额。
- ❑ 营收增长率：对比上一天，统计增加的营收总额与当日营收总额的比率。
- ❑ ARPU（Average Revenue Per User）：每用户平均收入，统计当日营收总额与当日活跃用户的比值。
- ❑ 用户分组：根据用户付费情况，将用户划分为 3 个组别——免费玩家、高消费玩家、低消费玩家。

2. 设计报表布局

确定指标之后，我们可以对动态看板布局进行规划，如图 11-76 所示。

图 11-76 Excel 动态看板布局

首先，根据业务场景的不同需求，找一张合适的背景图，此处选择了蓝黑色的科技风

背景。

其次，想清楚每一个指标的表现形式，是用图表更为直观，还是直接放数字更有说服力，这些都是需要去思考的。

最后，划分看板的布局，将相应的指标先填充到对应的位置占位。这样可以让后续的步骤更加清晰。

3. 通过数据验证功能制作筛选器

静态看板如何实现动态？筛选器起了关键的作用。顾名思义，筛选器可以通过时间、地区等筛选条件实现对数据的过滤。在 Excel 中可以通过"数据"菜单栏下的"数据工具栏"中的"数据验证"功能实现。

例如，动态看板需要通过"开始时间""结束时间""地区" 3 个过滤器（Filter）实现对数据的筛选，我们就需要分别对这 3 个过滤器制作筛选器。

筛选器的制作步骤如图 11-77 所示。

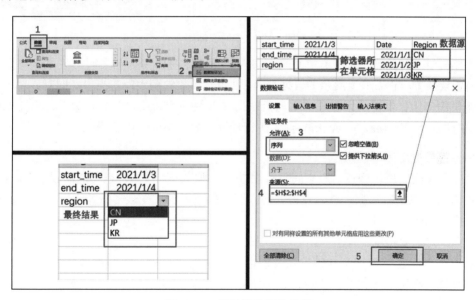

图 11-77　筛选器的制作步骤

4. 生成中间表并计算监控指标

现在已经有了筛选器，这些筛选器如何与数据关联起来？这时候中间表就发挥了很大的作用，而制作中间表需要用到 Excel 中的 Filter 函数。

首先，将原始数据的表头复制粘贴过来，以便中间表看上去更加直观清晰。

其次，在需要插入筛选数据的单元格使用 Filter 函数对原始数据进行筛选，生成中间表。

Filter 函数筛选原始数据并与筛选器关联，实现中间表的制作，流程如图 11-78 所示。

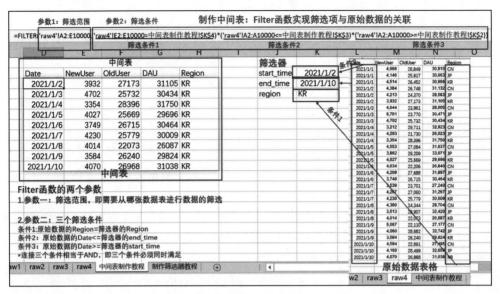

图 11-78 中间表制作

我们通过 Filter 函数制作了中间表，实现了筛选器与原始数据之间的关联。我们需要把所有需要在 Dashboard 上展示的数据都通过 Filter 函数放到中间表当中。同时，对于单日最大销售额、销售额平均增长率、平均活跃用户以及平均新用户等聚合数值，也需要使用 Excel 中的聚合函数 Max()、Average() 等进行计算并放到中间表中备用。

5. 监控数据指标可视化

制作好中间表后，就可以对中间表数据进行可视化了。数据可视化的流程也比较简单，先选中需要可视化的数据区域，点击"插入"菜单下面的"图表"选项卡，根据自己的需求选择合适的图形即可。

有两个点需要特别注意。

❑ 由于中间表的数据是和筛选器关联的，为了防止出现筛选范围较大而导致的错误，建议选择可视化数据区域的时候进行整列选择，而非只选择现在有数据的区域。

❑ 适当调整坐标轴范围，可以让数据更加直观地传达信息。

如图 11-79 所示，将销售额以及增长率的坐标轴适当进行调整，数据趋势更加明显，这也是数据可视化必掌握的小技巧之一。坐标轴范围调整的方法也很简单，单击选中需要调整的坐标轴就会弹出坐标轴选项卡，然后根据需要调整最大、最小值即可。

6. 制作监控看板

完成数据可视化之后，我们需要对图片进行配色微调以及美化。如图 11-80 所示，动态看板背景为蓝黑科技风，所以选择白色字体；其次去掉边框和底纹会让图表更美观；另外，可以插入部分图形让整体的动态看板更加灵动；最后，统一下字体、字号并把图片放到对应的位置即可。

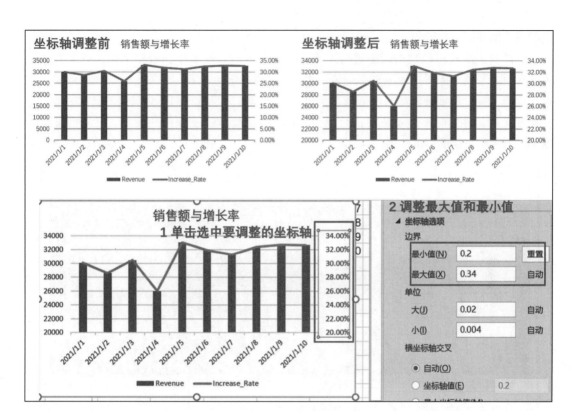

图 11-79　坐标轴调整

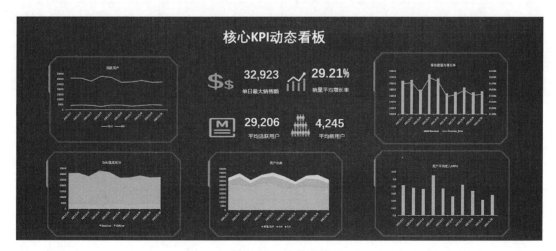

图 11-80　动态看板

11.4.2　Excel 动态看板在实际工作中的运用

数据分析师经常被运营人员追着要数据，如果只给出原始数据，那么数据分析师的价值就只停留在了取数阶段。

假设我们能对原始数据稍微进行加工，给出一定的数据结果和数据结论，或者将运营人员每周要写的业务周报做成动态的 Excel 看板，设置定时任务，每周定时通过邮件发送周报给运营人员，数据分析师的价值就会凸显，在运营人员眼里我们不再只是"取数工具人"。要实现通过邮件定时发送业务周报给运营人员，还需要数据工程师的参与。其实现过程如图 11-81 所示，这里不再赘述。

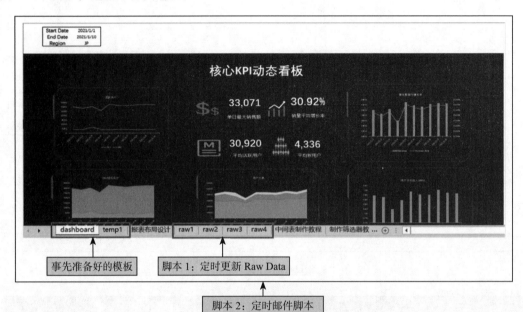

图 11-81　动态看板通过邮件定时推送

Excel 做出来的动态看板虽然很美观，操作上也不难，但是它也存在一定的局限。比如，Mac 系统下制作的看板在 Windows 系统下可能会出现乱码或报错；同样地，不同的 Excel 版本之间切换也可能出现乱码或报错；其次，Excel 承载的数据量有限，且因看板布局的大小限制，动态看板可能无法显示太多的数据，但是周报六七天的数据承载应该没有问题。

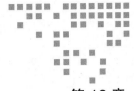

第 12 章 *Chapter 12*

数据指标体系如何指导数据异动分析

BI 报表实现了数据指标体系的展示，在一定层面上可以实现对业务指标的监控。但是当业务指标发生异动时，根据已有的数据指标体系排查和定位业务问题才是数据指标体系最重要的作用。本章会立足于数据异动分析，详细介绍如何通过数据指标体系监控业务指标异动、定位异动原因。

12.1 数据异动分析流程概述

如图 12-1 所示，数据异动分析的流程可以概括为问题界定、维度拆解分析问题、量化数据异动贡献度三大步骤。

1. 问题界定

问题界定是数据异动分析的第一步。首先，数据分析师需要明确数据指标的含义并且理解数据波动背后的业务含义。其次，确认数据是属于正常波动范围还是真的发生了异动，拉长时间周期进行观察、统计学的 3δ 原则、四分位数法或业务经验都是较为常用的判断方法，12.2 节会详细介绍。如果数据真的发生异动，则需要继续分析数据异动的类型，其类型大致可以分为由数据传输、业务外部因素、业务内部因素或其他未知因素引起的数据异动，不同类型的数据异动对应的分析方法也不尽相同，12.3 节会详细介绍。

2. 维度拆解分析问题

在进行维度拆解之前，首先要确认是不是由于数据传输问题引起的数据异动，如果是数据传输造成的数据异动就不用白费功夫去做其他分析了。除此之外，还需要确认数据异动是不是由于业务外部的宏观因素引起的。

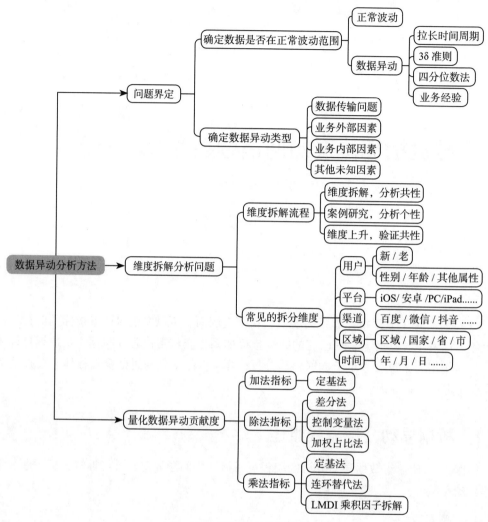

图 12-1 数据异动分析方法

对于业务内部因素以及未知因素引起的数据异动，需要数据分析师进行维度拆解以定位数据异动原因。维度拆解定位数据异动原因的具体步骤：首先是维度拆解，寻找共性；其次是进行案例研究，寻找个性；最后是维度上升，验证共性。每一个步骤具体的实现方法会在 12.4 节详细介绍。

3. 量化数据异动贡献度

通过维度拆解，数据分析师能够定位出异常维度，那么异常维度下各个维度值对于数据指标大盘贡献度是多少呢？不同类型的数据指标的贡献度的计算方法也不尽相同，对于加法指标来说，通过定基法就能计算贡献度；对于除法指标来说，差分法、控制变量法、加权占比法都是常见的计算贡献度的方法；而定基法、连环替代法以及 LMDI 乘积因子拆解是计算乘法指标各因子贡献度常用的方法。12.6 节会具体介绍不同类型的指标如何通过相应的方法量化异动维度值对大盘的贡献度。

12.2　数据波动多少才是异动

数据会受到各种因素的影响从而产生不同程度的波动，面对数据的波动，数据分析师需要做如下两件事情：

❑ 判断数据的波动是属于正常波动，还是属于异常波动。

❑ 如果是异常波动，那么要确定如何通过维度拆解，归因数据异动原因。

这一节会详细讨论数据异动的评价标准。

12.2.1　透过业务含义理解异常指标

数据是数据指标的基础来源，数据异动带来指标异常，那么什么样的指标才叫异常指标？这是一个令数据分析师很头疼的问题。有时候 DAU 下降 2% 运营人员就心急如焚，要让数据分析师排查到底是不是数据错了；但有的时候某些指标下降 30%，运营人员却平静如常。

这个问题其实要结合指标类型和业务含义来看。

举个简单的例子，如果以体温作为判断是否感染病毒的核心指标，可能只要从正常范围越界到 37.4 度以上就会被请去做相关检测，即便只是从 36.9 度波动到 37.4 度，仅 1.4% 的波动就会产生如此大的影响。而身高、体重这个指标则不然，假设今年比往年胖了 20%，机场安检人员不会因为体重的波动而不让乘机。

为什么 1.4% 的波动会被要求做相关检测，而 20% 的波动却毫无影响？其实大家在意的并不是波动，而是病毒，也就是指标背后代表的含义。对于病毒来说，体温是核心监控指标，只要超出 37.4 度就可能是疑似感染病例；而体重是无关紧要的指标，胖瘦和疑似病例没有任何关系。所以，分析指标异动的第一步是搞清楚异动指标背后的业务含义，脱离业务含义的分析没有任何意义。

因此，分析数据异动必须依托业务含义，除此之外，统计学也为数据异动分析提供了理论基础。

12.2.2　数据异动的统计学理论支撑

1. 3δ 原则

如何判断数据是正常波动还是异动，统计学中 3δ 原则以及置信区间等都能够作为判断数据波动是否属于异动的理论支撑。

如图 12-2 所示，3δ 原则描述了对于服从正态分布 $X \sim N(\mu, \delta^2)$ 总体的概率分布 (a, b)

的范围如下：

- ❑ 数值分布在（$\mu-\delta$，$\mu+\delta$）中的概率为 68.26%；
- ❑ 数值分布在（$\mu-2\delta$，$\mu+2\delta$）中的概率为 95.44%；
- ❑ 数值分布在（$\mu-3\delta$，$\mu+3\delta$）中的概率为 99.74%；
- ❑ 特别地，数值分布在（-1.96δ，1.96δ）中的概率为 95%。

根据上述理论可以认为，数据几乎全部集中在（$\mu-3\delta$，$\mu+3\delta$）区间内，超出这个范围的可能性仅占不到 0.3%，根据小概率事件原理可知落在 ±3δ 以外的数据可以认为是异动数据，如果放宽要求的话落在 ±2δ、±1.96δ 或 ±1δ 以外都可以视为异动数据。

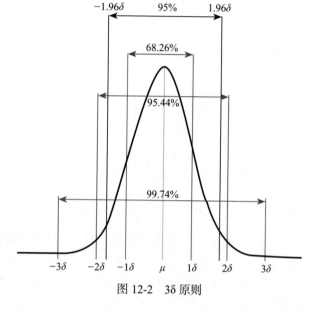

图 12-2　3δ 原则

2. 四分位数法

想必大家都比较熟悉箱型图，即用上边缘、上四分位数、中位数、下四分位数、下边缘 5 个数字来表示一组数据分布的图形。如图 12-3 所示，基于箱型图的原理，我们也可以对数据异动进行判断，如果数据超过箱型图的上、下边缘即认为是离群值，也就是数据异动，判断方法如下。

- ❑ 下边缘 <$Q_1-K\times$ IQR。
- ❑ 上边缘 >$Q_3+K\times$ IQR。
- ❑ 当 $K=3$ 时，代表极度异常。
- ❑ 当 $K=1.5$ 时，代表中度异常。

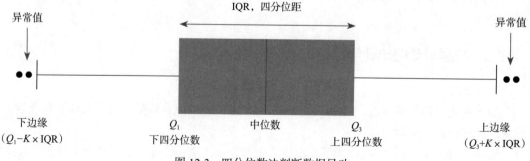

图 12-3　四分位数法判断数据异动

12.2.3　快速确定数据是正常波动还是异常波动的方法

当观察到数据指标发生波动时，数据分析师首先确定数据指标的波动是否正常。在排查时经验固然重要，但也是有一定方法的，下面我们一一介绍快速确定数据指标是否属于正常波动的方法。

1. 拉长时间周期，排除周期性波动

数据指标的周期性波动是一种自然形态的波动，例如，对于一款游戏来说，周末、节假日的日活用户肯定比工作日高；如果看小时数据的话，每天 12:00—14:00 之间以及 20:00 以后的数据会比其他时间段的高。再比如，公众号文章的阅读量工作日普遍高于周末。

当面对一个数据异动排查的问题，需要先确定这个问题是否为周期性波动，如果是，对周期性变化进行说明即可。

例如，一个运营新人拿着这样的数据找到数据分析师说："这两天 DAU 下降得有点多，是不是数据有问题？请帮忙排查下。"如图 12-4 所示，单看两天的 DAU 直线下降了 35.98%，确实下降得较多。这时候，先不着急去排查问题，得先确认这个波动是否由于周期性变化引起。于是，查看了运营新人给的日期一天是周末，一天是工作日，周末和工作日的 DAU 肯定会有很大差异，这肯定是由于周期性变化引起的。这时数据分析师可以拉取两周的 DAU 数据给运营人员，以提醒他存在认识偏差。

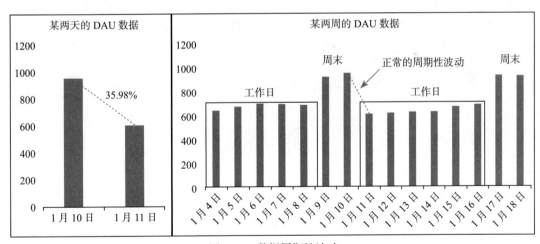

图 12-4　数据周期性波动

总结一下：排查数据异动的第一步是确定数据的波动是否是周期性波动，因为周期性波动属于正常的波动范围。对于不同的业务，可能会受到季节、节假日、周末等因素的影响，应视具体的业务情况而定。

2. 用统计学方法判断数据是否发生异动

（1）3δ 原则

拉长时间周期可以排除数据周期性波动的情况，如果数据的波动没有周期性的规律，

就可以基于统计学的知识确定数据是否存在异动情况。如图 12-5 所示，我们拉取一定时间
周期的次日留存率（R2），计算其均值和标准差，可以根据以往经验初步取加减 1 倍标准差
作为正常波动范围。在 Excel 中可以使用 AVERAGE 函数以及 STDEV 函数分别计算数据集
的均值和标准差。

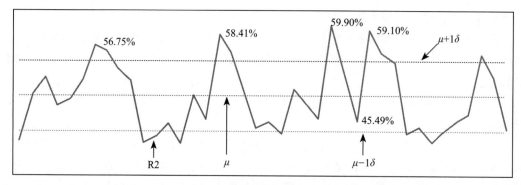

图 12-5　3δ 原则分析数据异动

在使用 3δ 原则判断数据异动时需要假定数据服从正态分布或者近正态分布，且需要保
证历史数据异常点较少，否则均值容易被异常点拉偏。

（2）四分位数法

如图 12-6 所示，四分位数法也可以判断数据是否处于异动范围，仅需计算数据的上
下四分位数并计算出上下边缘即可。在 Excel 中 QUARTILE.EXC 可以计算数据集的四分
位数。

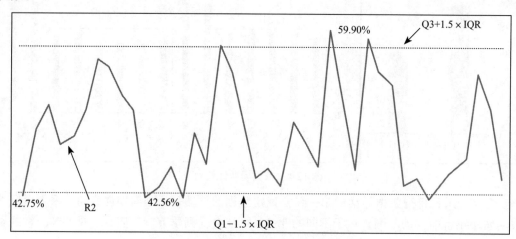

图 12-6　四分位数法分析数据异动

上述方法是从统计学意义上解决数据异动评估的问题，两种方法对同一数据集进行异
动分析得出的结果也可能有一定差异，在实际应用中数据指标的波动是否属于异动还需要
结合业务含义进行判断。数据波动小，并不代表一定不存在问题；数据波动大，也不代表

一定存在问题。

3.基于业务经验设定阈值

在数据异动分析中，业务经验的积累也是较为重要的。不同的业务场景下，数据指标异动的阈值也可能来源于一些口口相传的业务经验。如图 12-7 所示，某个指标相比前一天波动超过 20%，若同时相比 7 日前波动也超过 20% 即可认为数据出现异动。这些阈值是在业务实践中不断摸索出来的，主要基于平时对于业务的理解。

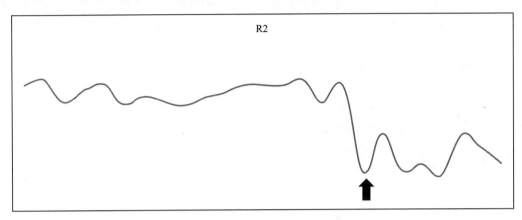

图 12-7　基于业务经验设定阈值

12.2.4　建立数据告警，及时监测数据异动

如果每次数据异动的排查都需通过 SQL、Excel 等工具的计算加工才能得出结论，无疑会降低工作效率，因此在数据指标体系的基础上建立一套完善的数据指标异动告警体系是十分必要的。可以基于业务思维以及统计学设定的阈值在 BI 报表系统上建立数据指标监控告警机制，只要数据指标超出正常波动范围立即发出告警通知，以便数据分析师以及相关业务部门了解业务动向。

12.3　数据异动的类型及引起因素

排除数据周期性波动，确定数据发生异动之后，判断数据异动的类型是维度拆解的前置工作，不同类型的数据异动有不同的拆解维度。

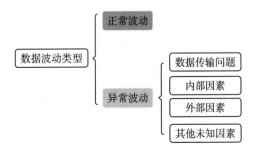

12.3.1　数据异动的类型

如图 12-8 所示，内部因素、外部因素、

图 12-8　数据异动类型汇总

数据传输问题以及其他未知因素是引起数据指标异动的四大原因。内部因素主要包括产品迭代、运营活动、拉新促活等；外部因素主要包括环境因素、宏观政策、特殊时间点等；数据传输问题包括数据调度、数据入库、数据埋点等；而其他未知因素就只能通过维度拆解逐一排查，并通过个案研究做出一定的假设，同时需验证假设的合理性。

12.3.2　数据传输问题引起的数据异动

数据异动首先需要排查是否为数据传输问题造成的数据增多或减少带来的。如果不先确定是否为数据传输问题就直接进行维度拆解，则可能拆解了很多维度后依然没有结论，到最后发现是数据传输的问题。

可以根据数据传输的流程，逐个环节进行排查，定位到有问题的环节找到相应的负责人进行问题修复。

如图 12-9 所示，对于数据传输问题，我们需要先排查报表的数据能否和底层数据库的数据对上，如果能对上，就说明监控报表的数据是没有问题的，是业务本身出现了问题。

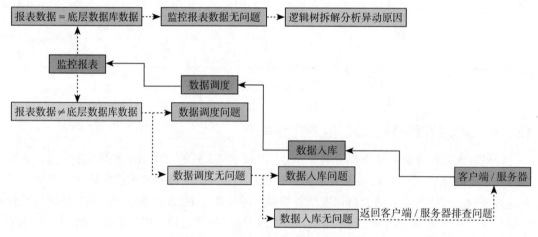

图 12-9　数据传输问题引起的数据异常

如果报表的数据和底层数据库的数据对不上，就需要根据数据传输流程回溯每一个关键节点以找到真正出问题的环节，可能是数据调度的问题、数据入库的问题或客户端/服务器等数据记录的问题。

12.3.3　业务内部因素引起的数据异动

产品迭代、运营活动、拉新促活等是内部因素的主要来源，通常会造成某一段时间内的活跃用户数、销售额等指标高于或低于正常情况。

举个简单的例子，如图 12-10a 所示，在某段时间内业务推出了登录奖励活动，该段时间的 DAU 增长了 35% 左右，但是活动结束之后 DAU 又回到了正常水平。很明显，这类数据异动是由于业务内部的主动行为造成的。

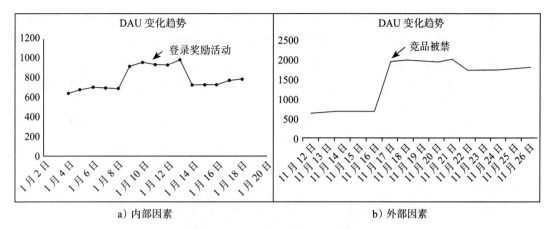

a）内部因素　　　　　　　　　　　　　b）外部因素

图 12-10　内、外部因素引起的数据异动

但是 DAU 上涨 35% 能否归因到登录奖励活动还需要更多的数据佐证，此处我们采用控制变量法和对比分析法进行归因。

如图 12-11 所示，DAU 上涨的归因可以转为"登录奖励活动是否促进了用户活跃"的问题，因此我们分别统计在登录奖励活动开放期间参与了活动的用户和未参与活动的用户在活动期间及活动开放前的活跃率。

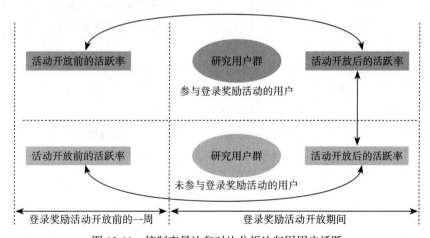

图 12-11　控制变量法和对比分析法归因用户活跃

如果活动开放前两类群体的活跃率基本持平，且活动开放后参与登录奖励活动的用户活跃率明显高于未参与活动的用户（可通过假设检验进行验证），则可证明登录奖励活动显著提升了用户活跃水平。

这里你可能会有疑问：只研究登录奖励活动开放后的活跃率即可吧，为什么还要研究活动开放前的活跃率？

答案是这样做可以，但是不够严谨，都研究有以下好处。

- □ 排除两组用户的天然差异。如果参与活动的用户在活动开放前的活跃率就高于未参与活动的用户，那么登录奖励活动对于用户活跃的贡献度需要重新评估。
- □ 可以形成横向、纵向对比让数据结论更加准确。可以横向比较同一个用户群体在活动开放前后数据指标的变化，也可以比较不同用户群体在同一时间段数据指标的变化。

12.3.4 外部因素引起的数据异动

除了业务主动行为造成的数据异动，当然还会有一些外部因素造成的数据异动，例如，天气、环境、宏观政策、竞品等各种因素，对于这些外部因素数据分析师是束手无策的，只能评估以上因素对于数据指标的影响程度。如图 12-10b 所示，某款竞品被禁了，公司产品作为替代品 DAU 瞬间暴涨。这就是政策因素影响带来的利好情况。

所以对于这些不可控的外部因素的影响，特别是负面的影响，数据分析师可以估算其影响范围和影响周期，反馈给业务方以辅助其决策。

12.3.5 其他未知因素引起的数据异动

如果数据异动不属于正常波动，也不是由于内部主动行为造成的，也不属于外部因素引起的，更不是数据传输造成的错误，而是由于一些不可知的因素造成的，这时候就需要通过逻辑树等方法拆解可能影响业务指标的维度，定位到底是什么因素造成数据的异动。

面对这类问题，在业务层面或者产品研发侧通常也没有指向性，只能由数据分析师凭借分析经验以及业务思维对可能影响数据指标的维度进行逐一拆解，或者基于部分假设然后通过数据验证假设，直到找到有差异的维度或者符合数据结果的假设。

还是以 DAU 波动为例子进行说明。假设某天某个产品的 DAU 发生异动，且近两周内没有做过版本迭代也没有推出新的活动，产品也没有受到外部宏观因素的影响。此时，业务方希望数据分析师能帮忙定位异动原因，如图 12-12 所示，可以通过逻辑树拆解可能影响 DAU 的维度进而定位原因。

根据用户构成可以将 DAU 拆解为新用户和老用户；而老用户又可以拆分为留存用户和回流用户；对于回流用户来说，又可以继续向下拆分为近七日注册的回流用户和七日前注册的回流用户。通过这样的拆分，可以看出到底是新用户少了还是老用户少了，明确问题后则继续向下进行拆解以定位最细颗粒度的影响因素。

也可以对新用户进行其他维度的拆分，可以从地区来拆，判断到底是哪个地区的新用户减少而造成的数据异动，如果是整体的用户减少，那可能是产品本身存在一定问题，如和新用户的匹配性不是很好。如果是某个地区的用户减少，可以继续拆解维度，可以考虑以服务器为维度进行拆解，因为某个地区的用户骤减可能是该地区服务器宕机了，也可能是产品的本地化做得不够好，对某个地方的用户群体没有足够的吸引力。

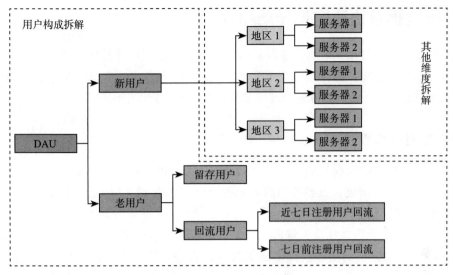

图 12-12　DAU 用户构成拆解

12.3.6　不同类型数据异动排查维度汇总

不同类型的数据异动排查的维度不尽相同，需要在业务实践中进行积累，如图 12-13 所示，我们对数据异动类型以及相关排查维度进行汇总。

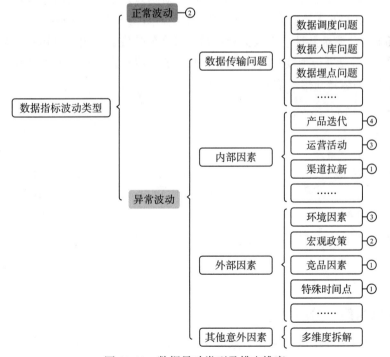

图 12-13　数据异动类型及排查维度

12.4 维度拆解快速定位异动原因

排除数据周期性波动、数据传输问题后，对于内部因素以及其他未知因素引起的数据异动，定位原因是数据指标体系最为重要的作用之一。而维度拆解是定位数据异动最常用的方法，本节会详细介绍维度拆解的过程及其在数据异动分析中的应用。

12.4.1 维度拆解概述

进行维度拆解定位数据异动原因是数据分析师必做的工作，该工作核心思路是拆解可能影响到业务的各个维度，直到找出有差异的维度。如图 12-14 所示，通过维度拆解定位数据异动原因会经历 3 个步骤。

1）维度拆解，分析共性。拆解已知维度，分析数据指标是否在某些维度上存在差异，该过程是一个寻找共性的阶段。如果能够找到具有差异的维度，那么数据异动排查基本结束。

2）案例研究，分析个性。如果在共性分析阶段拆解出来的各个维度中的数据都是普涨或者普跌，那么就说明目前的数据指标体系的监控维度不能满足业务需求，需要考虑加入新的维度。此时需要找到部分发生数据异动的个体，对其详细的行为数据进行研究，提出合理的假设并用数据验证假设。可以增加可度量的维度进行验证。

如果通过已有的详细行为数据依然找不到异动原因，则说明该问题是较为隐蔽的新问题，可以尝试借助开发人员的力量，搜集最新的用户行为数据进行研究。

3）维度上升，验证共性。当数据分析师通过案例研究分析出部分用户在某个新维度上存在问题后，就需要进行维度上升以验证是否大部分用户在该新维度上都存在问题。如果答案是肯定的，那么异动排查结束。

图 12-14 数据分析方法论概述

12.4.2 维度拆解，分析共性

维度拆解包括单一维度拆解和多维度交叉分析，如图 12-15 所示。单一维度拆解即单

次选取一个维度进行分析，判断指标在该维度中的各个维度值下是否具有差异；而多维度交叉分析则是对各个维度进行排列组合并计算指标在交叉维度值下是否具有差异。

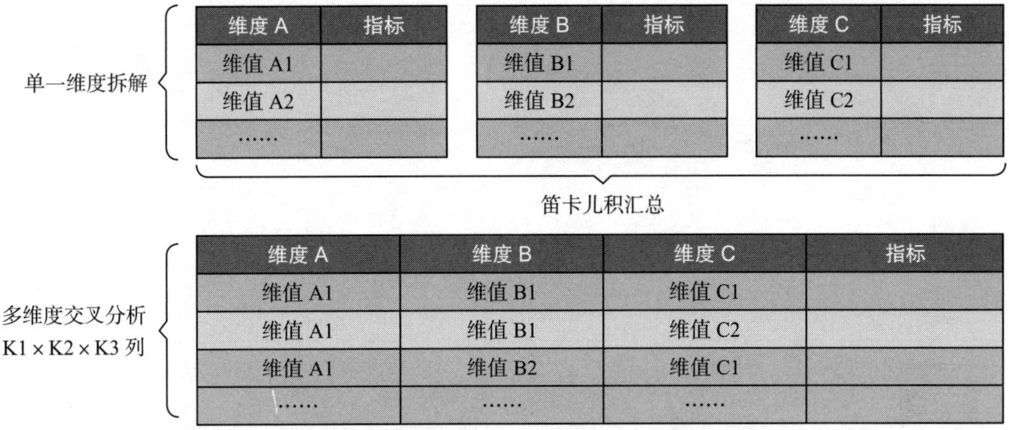

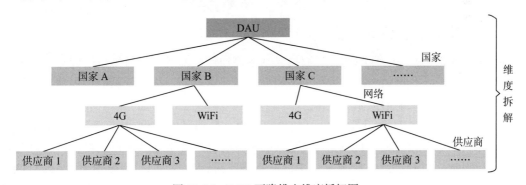

图 12-15　单一维度拆解与多维度交叉分析

下面通过具体的案例来实践维度拆解。某 App 近 30 天的 DAU 均值维持在 900 万左右，标准差为 30 万左右，因此 DAU 在 870 万到 930 万之间是正常的波动，但某天 DAU 突然下降了 100 万，属于数据异动的范畴，因此需要数据分析师排查原因。

首先，数据分析师根据业务经验搭建维度拆解模型，再根据其框架进行拆解以定位数据异动原因。如图 12-16 所示，对于某 App 所在的行业，DAU 异动经常会受到网络的影响，因此从国家、网络类型、网络供应商等维度搭建维度拆解模型。

图 12-16　DAU 下降排查维度拆解图

如图 12-17 所示，我们对 DAU 进行地区维度拆解，发现 100 万 DAU 的掉量几乎全部来源于地区 C。

上述通过对国家维度的拆解就能定位到问题无疑是幸运的，但如果业务指向不太明朗就需要对可能影响指标的所有维度进行拆解，必要时可以进行多个维度交叉分析。

按照维度拆解模型，接下来可以从网络类型、网络供应商进行拆分以确定是哪家供应商出现了问题。拆解结果如图 12-18 所示，C 地区各网络维度以及网络供应商维度都出现了一定程度的掉量，说明此次 DAU 下降并不是由于网络供应商出现问题造成的。

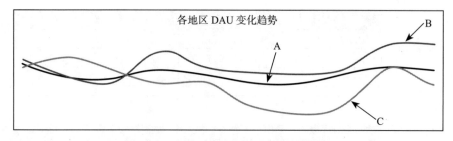

图 12-17 各地区 DAU 分地区维度的拆解

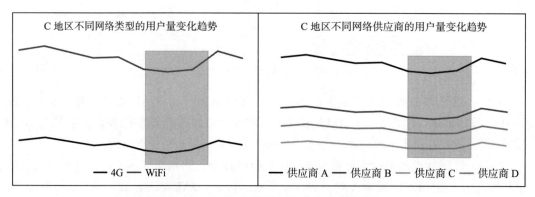

图 12-18 C 地区网络及网络供应商维度拆解

12.4.3 案例研究，分析个性

维度拆解研究的是共性问题，当数据异动不能通过已知维度拆解定位问题时，就需要选取部分与数据异动相关的用户进行个案研究，即研究该用户群体详细的行为数据以发现异常问题，寻找新的拆解维度。

于是对于 C 地区 DAU 下降 100 万的异动排查就聚焦到了案例研究，通过对个体的研究给予异动排查一些方向。此处选取了 DAU 异动前后的各 100 名用户进行分析，研究其详细的行为数据以及拆解底层数据表中的所有维度后，发现如图 12-19 所示的数据结果，DAU 异动后来自服务器 2 的用户数量几乎为 0，因此我们怀疑是服务器异常造成 DAU 降低 100 万。

很幸运，我们通过拆解特定用户详细的行为数据以及拆解底层数据表初步定位到服务器异常问题。但现实情况中，还是会有到此步依然不能定位问题的可能，这时则需要搜集详细用户日志，结合产品、研发侧意见以及数据分析师对业务的理解给出一定假设，并通过数据验证假设的合理性。

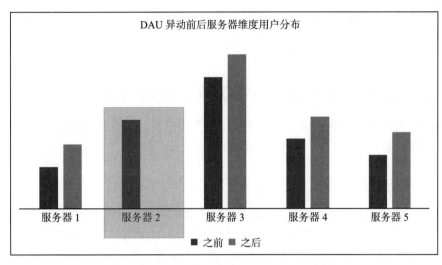

图 12-19　DAU 异动前后服务器维度用户分布

12.4.4　维度上升，验证共性

经过维度拆解、案例研究对数据异动问题有了进一步的认识，此时需要在大盘验证案例分析的结论是否存在共性，确认是否是该问题造成数据指标异动。

为了验证 C 地区 DAU 下降 100 万是否真的为服务器异常造成的，我们需要拆解大盘用户在 DAU 异动前后服务器维度下的用户量跃迁变化，最终结果与案例研究结果一致，确认 DAU 异动是由于服务器异常造成的。

由于之前在数据指标体系中并未涉及服务器维度，经过此次对问题的排查，我们将服务器作为新的维度加入数据指标体系当中作为日常监控的一部分。

当然，现实情况是比较复杂的，如果在维度上升阶段没有在大盘找到共性，就只能重复 12.4.3 节介绍的步骤，继续进行案例研究了。

12.4.5　输出业务化的数据结论

数据结论是数据异动排查结果最终的体现，好的数据结论不仅需要清楚地解释基于数据发现的问题原因，还需要回归到业务本身解释业务问题。

好的数据结论可以根据"数据发现＋业务问题＋影响范围"模板来写，下面以几个例子进行说明。

不好的数据结论：DAU 下降 100 万是 C 地区服务器异常造成的。

好的结论：DAU 下降 100 万是 C 地区服务器异常造成的，影响到 C 地区 45% 以上的地区，预计 16 小时内修复服务器异常问题，DAU 在 3 天内恢复往期水平。

维度拆解本身是一种较为简单的分析方法，在实际的工作场景中，通过维度拆解能够解决大部分的数据指标异动分析问题，这是非常幸运的一种情形。但是想要全面、高效地拆解所有维度并且精准定位数据异动问题，是有一定难度的。影响业务的维度主要靠平时的积累以及对业务的深入理解。

12.5 多个维度均有变化如何快速找出异常的维度

在数据异动原因排查中，很多情况下会出现多个维度均有变化的情况，那么如何定位对数据异动影响最大的维度呢？本节将会揭晓答案。

12.5.1 多个维度均有变化怎么办

在数据异动原因排查中，在现实情况下，多个维度均发生变化是较为常见的情况。

例如，大盘活跃用户增加 200 万，其中性别维度上男性用户数量增加 100 万，女性用户数量增加 100 万；付费维度上，高消费用户增长 100 万，中消费用户增长 50 万，低消费用户增长 25 万，未消费用户增长 25 万。

上述的案例中，性别维度和付费维度均发生变化，哪个维度更可能是造成大盘异动的维度？下面我们通过相对熵的方法来快速定位异常维度。

12.5.2 相对熵方法介绍

要介绍相对熵就得先从概率和信息熵说起。了解决策树模型就会知道熵的概念，不过这里还是做简单的回顾。

1. 信息熵

任何事件都会承载一定的信息量，信息量是与事件发生概率相关的概念，即事情发生概率越小，信息量越大。例如，太阳从东方升起是众所周知的事情，而太阳从西方升起则是一个极小概率事件，如果真的发生则传递的信息量极大。

如果一个事件发生的概率为 $p(x)$，则其信息量为 $-\log(p(x))$，而熵就是信息量的期望。假设事件 x 一共有 n 种可能，发生 x_i 的概率为 $p(x_i)$，那么该事件的熵如下。

$$H(X) = -\sum_{i}^{n}(p(x_i)\log p(x_i))$$

2. KL 散度

KL 散度（Kullback-Leibler divergence），又称相对熵（relative entropy），是两个概率分布间差异的非对称性度量，即可以利用该方法来衡量两个分布的差异。对于随机变量 x 的两个单独概率分布为 $p(x)$、$q(x)$，其 KL 散度的计算方式如下。

$$D_{KL} = \sum_{i}^{n} p(x_i)\log \frac{p(x_i)}{q(x_i)}$$

但是 KL 散度具有非对称性，如下式所示，当 $p(x)$、$q(x)$ 值发生位置交替时，结果会发生改变，即当前指标和历史指标的分布交替时，结果会发生改变，而 JS 散度正好解决了此问题。

$$D(p\|q)=H(p\|q)-H(p)$$

3. JS 散度

JS 散度是 KL 散度的变体，其计算方式如下。

$$\mathrm{JS}(p\|q)=\frac{1}{2}\mathrm{KL}\left(p\|\frac{p+q}{2}\right)+\frac{1}{2}\mathrm{KL}\left(q\|\frac{p+q}{2}\right)$$

JS 散度解决了 KL 散度的非对称性问题，即 $p(x)$、$q(x)$ 既可以作为历史数据的分布概率，也可以作为当前数据的分布概率，二者发生位置交替时结果不会发生变化。

JS 散度的取值范围为 [0，1]，越接近 0 表示 $p(x)$、$q(x)$ 的分布越相近，越接近 1 表示 $p(x)$、$q(x)$ 的分布差异越大。

基于以上理论基础，基于 JS 散度可以很好地判断数据指标异动中的异常维度，下面我们通过实际案例进行分析。

12.5.3　案例分析

我们通过 JS 散度来分析 12.5.1 节提到的案例，汇总数据如图 12-20 所示，通过计算数据指标异动前后的分布的相似性来判断数据在哪个维度异动更大。

性别	异动前 / 万人	异动后 / 万人
男	2300	2400
女	1900	2000
总计	4200	4400

消费等级	异动前 / 万人	异动后 / 万人
大	500	600
中	700	750
小	900	925
未付费	2100	2125
总计	4200	4400

图 12-20　数据异动维度

此处直接调用 Python 中的函数进行计算，代码如下。

```
import numpy as np
import scipy.stats
p=np.asarray ([2300, 1900])
q=np.array ([2400, 2000])
def KL(p, q):
    return scipy.stats.entropy (p, q)
```

```
def JS (p, q):
    M=(p+q)/2
    return 0.5*KL (p, M)+0.5*KL (q, M)
```

最终结果如图 12-21 所示，消费维度上的 JS 散度大于性别维度上的 JS 散度，即消费维度对于用户活跃指标的影响更大。

性别	异动前 / 万人	异动后 / 万人	KL 散度	JS 散度
男	2300	2400	-	-
女	1900	2000	-	-
总计	4200	4400	0.000009451	2.364E-06

消费等级	异动前 / 万人	异动后 / 万人	KL 散度	JS 散度
大	500	600	-	-
中	700	750	-	-
小	900	925	-	-
未付费	2100	2125	-	-
总计	4200	4400	0.001527	0.00038

图 12-21　不同维度上的 JS 散度计算

找到对数据异动影响更大的维度后，数据分析师需要分析该维度下每一个维度值对数据异动的贡献度。

12.6　指标拆解量化异动对于大盘的贡献度

贡献度是各个因素、维度对于大盘数据波动的贡献值。量化贡献度有定基法、控制变量法、加权占比法等多种方法，本节会通过实际案例介绍各类方法。

12.6.1　加法指标

加法指标是各个不同维度值之间可以累加的指标，例如，DAU、GMV 等。但在不同的拆解情况下，加法指标会转变成乘法指标，例如，如果通过品类维度拆解 GMV，则为加法指标；如果通过用户转化漏斗拆解，则为乘法指标。此处我们仅讨论加法指标的拆解方式。

定基法是测定异动成因的一种定量方法，也是拆解加法指标的重要方法，其核心思路程是选择一个固定的期间作为基期，计算相关维度在本期的水平相对于基期水平的变动百分比，计算方法如下。

$$维度i的变动百分比 = \frac{本期某维度i数值 - 基期某维度i数值}{本期总数值 - 基期总数值}$$

定基法在各类型的数据指标中如何运用呢？我们通过方法介绍和案例分析进行说明。

在单一维度下，加法指标 X 由 i 个维度值构成。

$$X=x_1+x_2+x_3+x_4+\cdots+x_i$$

维度值 i 绝对量的同比变化对于大盘同比变化的贡献值 P_i 的计算方法如下式所示，其中 Δx_i 为维度值 i 本期与基期的绝对值的差，而 X_0 为基期各维度值的总和，各维度值下的同比贡献度累加等于大盘的同比变化。

$$P_i = \frac{\Delta x_i}{X_0} \tag{12-1}$$

而维度值 i 绝对量变化对于大盘绝对量变化的贡献率 C_i 有两种不同的计算方法，但是万变不离其宗，其核心思路也是本期与基期相比，是维度值的变化与大盘变化的比值。

方法 1 是基于上述的贡献值 P_i，进行归一化处理以计算贡献率，计算方法如下。

$$C_i = \frac{\text{维度值}i\text{的贡献值}}{\sum_1^i \text{维度值}i\text{的贡献值}} = \frac{P_i}{\sum_1^i P_i} \tag{12-2}$$

方法 2 如下，其中 Δx_i 为维度值 i 本期与基期的绝对值的差，ΔX 为大盘本期与基期的绝对值的差，各维度值下绝对量的贡献度累加等于 100%。

$$C_i = \frac{x_i - x_{i0}}{X - X_0} = \frac{\Delta x_i}{\Delta X}$$

我们通过具体的例子进行说明，如图 12-22 所示，某天产品 DAU 同比降低 5.82%，绝对量下降 500 万，需要拆解供应商维度下的同比贡献值和贡献率。

供应商	基期	本期	同比	贡献值	贡献率
A	3916	3690	−5.77%	−2.31%	39.65%
B	2449	2305	−5.88%	−1.47%	25.26%
C	1469	1384	−5.79%	−0.87%	14.91%
D	1958	1843	−5.87%	−1.17%	20.18%
总计	9792	9222	−5.82%	−5.82%	100.00%

图 12-22　网络供应商对大盘 DAU 下跌 500 万的贡献度

利用定基法拆解步骤如下。

1）分别计算大盘以及供应商维度下各个维度值的贡献值，以供应商 A 为例。

$$P_{\text{供应商A}} = \frac{3690 - 3916}{9792} = -2.31\%$$

2）计算供应商维度下各维度值对于 DAU 的贡献率，以供应商 A 为例。

方法 1：

$$P_{\text{供应商A}} = \frac{-2.31\%}{-2.31\% - 1.47\% - 0.87\% - 1.17\%} = 39.65\%$$

方法 2：

$$P_{供应商A} = \frac{3690 - 3916}{9222 - 9792} = 39.65\%$$

12.6.2　除法指标

除法指标是指比值类型的指标，其分子、分母可以通过维度进行加和，相当于多个加法指标进行相除。假设在单一维度下，除法指标 X 由 i 个维度值构成，其分子、分母分别为 f 和 g，计算方法如下。

$$X = \frac{f}{g} = \frac{f_1 + f_2 + f_3 + \cdots + f_i}{g_1 + g_2 + g_3 + \cdots + g_i}$$

除法指标 X 可以通过差分法、控制变量法、剔除法以及加权占比法进行拆解，下面我们对各种方法进行一一介绍。

1. 差分法

定基法能够计算加法指标本期相对于基期的变动百分比，作为定基法变体的差分法能够很好地拆解除法指标。差分法适用于任何公式，包括除法指标在内的复合型指标。

首先，我们计算维度值 i 绝对量变化对于大盘绝对量变化的贡献值 P_i，计算方法如下。

$$P_i = \frac{基期总的分子 + 本期维度i的分子变化量}{基期总的分母 + 本期维度i的分母变化量} - \frac{基期总的分子}{基期总的分母} = \frac{f + \Delta f_i}{g + \Delta g_i} - \frac{f}{g}$$

利用上式计算出各个维度的贡献值 P_i 之后，对其进行归一化处理，即通过式（12-2）可得到维度值 i 的贡献率 C_i。

我们通过一个具体的例子进行说明，如图 12-23 所示，某天产品的次日留存率（R2）相比上一个周期跌了 5.94%，需要分析各个地区对于留存率的贡献值和贡献率。

维度	基期			本期			分子变化量	分母变化量	贡献值	贡献率
	分子	分母	留存率	分子	分母	留存率				
地区 1	1289	2178	59.18%	1026	2098	48.90%	−263	−80	−1.87%	32.74%
地区 2	1366	2204	61.98%	1164	2176	53.49%	−202	−28	−1.61%	28.14%
地区 3	1425	2319	61.45%	1273	2273	56.01%	−152	−46	−1.08%	18.89%
地区 4	1526	2461	62.01%	1371	2208	62.09%	−155	−253	−0.01%	0.09%
地区 5	1427	2362	60.41%	1241	2273	54.60%	−186	−89	−1.15%	20.14%
总计	7033	11524	61.03%	6075	11028	55.09%	−958	−496	−5.94%	100.00%

图 12-23　用差分法在地区维度下计算各维度值对留存率的贡献值和贡献率

利用差分法对上例进行分析的步骤如下。

1）分别计算大盘以及地区维度下各个维度值的分子变化量和分母变化量，以地区 1 为例：

$$分子变化量 =1026-1289=-263$$
$$分母变化量 =2098-2178=-80$$

2）分别计算大盘以及地区维度下各个维度值的贡献值，以地区 1 为例：

$$P_{地区1} = \frac{7033-263}{11524-80} - \frac{7033}{11524} = -1.87\%$$

3）计算地区维度下各维度值对留存率异动的贡献率，以地区 1 为例：

$$C_{地区1} = \frac{-1.87\%}{-1.87\%-1.61\%-1.08\%-0.01\%-1.15\%} = 32.74\%$$

2. 控制变量法

控制变量法是用维度值 i 本期的数值代替基期的数值得到新的数据指标，然后计算与基期大盘的差值即得到该维度值异动的贡献值。假设维度值 i 绝对量变化对大盘绝对量变化的贡献值为 P_i，则用控制变量法计算 P_i 的方法如下。其中 f_i、g_i 分别为维度值 i 分子、分母基期的数值，f_i'、g_i' 分别为维度值 i 分子、分母本期的数值，f、g 分别为基期大盘指标的分子、分母；通过式（12-2）对 P_i 进行归一化处理，即可得到维度值 i 的贡献率 C_i。

$$P_i = \frac{f_1+f_2+f_3+\cdots+f_i'}{g_1+g_2+g_3+\cdots+g_i'} - \frac{f}{g}$$

如图 12-24 所示，同样是某天产品的次日留存率（R2）相比上一个周期跌了 5.94%，此处我们用控制变量法进行分析。

维度	基期			本期			留存率（新）	贡献值	贡献率
	分子	分母	留存率	分子	分母	留存率			
地区 1	1289	2178	59.18%	1026	2098	48.90%	59.16%	-1.87%	32.74%
地区 2	1366	2204	61.98%	1164	2176	53.49%	59.42%	-1.61%	28.14%
地区 3	1425	2319	61.45%	1273	2273	56.01%	59.95%	-1.08%	18.89%
地区 4	1526	2461	62.01%	1371	2208	62.09%	61.02%	-0.01%	0.09%
地区 5	1427	2362	60.41%	1241	2273	54.60%	59.88%	-1.15%	20.14%
总计	7033	11524	61.03%	6075	11028	55.09%	55.09%	-5.94%	100.00%

图 12-24 控制变量法计算地区维度下各维度值对于留存率的贡献值和贡献率

具体操作步骤如下。

1）分别计算各维度下，本期的维度值代替基期的维度值得到新的留存率指标，并与基期大盘指标作差，以地区 1 为例：

$$P_{地区1} = \frac{1026+1366+1425+1526+1427}{2098+2204+2319+2461+2362} - \frac{7033}{11524}$$
$$= 59.16\% - 61.03\%$$
$$= -1.87\%$$

2）计算地区维度下各维度值对于留存率异动的贡献率，以地区 1 为例：

$$C_{地区1} = \frac{-1.87\%}{-1.87\%-1.61\%-1.08\%-0.01\%-1.15\%} = 32.74\%$$

由上述的分析结果可知，利用控制变量法计算得出的贡献值、贡献率与用差分法计算的结果完全一致。

3. 加权占比法

差分法和控制变量法仅能衡量指标变化的贡献值和贡献率，而加权占比法则可以通过拆解分子和分母两个不同的因素，从而将贡献值和贡献率分为指标变化和结构性变化两个不同的层面。

归因到分子的变化是指标变化，称为种类内变化，衡量维度值 i 分子发生变化与不发生变化相比对大盘的整体影响是多少；归因到分母的变化称为结构性变化，衡量维度值 i 分母发生变化与不发生变化相比对大盘的整体影响是多少。

假设 f_i、g_i 分别为基期维度值 i 的分子、分母，$f_i^{'}$、$g_i^{'}$ 分别为本期维度值 i 的分子、分母，g_i、g 分别为本期维度 i 的分母以及本期大盘的分母，则 P_i 为指标变化带来的贡献值，即维度值 i 的本期数据与其基期数据的差值乘以本期维度 i 分母的占比。

$$P_i = \left(\frac{f_i^{'}}{g_i^{'}} - \frac{f_i}{g_i} \right) \times \frac{g_i^{'}}{g^{'}}$$

而由分母变化带来的结构性变化的贡献值 Q_i 的计算方法如下。

$$Q_i = \left(\frac{f_i}{g_i} - \frac{f}{g} \right) \times \left(\frac{g_i^{'} - g_i}{g^{'}} \right) = \left(\frac{f_i}{g_i} - \frac{f}{g} \right) \times \left(\frac{\Delta g_i^{'}}{g^{'}} \right) \tag{12-3}$$

式（12-3）可以变为如下形式。

维度值 i 的指标波动贡献 = 维度值 i 指标同比变化值 × 本期维度值 i 分母占比

维度值 i 的结构变化贡献 =（维度值 i 基期指标 − 基期整体指标）×（分母变化占本期大盘的比率）

综合贡献度 S_i 为指标变化贡献值 P_i 与结构性变化的贡献值 Q_i 之和。

$$S_i = P_i + Q_i$$

有了各个维度值下的综合贡献度 S_i 后，可以通过式（12-2）对 S_i 进行归一化处理，即可得到维度值 i 的贡献率 C_i。

如图 12-25 所示，我们用加权占比法分析某天产品的次日留存率（R2）相比上一个周期跌了 5.94%。

维度	基期			本期			指标变化拆解		结构变化拆解			汇总折合大盘	贡献度汇总
	分子	分母	留存率	分子	分母	留存率	留存率差同比	折合大盘	基期留存与大盘绝对差值	分母变化占比	折合大盘		
地区1	1289	2178	59.18%	1026	2098	48.90%	−10.28%	−1.96%	−1.85%	−0.73%	0.01%	−1.94%	32.68%
地区2	1366	2204	61.98%	1164	2176	53.49%	−8.49%	−1.67%	0.95%	−0.25%	0.00%	−1.68%	28.22%
地区3	1425	2319	61.45%	1273	2273	56.01%	−5.44%	−1.12%	0.42%	−0.42%	0.00%	−1.12%	18.91%
地区4	1526	2461	62.01%	1371	2208	62.09%	0.09%	0.02%	0.98%	−2.29%	−0.02%	−0.01%	0.09%
地区5	1427	2362	60.41%	1241	2273	54.60%	−5.82%	−1.20%	−0.61%	−0.81%	0.00%	−1.19%	20.10%
总计	7033	11 524	61.03%	6075	11 028	55.09%	−5.94%	−5.93%	—	—	−0.01%	−5.94%	100.00%

图 12-25　加权占比法计算贡献值与贡献率（一）

上例操作步骤如下。

1）分别计算地区维度下各维度值的指标贡献值，以地区 1 为例：

$$P_{\text{地区1}} = (48.90\% - 59.18\%) \times \frac{2098}{11028} = -1.96\%$$

2）分别计算地区维度下各维度值的结构性变化的贡献值，以地区 1 为例：

$$Q_{\text{地区1}} = (59.18\% - 61.03\%) \times \frac{2098 - 2178}{11028} = -0.73\%$$

3）计算各维度值下的大盘综合贡献值，以地区 1 为例：

$$S_{\text{地区1}} = -1.96\% - (-0.73\%) = -1.94\%$$

4）计算各维度值下的大盘综合贡献率，以地区 1 为例：

$$C_{\text{地区1}} = \frac{-1.94\%}{-1.94\% - 1.68\% - 1.12\% - 0.01\% - 1.19\%} = 32.68\%$$

当然 P_i、Q_i 还有另外一种计算方法，如下所示，即指标变化带来的贡献值为维度值 i 本期数据与基期的差值（同比变化值）乘以维度值 i 基期分母占比；结构性变化带来的贡献值为维度值 i 本期数据与基期大盘的差值乘以分母占比的同比变化值。

$$P_i = \left(\frac{f_i'}{g_i'} - \frac{f_i}{g_i} \right) \times \frac{g_i}{g} \tag{12-4}$$

$$Q_i = \left(\frac{f_i'}{g_i'} - \frac{f}{g} \right) \times \left(\frac{g_i'}{g_i'} - \frac{f_i}{g_i} \right) \tag{12-5}$$

用通俗易懂的语言对上述两式进行解释，可以写成以下两个公式。

维度值 i 的指标波动贡献 = 维度值 i 指标同比变化值 × 基期维度值 i 分母占比

维度值 i 的结构变化贡献 =（维度值 i 本期指标 - 基期整体指标）×（本期维度值 i 分母占比 - 基期维度值 i 分母占比）=（维度值 i 本期指标 - 基期整体指标）×（维度值 i 分母占比同比变化值）

具体的计算步骤此处不再赘述，按照式（12-4）和式（12-5）计算的同比贡献值以及贡献率如图 12-26 所示。

维度	基期				本期				留存率同比	分母占比同比	指标波动	结构波动	贡献值	贡献率
	分子	分母	分母占比	留存率	分子	分母	分母占比	留存率						
地区 1	1289	2178	18.90%	59.18%	1026	2098	19.02%	48.90%	-10.28%	0.12%	-1.94%	-0.02%	-1.96%	32.95%
地区 2	1366	2204	19.13%	61.98%	1164	2176	19.73%	53.49%	-8.49%	0.61%	-1.62%	-0.05%	-1.67%	28.08%
地区 3	1425	2319	20.12%	61.45%	1273	2273	20.61%	56.01%	-5.44%	0.49%	-1.10%	-0.02%	-1.12%	18.85%
地区 4	1526	2461	21.36%	62.01%	1371	2208	20.02%	62.09%	0.09%	-1.33%	0.02%	-0.01%	0.00%	-0.07%
地区 5	1427	2362	20.50%	60.41%	1241	2273	20.61%	54.60%	-5.82%	0.11%	-1.19%	-0.01%	-1.20%	20.19%
总计	7033	11524	100.00%	61.03%	6075	11028	100.00%	55.09%	-5.94%	0.00%	-5.84%	-0.11%	-5.94%	100.00%

图 12-26 加权占比法计算贡献值与贡献率（二）

12.6.3 乘法指标

乘法指标是可以通过乘法拆解的指标，大部分的漏斗指标都是乘法指标，例如 GMV= 点击 UV × 访购率 × 平均客单价。乘法指标的拆解主要是为了解释各个因子对于乘法指标变动的贡献度，其主要拆解方法包括定基法、连环替代法以及 LMDI 乘积因子法。

1. 定基法

使用定基法进行拆解乘法指标时，可以先将其进行对数变换转化为加法指标，然后再按照加法指标的定基法进行拆解。

对于乘法指标 $S=A \times B \times C$，先对等式两侧同时取对数，得到如下公式。

$$\log S=\log(A \times B \times C)=\log A+\log B+\log C$$

之后即可按照加法指标的定基法进行拆解得到贡献率，相应的公式如下。

$$C_A = \frac{\log \acute{A} - \log A}{\log \acute{S} - \log S} = \frac{\Delta \log A}{\Delta \log S}$$

我们通过具体的案例利用定基法对乘法指标进行拆解，如图 12-27 所示，GMV 同比增长 34.79%，需要拆解构成 GMV 的点击 UV、访购率、平均客单价 3 个因子分别贡献了多少。

指标及因子	GMV	点击 UV	访购率	平均客单价
基期	960	234590	0.0030%	136
本期	1294	267468	0.0031%	158
同比增长率	34.79%	—	—	—
log 转换法	GMV	点击 UV	访购率	平均客单价
基期 log	2.98	5.37	−4.52	2.13
本期 log	3.11	5.43	−4.51	2.20
本期 log- 基期 log	0.13	0.06	0.01	0.07
同比贡献值	4.35%	1.06%	−0.17%	3.05%
贡献率	100.00%	43.93%	5.85%	50.22%

图 12-27 log 转换后用定基法拆解乘法指标

此处，我们以点击 UV 为例进行说明，其拆解步骤如下。

1）计算点击 UV 本期与基期取对数后的差值：

$$\Delta A = \log 267468 - \log 234590 = 5.43 - 5.37 = 0.06$$

2）计算 GMV 本期与基期取对数后的差值：

$$\Delta S = \log 1294 - \log 960 = 3.11 - 2.98 = 0.13$$

3）计算点击 UV 对于 GMV 的贡献率：

$$C_A = \frac{\Delta A}{\Delta S} = \frac{0.06}{0.13} = 43.93\%$$

其他因子的贡献率如图 12-25 所示，细心的读者可以发现，按照定基法对乘法指标拆解，贡献率之和等于 100%，而同比的贡献值该方法有一定误差。

2. 连环替代法

想要解决定基法在乘法指标拆解中的偏差，可以使用连环替代法进行拆解。连环替代法基于用某一指标的基期代替本期指标数值时其他指标不会发生变化的假设，逐次替代基期和本期的统计量，然后求出各指标实际对应的贡献度。

对于乘法指标 $S=A \times B \times C$，其基期数值 $S_0=A_0 \times B_0 \times C_0$，本期数值 $S_1=A_1 \times B_1 \times C_1$，则因子 A、B、C 对于指标 S 的贡献度分别如下。

$$\Delta A = (A_1 \times B_0 \times C_0) - (A_0 \times B_0 \times C_0)$$
$$\Delta B = (A_1 \times B_1 \times C_0) - (A_1 \times B_0 \times C_0)$$
$$\Delta C = (A_1 \times B_1 \times C_1) - (A_1 \times B_1 \times C_0)$$

各因子对同比的贡献值 P_i 以及对指标的贡献率 C_i 的计算与加法指标计算方式一致，可参考式（12-1）和式（12-2）。

如图 12-28 所示，我们通过连环替代法拆解乘法指标 GMV 以计算各个因子及其同比的贡献值和贡献率。

因子	GMV	点击 UV	平均客单价	访购率
基期	960	234590	136	0.0030%
本期	1294	267468	158	0.0031%
同比增量	334	32878	22	0.0001%
同比增长率	34.79%	—	—	—
影响因子	GMV 影响	点击 UV 影响	平均客单价影响	访购率影响
同比影响增量	334	134.54	177.06	22.40
同比贡献值	34.79%	14.02%	18.44%	2.33%
同比贡献率	100.00%	40.28%	53.01%	6.71%

图 12-28　连环替代法拆解乘法指标（一）

相关计算步骤如下。

1）计算各个因子对 GMV 的影响。

对点击 UV 的影响：

$$\Delta A = (A_1 \times B_0 \times C_0) - (A_0 \times B_0 \times C_0)$$
$$= 267468 \times 136 \times 0.003\% - 234590 \times 136 \times 0.003\%$$
$$= 134.54$$

对平均客单价的影响：

$$\Delta B = (A_1 \times B_1 \times C_0) - (A_1 \times B_0 \times C_0)$$
$$= 267468 \times 158 \times 0.003\% - 267468 \times 136 \times 0.003\%$$
$$= 177.06$$

对访购率的影响：

$$\Delta C = (A_1 \times B_1 \times C_1) - (A_1 \times B_1 \times C_0)$$
$$= 267468 \times 158 \times 0.0031\% - 267468 \times 158 \times 0.0030\%$$
$$= 22.40$$

2）计算各个因子对 GMV 同比的贡献值，具体如下。

点击 UV 对同比的贡献值：

$$P_A = \frac{\Delta A}{S_0} = \frac{134.54}{960} = 14.02\%$$

平均客单价对同比的贡献值：

$$P_B = \frac{\Delta B}{S_0} = \frac{177.06}{960} = 18.44\%$$

访购率对同比的贡献值：

$$P_C = \frac{\Delta C}{S_0} = \frac{22.40}{960} = 2.33\%$$

3）计算各个因子对 GMV 变动的贡献率，具体如下。

对点击 UV 的贡献率：

$$C_A = \frac{\Delta A}{S_1 - S_0} = \frac{134.54}{1294 - 960} = 40.28\%$$

对平均客单价的贡献率：

$$C_B = \frac{\Delta B}{S_1 - S_0} = \frac{177.06}{1294 - 960} = 53.01\%$$

对访购率的贡献率：

$$C_C = \frac{\Delta C}{S_1 - S_0} = \frac{22.40}{1294 - 960} = 6.71\%$$

经过上面的分析，可能大家也已经发现了连环替代法替换因子时是有顺序的，图 12-28 所示因子的替换顺序为点击 UV、平均客单价、访购率；那如果我们先替换平均客单价，再替换点击 UV，最后替换访购率，结果又会怎样呢？

我们按照如下方法进行计算，具体的过程不再赘述。

$$\Delta B = (A_0 \times B_1 \times C_0) - (A_0 \times B_0 \times C_0)$$
$$\Delta A = (A_1 \times B_1 \times C_0) - (A_0 \times B_1 \times C_0)$$
$$\Delta C = (A_1 \times B_1 \times C_1) - (A_1 \times B_1 \times C_0)$$

替换结果如图 12-29 所示，不同的替换顺序下各因子对于指标 GMV 的贡献度是不一样的。

所以，使用连环替代法时需要注意的第一个问题是顺序，一般情况下替代顺序遵循先数量后比率的原则，同性质的情况下则先主要因素后次要因素。

因子	GMV	点击 UV	平均客单价	访购率
基期	960	234590	136	0.0030%
本期	1294	267468	158	0.0031%
同比增量	334	32878	22	0.0001%
同比增长率	34.79%	—	—	—
影响因子		点击 UV 影响	平均客单价影响	访购率影响
	334	156.31	155.29	22.40
同比贡献值	34.79%	16.28%	16.18%	2.33%
同比贡献率	100.00%	46.80%	46.50%	6.71%

图 12-29　连环替代法拆解乘法指标（二）

3. LMDI 乘积因子拆解

连环替代法需要考虑因子的替代顺序，而 LMDI 乘积因子拆解法则很好地规避了连环替代法的这个缺点，能够独立计算各个因子对指标的贡献率，不会存在解释不清楚的部分[⊖]。

下面我们详细介绍 LMDI 乘积因子拆解法的步骤，以乘法指标为 $S=A \times B \times C$ 为例，其基期数值 $S_0=A_0 \times B_0 \times C_0$，本期数值 $S_1=A_1 \times B_1 \times C_1$。同样的，为了清楚地说明拆解步骤，以图 12-30 乘法指标 GMV 为例进行说明。

因子	GMV	点击 UV	平均客单价	访购率
基期	960	234590	136	0.0030%
本期	1294	267468	158	0.0031%
同比增量	334	32878	22	0.0001%
同比增幅	34.79%	—	—	—
平均权重对数	1118.70	—	—	—
因子贡献	334.00	146.73	167.74	19.53
同比贡献值	34.79%	15.28%	17.47%	2.03%
同比贡献率	100.00%	43.93%	50.22%	5.85%

图 12-30　LMDI 乘积因子拆解乘法指标

首先，计算指标 GMV 的平均对数权重（Logarithmic Weight Average）：

$$L(S_1, S_0) = \frac{S_1 - S_0}{\ln(S_1) - \ln(S_0)} = \frac{\Delta S}{\ln(S_1) - \ln(S_0)} = \frac{1294 - 960}{\ln(1294) - \ln(960)} = 1118.70$$

然后，计算各个因子对指标同比变化的贡献值 P_i：

⊖　参见 1998 年出版的由 B. W、F. Q. Z 和 K.-H. C 撰写的 *Factorizing changes in energy and environmental indicators through decomposition* 的 23 卷，编号 6，第 489~495 页；参见 2005 年出版的由 A. B. W 撰写的 *The LMDI Approach to decomposition analysis: a practical guide* 的 33 卷，编号 7，第 867~871 页。

$$P_A = \frac{L(S_1, S_0) \times \ln\left(\frac{A_1}{A_0}\right)}{S_0} = \frac{1118.70 \times \left(\ln\left(\frac{267468}{234590}\right)\right)}{960} = \frac{146.73}{960} = 15.28\%$$

$$P_B = \frac{L(S_1, S_0) \times \ln\left(\frac{B_1}{B_0}\right)}{S_0} = \frac{1118.70 \times \left(\ln\left(\frac{158}{136}\right)\right)}{960} = \frac{167.74}{960} = 17.47\%$$

$$P_C = \frac{L(S_1, S_0) \times \ln\left(\frac{C_1}{C_0}\right)}{S_0} = \frac{1118.70 \times \left(\ln\left(\frac{0.0031\%}{0.0030\%}\right)\right)}{960} = \frac{19.53}{960} = 2.03\%$$

最后，计算各个因子的贡献率 C_i：

$$C_A = \frac{L(S_1, S_0) \times \ln\left(\frac{A_1}{A_0}\right)}{S_1 - S_0} = \frac{146.73}{334} = 43.93\%$$

$$C_B = \frac{L(S_1, S_0) \times \ln\left(\frac{B_1}{B_0}\right)}{S_1 - S_0} = \frac{167.74}{334} = 50.22\%$$

$$C_C = \frac{L(S_1, S_0) \times \ln\left(\frac{C_1}{C_0}\right)}{S_1 - S_0} = \frac{19.53}{334} = 5.85\%$$

12.6.4 新增维度如何拆解贡献度

其实细心的读者可能发现，对加法和除法指标贡献度的拆解，以上方法都只覆盖了维度值一致的情况，但在现实情况中维度值变化是常有的事情。例如，业务新上了一个地区，新增了一家供应商，此时缺少新增维度基期的数据，是否也可以计算新增维度的贡献度呢？答案当然是可以的，只需要将基期的数值设为1，即可通过加法指标拆解、除法指标拆解的大部分方法进行分析。图12-31、图12-32分别展示了定基法拆解加法指标新增维度贡献度以及加权占比法拆解除法指标新增维度贡献度，具体计算细节不再赘述，可以参考各类指标拆解部分。

供应商	基期	本期	同比	贡献值	贡献率
A	3916	3690	−5.77%	−2.31%	−17.02%
B	2449	2305	−5.88%	−1.47%	−10.84%
C	1469	1384	−5.79%	−0.87%	−6.40%
D	1958	1843	−5.87%	−1.17%	−8.66%
E（新）	1	1899	189800.00%	19.38%	142.92%
总计	9793	11121	13.56%	13.56%	100.00%

图 12-31 定基法拆解加法指标新增维度贡献度

维度	基期			本期			指标变化拆解		结构变化拆解			汇总折合大盘	贡献度汇总
	分子	分母	留存率	分子	分母	留存率	留存率差同比	折合大盘	基期留存与大盘绝对差值	流量变化占比	折合大盘		
地区 1	1289	2178	59.18%	1026	2098	48.90%	−10.28%	−1.61%	−1.85%	−0.60%	0.01%	−1.60%	28.73%
地区 2	1366	2204	61.98%	1164	2196	53.49%	−8.49%	−1.38%	0.95%	−0.21%	0.00%	−1.38%	24.80%
地区 3	1425	2319	61.45%	1273	2273	56.01%	−5.44%	−0.92%	0.42%	−0.34%	0.00%	−0.93%	16.62%
地区 4	1526	2461	62.01%	1371	2208	62.09%	0.09%	0.01%	0.97%	−1.89%	−0.02%	0.00%	0.08%
地区 5	1427	2362	60.41%	1241	2273	54.60%	−5.82%	−0.99%	−0.62%	−0.66%	0.00%	−0.98%	17.66%
地区 6（新）	1	1	100.00%	1356	2369	57.24%	−42.76%	−7.56%	38.97%	17.68%	6.89%	−0.67%	12.11%
总计	7034	11 525	61.03%	7431	13 397	55.47%	−5.56%	−5.56%	—	—	—	−5.56%	100.00%

图 12-32　加权占比法拆解除法指标新增维度贡献度

12.7　案例：留存率下降 5% 应如何分析

前文详细介绍了数据异动分析的流程，这一节通过一个具体案例完整介绍分析方法。

12.7.1　案例简介

如图 12-33 所示，某 App 的次日留存率一直稳定在 55% 左右，但是最近一段时间次日留存率出现了一定程度的下跌，至今为止次日留存累计下降 5%，需要数据分析师排查留存率下跌的原因。

图 12-33　某 App 留存率趋势数据

12.7.2　案例分析

次日留存率下降是数据异动分析常见的场景，如图 12-34 所示，排查这类问题可以分为三大步骤，即界定问题、维度拆解分析问题和量化数据异动贡献度。具体步骤在 12.2~12.5 节都已经具体介绍过，下面通过该案例完整介绍数据异动分析的全流程。

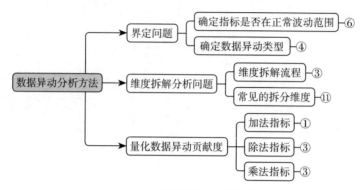

图 12-34　数据异动分析流程

1. 界定问题

首先，我们需要判断留存率降低 5% 是正常波动还是异常波动，此处我们通过 3δ 原则进行判断。如图 12-35 所示，留存率均值为 54.44%，标准差为 1.67%，其正常波动范围为 [52.77%，56.11%]，因此留存率降低 5% 属于数据异动。

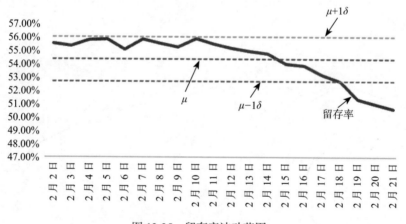

图 12-35　留存率波动范围

其次，我们需要判断数据异动的类型，经过排查确认数据传输链路良好且该段时间内无政策、竞品等宏观因素影响，因此留存率异动并不是数据传输问题或业务外部因素造成的。对于业务内部因素或者其他未知因素引起的数据异动，还需要通过多维度拆解以定位具体的影响因素。

2. 维度拆解分析问题

首先，我们拆解用户维度，分别计算新用户和老用户的留存率是否存在差异。结果如

图 12-36 所示，老用户留存率基本维持在 55% 左右，而新用户留存率则从 2 月 12 日开始出现持续下跌，很明显留存率下跌是新用户造成的，于是我们继续拆解构成新用户的维度。

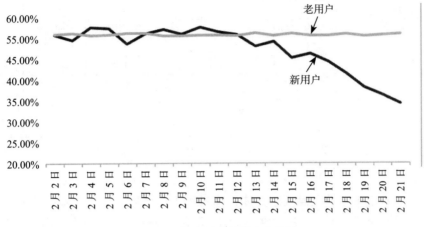

图 12-36　新老用户的留存率差异

　　对于新用户，我们通过来源渠道进行拆分，结果如图 12-37 所示，自 2 月 12 日开始微信渠道的新用户留存率开始急剧下跌，基本可以定位是微信渠道存在一定问题，需要联系渠道负责人一起排查并定位具体原因，进而做出策略调整。

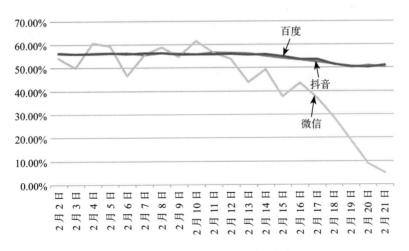

图 12-37　新用户的各渠道留存率

3. 量化数据异动贡献度

　　通过维度拆解结果可知，新用户是影响留存率的主要因素，对新用户来源渠道进行详细拆分发现微信渠道是影响新用户留存的关键因素，但这些维度对于用户留存率的影响到底是多少呢？此时，我们需要量化异动维度对大盘的贡献度，各维度下留存率基期以及本期的数据如图 12-38 所示。

分类时间		基期			本期		
维度		留存用户数	用户总数	留存率	留存用户数	用户总数	留存率
老用户		5592	10075	55.50%	4556	8215	55.46%
新用户		1980	3540	55.92%	1329	2887	46.03%
新用户	百度	733	1307	56.10%	563	1070	52.68%
	微信	612	1101	55.59%	266	874	30.45%
	抖音	634	1132	56.04%	499	943	52.92%

图 12-38 留存率各维度下基期以及本期的数据

留存率为除法指标，可以按照 12.6.2 节介绍的差分法、控制变量法或者加权占比法量化异动维度对于大盘的贡献度，具体计算过程不再赘述。最终计算结果为新用户贡献对留存率的异动贡献了 99.39%，其中百度、微信以及抖音渠道的贡献率分别为 13.03%、76.71%、10.26%。

以上的案例是从实际工作中简化出来的，定位的问题也比较简单，实际工作中遇到的情况往往比这个复杂很多倍，但万变不离其宗，基本的排查思路都是一致的。